高职院校建筑工程技术专业"十三五"规划教材
四川省高职院校省级重点专业建设项目

基础
工程施工

张　明／主　编

张媛琳／副主编

杨承业／主　审

西南交通大学出版社
·成都·

图书在版编目（CIP）数据

基础工程施工 / 张明主编. —成都：西南交通大学出版社，2016.11（2019.12 重印）
四川省高职院校省级重点专业建设项目
ISBN 978-7-5643-5054-3

Ⅰ.①基⋯ Ⅱ.①张⋯ Ⅲ.①基础施工-高等职业教育-教材 Ⅳ.①TU753

中国版本图书馆 CIP 数据核字（2016）第 225161 号

四川省高职院校省级重点专业建设项目

基础工程施工

张 明 主编

责任编辑	杨 勇
封面设计	墨创文化
出版发行	西南交通大学出版社 （四川省成都市金牛区二环路北一段 111 号 西南交通大学创新大厦 21 楼）
发行部电话	028-87600564　028-87600533
邮政编码	610031
网　　址	http://www.xnjdcbs.com
印　　刷	成都中永印务有限责任公司
成品尺寸	185 mm×260 mm
印　　张	16.25
字　　数	406 千
版　　次	2016 年 11 月第 1 版
印　　次	2019 年 12 月第 2 次
书　　号	ISBN 978-7-5643-5054-3
定　　价	45.00 元

课件咨询电话：028-87600533
图书如有印装质量问题　本社负责退换
版权所有　盗版必究　举报电话：028-87600562

序

国家"十三五"规划明确指出:"坚持以人的城镇化为核心、以城市群为主体形态、以城市综合承载能力为支撑、以体制机制创新为保障,加快新型城镇化步伐,提高社会主义新农村建设水平,努力缩小城乡发展差距,推进城乡发展一体化。"实现新型城镇化的宏伟目标,对建筑业的人才提出了更高的要求和更大的需求。

建筑工程技术专业要根据社会发展和建筑行业的人才需求,培养具有建筑施工企业生产一线的施工员、质量员、安全员、资料员等岗位能力和专业技能,面向建筑工程施工、建筑工程监理、建筑行业咨询等企事业单位,从事技术和管理工作的高素质技能型人才,为国家推进新型城镇化提供人才支撑。

四川职业技术学院建筑工程技术专业被四川省教育厅确定为"首批四川省高职院校省级重点专业建设项目"。建设的总体目标是:建立健全学校主体、政府主导、行业指导、企业参与的共育机制,创新"岗位能力导向、四方联动共育"的人才培养模式,实施"2521"工程,即建好校内外"两支"双师教学队伍,开发"五门"基于施工流程的项目导引式课程,完善校内外"两个"实践基地,建立"一个"政行企校四方共同参与的"职业教育联盟"育人平台,创新合作育人管理机制,提升社会服务能力,力求将建筑工程技术专业建设成为省内同级同类院校中能够起到引领示范作用的特色品牌专业,为地方及全省经济社会建设和产业发展提供高素质技能型专门人才。

为了使建筑工程技术专业更好地适应社会发展和建筑行业的需求,按照四川省高职院校省级重点专业建设项目的建设要求,我们在专业建设指导委员会的指导下,组建由政、行、企、校四方专家组成的课程开发团队,深入分析建筑工程技术专业岗位群、岗位能力、施工流程和典型工作任务,重构全新的课程体系；通过企业调研、行业分析，融合企业培训理念、职业工作情境、施工技术标准、岗位职业标准以及新技术、新工艺、新材料、新设备，按照"项目导引"模式，采用任务驱动方式编写了《建筑施工测量》《基础工程施工》《建筑主体工程施工》《装饰施工技术》《建筑工程质量控制与验收》等 5 门特色教材，着重培养学生的核心职业能力，力求为国家"十三五"期间新型城镇化建设提供更多的建设类专业人才，助推经济社会发展。

四川职业技术学院　徐友辉
2016 年 6 月

前　言

基础工程施工在高层建筑、重型厂房、路桥、港口码头、海上采油平台以及核电站等现代建设工程中占有极为重要的地位。建设单位和施工单位不断探索高质量、低造价的基础工程设计方法和施工工艺，促进了基础工程施工技术的迅速发展。"基础工程施工"是高职高专建筑工程技术专业的核心课程，该课程培养学生具备城乡建筑基础工程施工、质量控制和管理的职业能力。

本教材是按照"项目导引"模式采用任务驱动方式编写的五门教材之一，融合企业培训理念、职业工作情境、施工技术标准、岗位职业标准以及新技术、新工艺、新材料、新设备，在内容编排上，以各种类型钢筋混凝土基础施工识读施工图及文件、施工场地准备、基坑开挖、支护土木工程施工、基础施工及施工检测、验收内容为主线，构成一个完整的施工过程。在编写中突出了"以实体项目为导向"的思路，以期着重培养学生的核心职业能力，力求为国家"十三五"新型城镇化建设提供更多的建设类专业人才，助推经济社会发展。

本教材由四川职业技术学院张明担任主编，四川职业技术学院张媛琳担任副主编，具体编写分工为：张明编写项目1柱下独立基础施工、项目2条形基础施工、项目3筏板基础施工、项目4粉喷桩复合基础施工、项目5预制钢筋混凝土柱基础施工、项目6灌注桩基础施工，张媛琳编写项目7综合实训。全书由张明负责统稿，由遂宁市中通集团建筑有限公司杨承业工程师负责主审。

在编写本书的过程中，编者参考了许多教材、专著，引用了一些片段，在此一并致谢。由于作者水平有限，疏漏不足之处在所难免，恳请读者提出宝贵意见。

编　者

2016年9月

目 录

项目 1　柱下独立基础施工 ·· 1
　　学习情境 1.1　施工准备 ·· 1
　　学习情境 1.2　基坑施工 ·· 13
　　学习情境 1.3　基底检验 ·· 17
　　学习情境 1.4　柱下独立基础施工 ·· 20
　　学习情境 1.5　基础验收、回填 ··· 24
　　学习情境 1.6　独立基础工程案例 ·· 33

项目 2　条形基础施工 ·· 39
　　学习情境 2.1　施工准备 ·· 41
　　学习情境 2.2　基坑（槽）施工 ··· 49
　　学习情境 2.3　基地检验 ·· 52
　　学习情境 2.4　条形基础施工 ·· 54
　　学习情境 2.5　基础验收、回填 ··· 57
　　学习情境 2.6　条形基础施工案例 ·· 59

项目 3　筏板基础施工 ·· 66
　　学习情境 3.1　施工准备 ·· 66
　　学习情境 3.2　深基坑施工 ··· 76
　　学习情境 3.3　复合地基施工 ·· 90
　　学习情境 3.4　筏板基础施工 ·· 97
　　学习情境 3.5　基础验收、回填 ··· 100
　　学习情境 3.6　筏板基础施工案例 ·· 103

项目 4　粉喷桩复合基础施工 ··· 108
　　学习情境 4.1　施工准备 ·· 108
　　学习情境 4.2　粉喷桩施工 ··· 114
　　学习情境 4.3　粉喷桩检测、验收 ·· 117

学习情境 4.4　粉喷桩工程施工案例 ·· 121

项目 5　预制钢筋混凝土柱基础施工 ·· 129
　　学习情境 5.1　施工准备 ··· 129
　　学习情境 5.2　沉桩设备选用 ·· 135
　　学习情境 5.3　沉桩工艺 ··· 142
　　学习情境 5.4　桩基验收 ··· 148
　　学习情境 5.5　预制桩基础施工案例 ··· 151

项目 6　灌注桩基础施工 ··· 161
　　学习情境 6.1　施工准备 ··· 161
　　学习情境 6.2　成　孔 ··· 170
　　学习情境 6.3　吊放钢筋笼骨架 ·· 190
　　学习情境 6.4　灌注水下混凝土 ·· 193
　　学习情境 6.5　承台施工 ··· 200
　　学习情境 6.6　桩基础检验、验收 ·· 205
　　学习情境 6.7　冲击钻成孔灌注桩基基础施工案例 ·· 210

项目 7　综合实训 ··· 215
　　学习情境 7.1　综合实训准备 ·· 215
　　学习情境 7.2　土方工程施工 ·· 218
　　学习情境 7.3　浅基础施工 ··· 223
　　学习情境 7.4　桩基础施工 ··· 230
　　学习情境 7.5　实训报告 ··· 236
　　附　件 ··· 238
　　　　附件 1　人工挖土工艺标准 ·· 238
　　　　附件 2　人工回填标准 ·· 241
　　　　附件 3　机械挖土工艺标准 ·· 244
　　　　附件 4　机械回填土工艺标准 ··· 248

参考文献 ·· 252

项目 1　柱下独立基础施工

学习目标

通过本项目的学习，要求学生：

1. 能够识读柱下钢筋混凝土基础施工图。
2. 了解基础施工前期准备工作。
3. 熟悉基坑开挖工艺。
4. 掌握钢筋混凝土独立柱基础施工技术。
5. 掌握独立基础检测与验收。

项目描述

工程概况

×××大学实验实训楼 B 座工程为五层框架结构，建筑面积为 14 800 m²，建筑高度 23.85 m，结构复杂，故对土建、安装施工要求都比较高，如何在投入合理的人力物力资源量情况下划分施工流水段和安排各种交叉搭接作业，以有序地、优质地完成各部分工程施工，相当重要。

本工程基础为独立基础，垫层为 C10 混凝土；柱下独立基础、基础梁混凝土为 C25。施工平面图如图 1-1 所示。

学习情境 1.1　施工准备

施工准备工作的主要内容见表 1-1。

表 1-1　工作任务表

序号	项目	内　容
1	主讲内容	（1）柱下钢筋混凝土施工图； （2）施工前期准备工作； （3）施工放样
2	学生任务	（1）根据本项目的特点和条件，了解施工前期的准备工作； （2）掌握柱下钢筋混凝土基础施工图的识读方法； （3）根据教学现场进行施工放样练习
3	教学评价	（1）能了解施工放样过程，会操作测量仪器——合格； （2）能熟练操作测量仪器——良好； （3）能合理选定测点，能熟练，且精度满足质量控制要求——优秀

基础是连接建筑上部结构与地基之间的过渡结构，它的作用是将结构承受的各种荷载安全传递给地基，并使地基在建筑允许的沉降变形内正常工作，从而保证建筑物的正常使用。

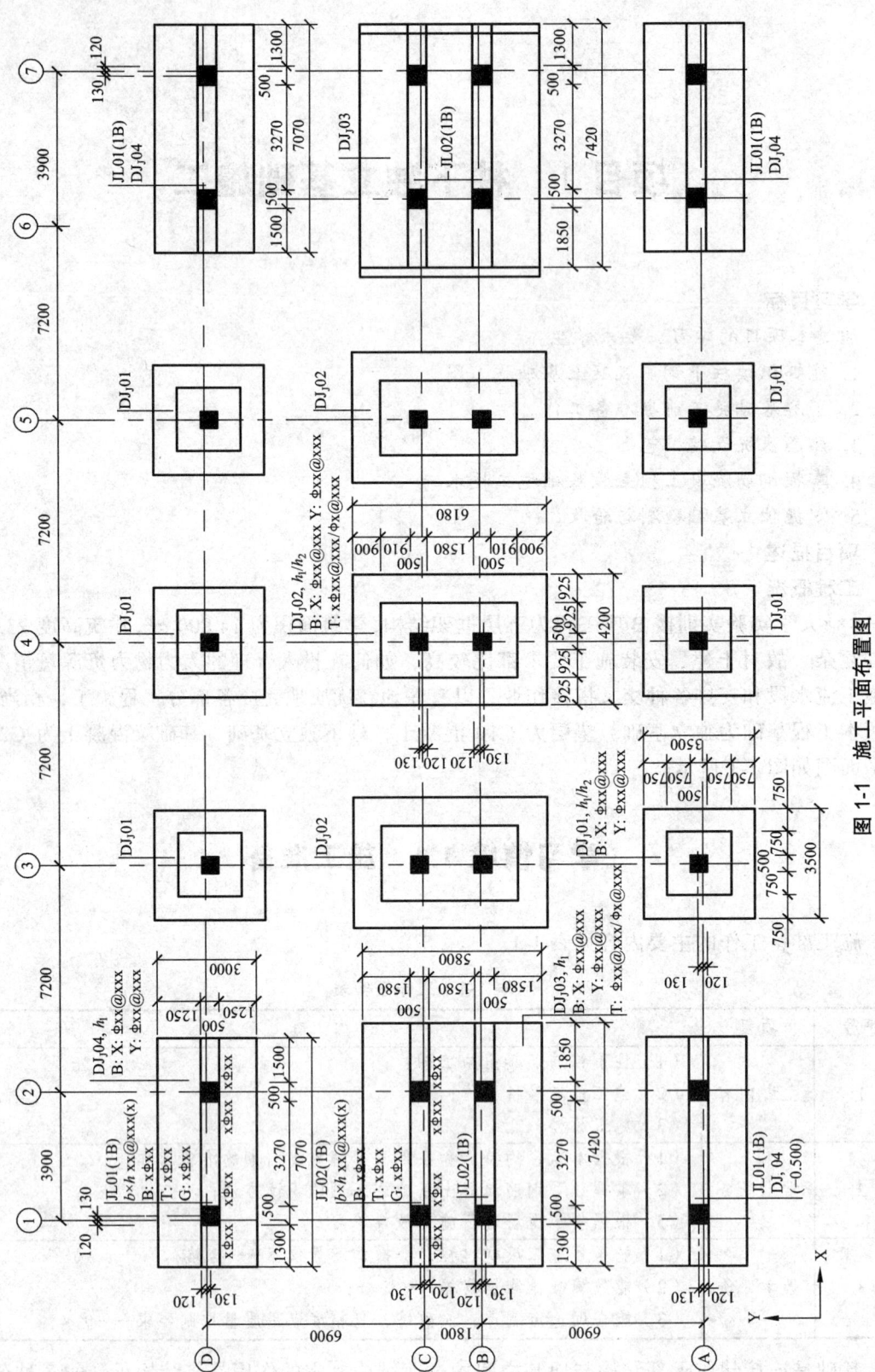

图 1-1 施工平面布置图

基础结构形式很多，按常埋深度和施工方法的不同，可分为浅基础和深基础两大类。

所谓浅基础是相对深基础而言的。浅基础是指基础的埋置深度小于 5 m 或埋置深度小于基础宽度的基础。

浅基础根据使用材料的性能和受力特点不同，分为无筋扩展基础（刚性基础）和扩展基础（柔性基础）；按构造形式不同可分为独立基础、条形基础（包括墙下条形基础和柱下条形基础）、筏形基础和箱形基础等。

扩展基础是将上部结构传来的荷载通过向侧边扩展成一定底面积，使作用在基底的压应力等于或小于地基土的承载力，而基础内部的应力应同时满足材料本身的强度要求，这种起到压力扩散的基础称为扩展基础。这类基础抗弯、抗剪能力都很高，耐久度和抗冻性都较理想，特别适用于荷载大、土质较软弱时，并且底面积较大而又必须浅埋的情况。一般多为柱下钢筋混凝土独立基础和墙下钢筋混凝土条形基础。

1.1.1 识 图

在房屋设计中，除进行建筑设计画出建筑施工图外，还应进行结构设计，画出结构施工图。即根据建筑各方面的要求，进行结构选型和构件布置，再通过计算，决定房屋各承重构件（如图 1-2 所示）的材料、条形、大小，以及内部构造等，这种反映结构承重系统的图纸，称为结构施工图（简称"结施"）。结构施工图不仅表达结构设计内容，还要反映出其他专业对结构的要求。结构施工图主要用来作为施工放线、挖基槽、支模板、绑扎钢筋、设置预埋件、浇捣混凝土，以及安装梁、板、柱等构件，和编制预算和施工组织计划的依据。

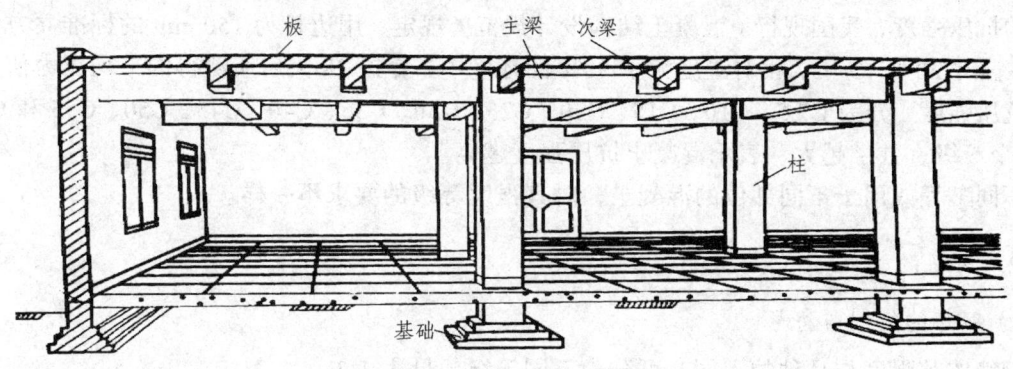

图 1-2 钢筋混凝土结构示意图

结构施工图包括下列内容：

（1）设计结构说明。包括抗震设计与防火要求，地基与基础、地下室、钢筋混凝土各结构构件、砖砌体、后浇带与施工缝等部分选用的材料类型、规格、强度等级，施工注意事项等。

（2）结构平面图。包括基础平面图、楼层结构平面布置图、屋面结构平面图等。

（3）构件详图。包括梁、板、柱及基础结构详图、楼梯结构详图、屋架结构详图等。

房屋结构的基本构件种类繁多，布置复杂，在施工图比例较小、无法以实际情况表达的时候，为了图示简明扼要，常将各类构件以符号代替，各类常用构件代号见表 1-2。预应力钢筋混凝土构件代号，应在表中所列构件代号前加注"Y—"。

表 1-2　常用部分构件代号

名称	代号	名称	代号
板	B	屋架	WJ
屋面板	WB	框架	KJ
楼梯板	TB	刚架	GJ
盖板	GB	柱	Z
楼梯梁	TL	框架柱	KZ
梁	L	基础	J
框架梁	KL	桩	ZH
屋面梁	WL	雨篷	YP
连系梁	LL	阳台	YT
圈梁	QL	预埋件	M
过梁	GL	基础梁	JL

1.1.1.1　钢筋混凝土构件知识和图示方法

1. 混凝土的强度等级

钢筋混凝土构件，有在工地现场浇制的，称为现浇钢筋混凝土构件；也有在工厂或工地以外预先把构件制作好，然后运到工地安装的，称为预制钢筋混凝土构件；此外还有构件，制作时对混凝土预加一定的压力以提高构件的强度和抗裂性能，称为预应力混凝土构件。混凝土的抗压强度，我国现行《混凝土结构设计规范》规定，用边长为 150 mm 的标准立方体试块，在温度 20 ℃±3 ℃，相对湿度大于 90% 的环境中，养护 28 天后所测得的平均压力值为混凝土抗压强度，分为 C7.5、C10、C15、C20、C25、C30、C35、C40、C45、C50、C55 和 C60，共 12 个等级，数字越大，表示混凝土抗压强度越高。

不同工程或用于不同部位的混凝土，对其强度等级的要求不一样。

2. 钢筋的等级

1）钢筋的级别与符号

钢筋按其强度与品种的不同，可分为不同等级，见表 1-3。

钢筋经热处理、冷拉或冷拔后，能提高钢筋强度，处理后的钢筋代号见表 1-3。冷拔钢丝是将细的Ⅰ级钢筋通过模孔拉拔成更细的钢丝，其符号为 ϕ^b。

表 1-3　钢筋级别及代号

钢筋种类	代号	钢筋种类	代号
Ⅰ级钢筋（即 3 号光圆钢筋）	ϕ	冷拉Ⅰ级钢筋	ϕ^l
Ⅱ级钢筋（如 20 锰硅螺纹筋）	Φ	冷拉Ⅱ级钢筋	Φ^l
Ⅲ级钢筋（如 25 锰硅筋）	Φ	冷拉Ⅲ级钢筋	Φ^l
Ⅳ级钢筋（45 硅 2 锰钛、40 硅油锰钒）	Φ	冷拉Ⅳ级钢筋	Φ^l

2）钢筋的分类和作用

如图1-3所示，钢筋按其在钢筋混凝土构件中所起的作用可分为以下几类。

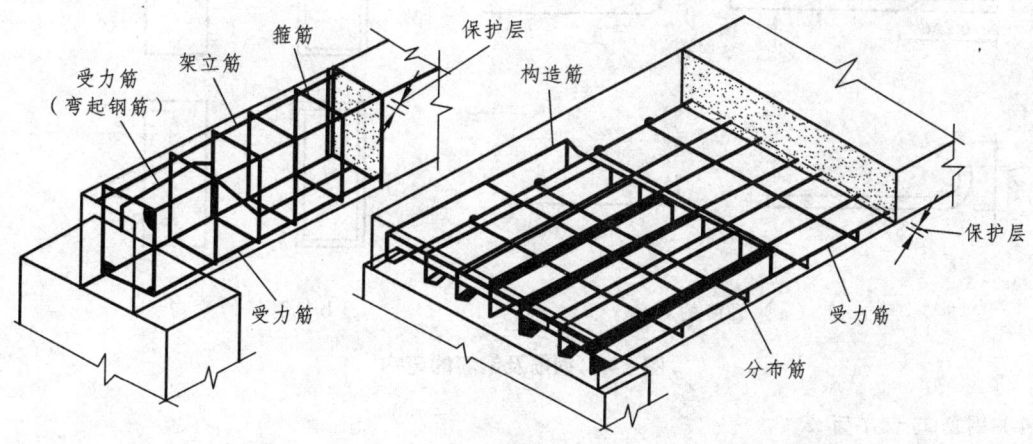

图1-3 钢筋名称示意图

受力筋：承受拉、压应力的钢筋。用于梁、板、柱等各种钢筋混凝土构件。梁、板的受力钢筋还分为直筋和弯筋两种。

箍筋：承受一部分斜拉应力，并固定受力筋的位置，多用于梁和柱内。

架立筋：用于板内，与板的受力筋垂直布置，将承受的重力均匀地传给受力筋，并固定受力筋的位置，以及抵抗热胀冷缩所引起的温度变形。

其他，应为构件要求或施工安装需要而配置的构造筋，如腰筋、预埋锚固筋、吊环等。

为了保护钢筋、防腐剂、防火以及加强钢筋与混凝土的黏结力，在构件的钢筋外面要留有保护层，如图1-3所示。保护层厚度参考表1-4。

表1-4 钢筋混凝土构件保护层

钢筋	构件种类		保护层厚度/mm
受力筋	板	断面厚度≤100 mm	10
		断面厚度>100 mm	15
	梁和柱		25
	基础	有垫层	35
		无垫层	70
箍筋	梁和柱		15
分布筋	板		10

3）钢筋的弯钩

如果构件中受力筋用的是光圆钢筋（Ⅰ级钢筋），为了使钢筋和混凝土具有良好的黏结力，避免钢筋在受拉时滑动，应在光圆钢筋两端作成半圆形或直形弯钩；带肋钢筋（Ⅱ级以上钢筋）与混凝土的黏结力较强，钢筋两端不做弯钩。受力筋和常用箍筋的弯钩形式如图1-4所示，箍筋的弯钩长度，一般分别在两端各伸长50 mm左右。

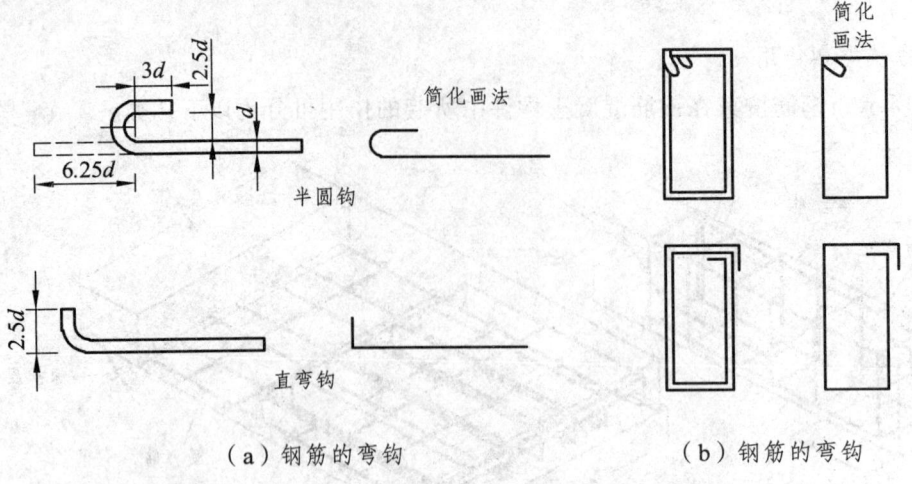

图1-4 钢筋及钢筋的弯钩

4) 钢筋的表示方法

钢筋的一般表示法见表1-5。

表1-5 钢筋表示方法

名 称	图 例	说 明
钢筋横断面	●	
无弯钩的钢筋端部		下图表示长短钢筋投影重叠时,可在短钢筋的端部用45°短画线表示
预应力钢筋横断面	+	
预应力钢筋和钢绞线		用粗双点画线
无弯钩的钢筋搭接		
带半圆形弯钩的钢筋端部		
带半圆形弯钩的钢筋搭接		
带直弯钩的钢筋端部		
带直弯钩的钢筋搭接		
带丝扣的钢筋端部		

钢筋的标注应包括钢筋的编号、数量和间距、代号、直径及所在位置等,通常应沿钢筋的长度标注或标注在有关钢筋的引出线上。梁、柱的箍筋和板的分布筋,一般应注出间距,不应注数量。

具体标注方式如下:

例1:4Φ20

4表示钢筋的根数,Φ表示Ⅰ级钢筋直径(圆钢筋)符号,20表示钢筋直径。

例2:Φ8@200

Φ表示Ⅱ级钢筋(螺纹筋)直径符号,8表示钢筋的直径,@表示相等中心距符号,200表示相邻钢筋中心距。

1.1.1.2 基础图和基础详图

基础是建筑物的组成部分，表示建筑物最下部的承重结构，它将上部结构所承受的各种荷载传递到地基上。基础底下天然的或经过加固的土层称为地基。基础的组成如图 1-5 所示。

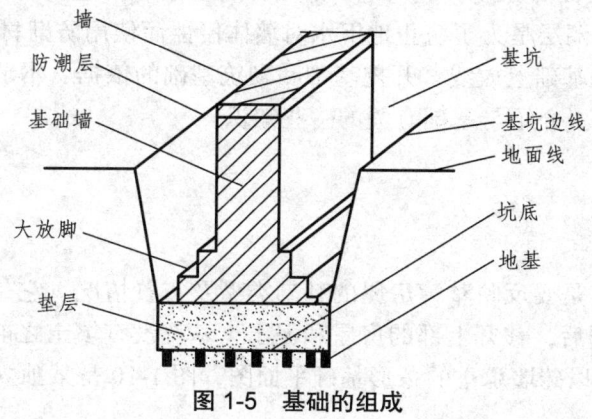

图 1-5 基础的组成

基础图表示了建筑物室内地面以下基础部分的平面布置及详细构造。通常用基础平面图和基础详图来表示。

基础的形式一般取决于上部承重结构形式、地基的岩土类别和性状以及施工条件等因素。如果为一般低层或多层建筑，上部是墙承重的，常用的基础形式为条形（墙）基础，如图 1-6 所示。如果上部是柱承重，则采用独立基础（柱基础），如图 1-7 所示。另外，由于地质条件的原因，建筑物还可以选择筏板基础、箱形基础、壳体基础和桩基础等，如图 1-8 所示。

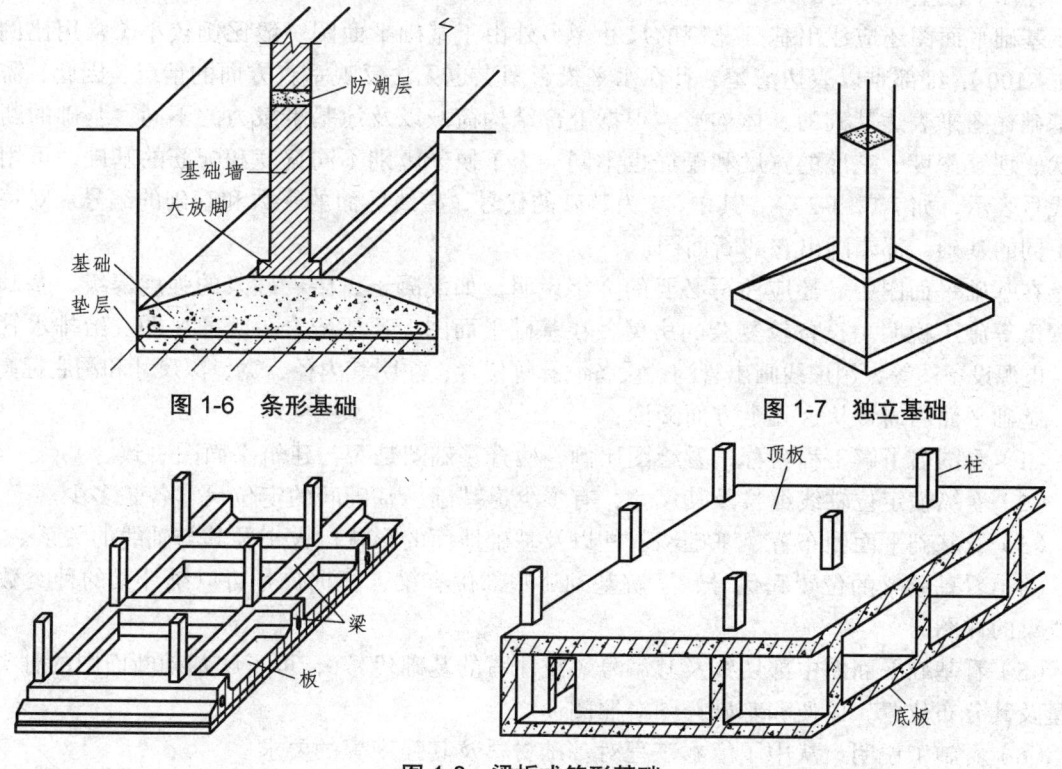

图 1-8 梁板式筏形基础

从建造基础的材料来分，有砖、石、混凝土等脆性材料组成的刚性基础，也有用钢筋混凝土这种材料做成的柔性基础。

基坑是为基础施工而开挖的土坑，坑底就是基础底面。基础的埋置深度是指房屋首层室内地面±0.000 到基础底面的深度。埋入地下的墙称为基础墙。基础墙与垫层之间做成阶梯形的砌体称为大放脚。防潮层是为了防止地下水对墙体侵蚀而使用防潮材料建成的。

基础图是施工时在基础上放线、开挖基础和砌筑基础的依据。本节以最常用的条形墙基础及柱下独立基础为例，介绍与基础有关的一些知识。

1. 基础平面图

1）图示方法

基础平面图的任务是要反映整幢房屋的基础类型及布置情况。它是假想用一个水平面在底层墙脚处将房屋剖开后，移开上部的房屋和泥土（基坑没有填土之前）后所做出的基础水平投影。图 1-9 是某幢以砖墙承重的条形基础平面图，图 1-10 是某独立基础平面图。

2）图示内容及读图

基础平面图中只需要画出基础墙和基础底面轮廓线。从图 1-9 中可以看出，基础的可见轮廓线可以省略不画（基础的细部将在基础详图中表示）。基础平面图中，轴线两侧的中粗线是墙边线，细线是基础底边线；粗实线（单线）表示可见的基础梁，不可见的基础梁用粗虚线（单线）表示。

基础平面图中应注出定位轴线（施工放线的依据）及其编号，其标注必须与建筑图相一致，在图中注上轴线间的尺寸和总尺寸。

基础平面图还应注出基础宽度的尺寸。另外由于基础平面图一般比例较小（常用比例尺为 1：100），细部难以表达清楚，且在水平投影图上也无法反映垂直方向的情况，因此，需另出基础详图来表达基础的具体构造。根据上部结构荷载以及地基承载力的不同，基础的断面形状、埋置深度、基底的宽度和配筋也不同，为了便于区别不同宽度和配筋的基础，可用基础代号表示，如 J-1、J-2 等。其中，J 为基础的代号，横线后面的字数和基础的编号。对每一种不同的基础，都要画出它的断面图。

在基础平面图中，还应注写必要的文字说明，如混凝土、砖、砂浆的强度等级，基础埋置深度等施工说明。设备较复杂的房屋，在基础平面图上还要配合采暖通风图、给排水管道图、电源设备图等，用虚线画出管沟、设备洞孔等位置，注明其内径、宽、深尺寸和洞底标高。

基础平面图通常从这几个方面阅读：

（1）看图名了解工程名称，看绘图比例，检查基础图是否与建筑平面图一致。

（2）看纵横定位轴线编号及其尺寸，有多少道基础，基础间的定位尺寸各是多少。

（3）看基础平面图布置、基础墙、柱以及基础地面的形状、大小及其与轴线的关系。

（4）看基础梁的位置和代号，了解基础哪些部位有梁，根据代号可以统计梁的种类数量和查梁的详图。

（5）看基础平面图中部切线及其编号（或注写的基础代号），可了解基础断面图的种类、数量及其分布位置，以便和基础详图对照阅读。

（6）看施工说明，从中了解本工程对基础材料及其强度等的要求。

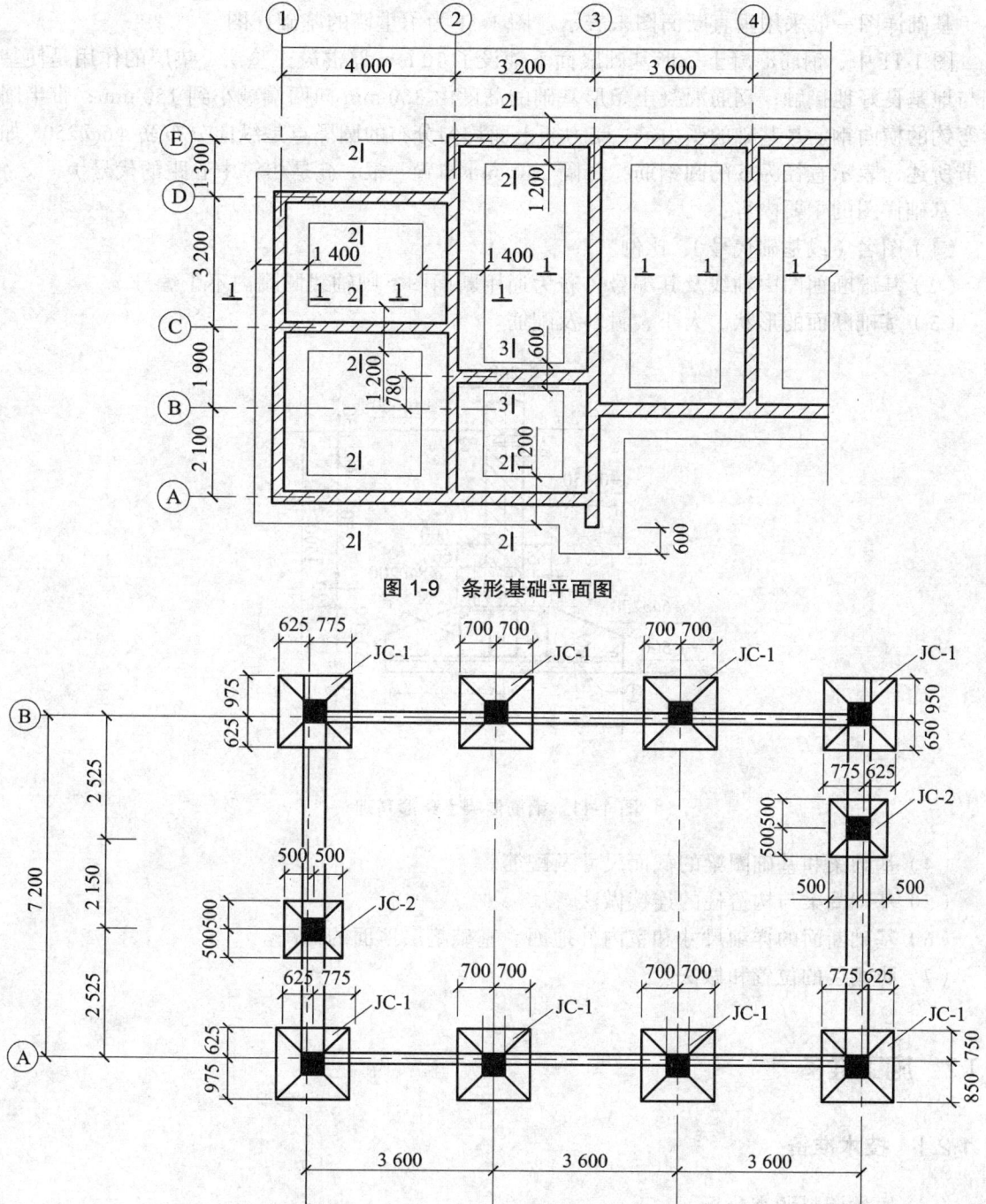

图 1-9 条形基础平面图

图 1-10 独立基础平面图

2. 基础详图内容及读图

基础平面图只表示了基础的平面布置，而基础各部分的形状、大小、材料、构造以及基础的埋置深度等都没有表达出来，这就需要画出各部分的基础详图。

基础详图一般采用垂直断面图来表示。图 1-11 为承重墙的基础详图。

图 1-11 中，钢筋混凝土条形基础底面下铺设了 70 mm 厚混凝土垫层，垫层的作用是使基础与地基良好地接触；钢筋混凝土条形基础的高度由 350 mm 向两端减小到 150 mm；带半圆形弯钩的横向钢筋是基础的受力筋，受力筋上面均匀分布的圆黑点是纵向分布筋 Φ6@250（如上节所述，表示直径为 6 的圆钢筋，每隔 250 mm 布置一根，@是相等中心距的代号）。

基础详图的主要内容：

（1）图名（或基础代号）、比例。
（2）基础断面图中轴线及其编号（若为通用断面图，则轴线圆圈内不予编号）。
（3）基础断面的形状、大小、材料及配筋。

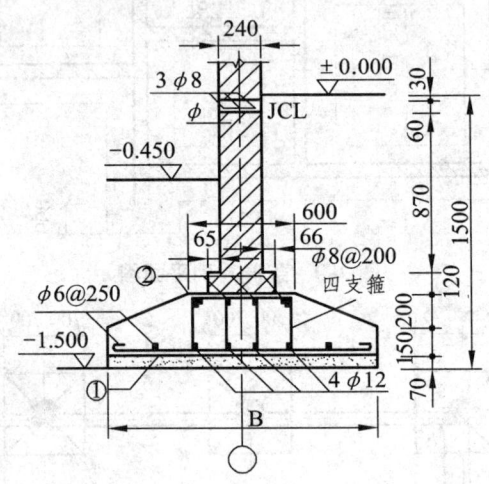

图 1-11　钢筋混凝土条形基础

（4）基础梁和基础圈梁的截面尺寸及配筋。
（5）基础圈梁与构造柱的连接做法。
（6）基础断面的详细尺寸和室内外地面、基础垫层地面的标高。
（7）防潮层的位置和做法。

1.1.2　施工准备

1.1.2.1　技术准备

（1）原始资料调查分析：

① 自然条件调查分析。包括建设地区的气象、建设场地的地形、工程地质和水文地质、施工现场地上和地下障碍物状况、周围民宅的坚固程度，以及居民的健康状况等项调查，为编制施工现场"四平一通"计划提供依据。如地上建筑物的拆除、高压输电线路的搬迁、地下构筑物的拆除和各种管线的搬迁等工作。

② 技术经济条件调查分析。包括地方资源、交通运输、水电及其他能源、主要设备、材料和特种物质，以及它们的生产能力等项调查。

（2）编制施工图预算。

（3）编制施工组织设计，特别是根据原始资料调查分析情况，结合工程特点，针对性地编制基坑排水、支护、环境保护措施及监测方案等专题施工方案和安全措施方案，经审批后方可施工。

（4）工程施工前应进行挖、填方的平衡计算，综合考虑土方运距最短、运程合理和各个工程项目的合理施工程序，做好土方平衡调配，减少重复挖运。

1.1.2.2 物资准备

包括测量器具准备、建筑材料准备、构（配）件和制品加工准备、建筑施工机具准备、生产工艺设备准备。

1.1.2.3 劳动组织准备

根据工程规模、结构特点和复杂程度，建立施工项目领导机构，确定合理的劳动组织，建立相应的专业或混合工作队组，集结施工力量，组织劳动力进场，做好职工入场教育工作。

1.1.3 施工放样

1.1.3.1 测量内容及控制目标

测量内容为施工放样与轴线控制、水准测量与标高控制、沉降观测等。测量控制目标一般为：

（1）轴线位移：5 mm 内。

（2）标高：层高±5 mm，全高±20 m。

（3）垂直度：每层 5 mm 内，全高 20 mm 内。

1.1.3.2 施工准备

测量器具准备：经纬仪、线锤、测尺和塔尺等辅助工具。条件允许可采用全站仪。

基准点的接受与校核：根据建设单位（或勘测单位）提供的现场基准点和水准点，建立现场测量控制网。由于在勘探设计阶段所建立的控制网是为测图而建立的，有时并未考虑施工的需要，所以控制点的分布、密度和精确度，都难以满足施工测量的要求；另外，在平整场地时，可能大多控制点被破坏。因此施工之前，在建筑场地应重新建立专门的现场测量控制网。

1.1.3.3 基槽放线

据房屋主轴线控制点，将外墙轴线的交点用木桩测定在地面，即轴线桩（如图 1-12 所示），并在桩顶钉上钉作为标志。房屋外墙轴线测定后，再根据建筑物平面图，将内部开间所有轴线——测出,最后根据轴线用石灰在地面上撒出基槽开挖边线,以便开挖。

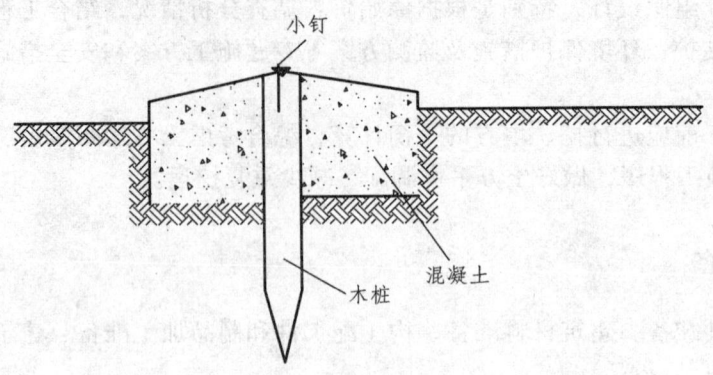

图1-12 轴线控制桩示意图

施工时轴线要被挖除,为方便施工,常在基槽外设置龙门板,如图1-13所示。

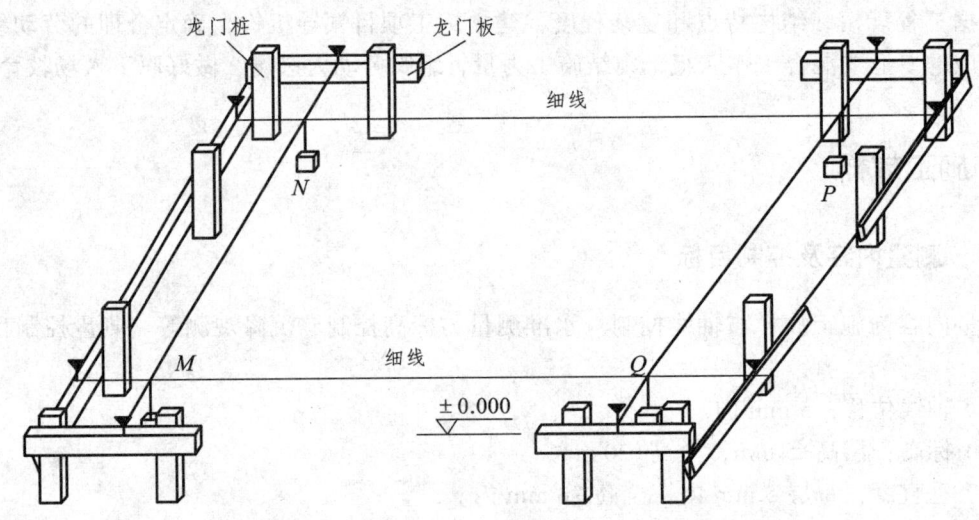

图1-13 龙门板示意图

1. 龙门板的设置

在房屋四周基槽开挖边线外 1~1.5 m(由土质和挖槽深度确定)钉设龙门桩;根据场地水准点,在每个龙门桩上测设±0.00标高线,沿龙门桩上测设的高程线钉龙门桩;根据轴线桩,用经纬仪将墙、柱轴线投到龙门板顶面上,并钉小钉表明,即轴线钉[如图1-14(a)所示]。

2. 引桩(轴线控制桩)的测设

机械挖槽时龙门板不易保存,通常在基槽外各轴线的延长线上测设引桩[如图1-14(b)所示],作为开槽后复合轴线位置的依据。即使采用龙门板,为了防止被碰动,也应测设引桩。在多层建筑施工中,引桩是向上层投测轴线的依据。为便于向上投点,应在较远的地方测定,如附近有固定建筑物,最好把轴线投测在建筑物上。引桩一般钉在基槽开挖边线外2~4 m的地方。在大型建筑物放线时,为了保证引桩的精度,一般都先测引桩,再根据引桩测设轴线桩。

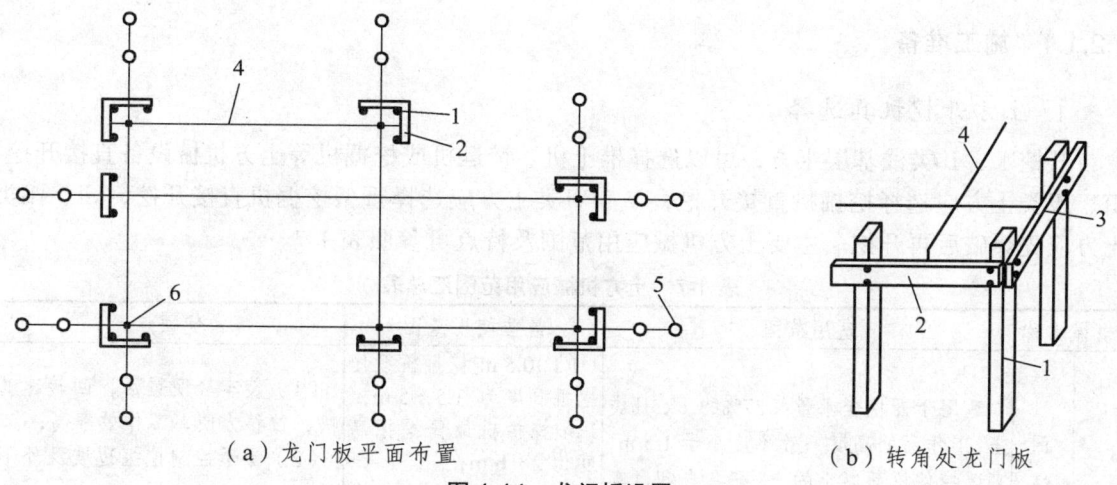

(a) 龙门板平面布置　　　　(b) 转角处龙门板

图 1-14　龙门板设置

1—龙门桩；2—龙门板；3—轴线钉；4—线绳；5—引桩；6—轴线桩

学习情境 1.2　基坑施工

基坑施工工作的主要内容见表 1-6。

表 1-6　工作任务表

序号	项目	内　　容
1	主讲内容	（1）基坑开挖机械选择； （2）基坑开挖施工技术要点； （3）基坑明沟排水及基坑降水方法
2	学生任务	（1）根据本项目特点和条件，了解施工前期准备工作； （2）了解基坑明沟排水及基坑降水方法； （3）根据教学现场进行人工开挖练习
3	教学评价	（1）能合理做好基坑降水和基坑支护方案的选择——合格； （2）能合理做好基坑降水和基坑支护的方案选择，能熟练地进行基坑降水和基坑支护的操作——良好； （3）能合理做好基坑降水和基坑支护的方案选择，能熟练地进行基坑降水和基坑支护的操作，且精度满足质量控制要求——优秀

1.2.1　基坑开挖

基坑上方开挖可以采用人工挖土或机械挖土。根据基坑深度与原建筑物的距离可选择放坡开挖和支护开挖，以放坡开挖最经济。机械开挖可采用推土机、装载机、铲运机或挖掘机等土方机械设备，以及配套的运土自卸汽车等进行土方开挖和运输，具有操作机动灵活、运转方便、生产效率高、施工速度快等优点。

在基坑（槽）开挖施工中，当可能邻近建（构）筑物、地下管线、永久性道路产生危害时现场不宜进行放坡开挖，应对应基槽（槽）、管沟进行支护后再开挖。

1.2.1.1 施工准备

1. 土方开挖机具选择

开挖Ⅰ、Ⅱ类浅基层土方,可以选择推土机、铲运机或挖掘机等土方机械设备直接开挖,Ⅲ、Ⅳ类土方应选择挖掘机直接开挖,Ⅴ、Ⅵ类土方应选择重型挖掘机直接开挖,Ⅶ、Ⅷ类土方应先爆破后再开挖。主要土方机械应用范围及特点可参照表1-7。

表1-7 土方机械应用范围汇总表

机械名称		适用范围	最佳使用范围	优缺点
挖掘机	正铲	适用于开挖含水量≤27%的Ⅰ、Ⅱ类土,工作面的高度一般不应小于1.5 m,可以挖停机面以上的土,配备自卸汽车联合作业	(1)0.5 m³挖掘机最佳挖掘高度为1.5~5 m;1 m³挖掘机最佳挖掘高度为2~6 m;(2)挖掘机配自卸车工作时,最适宜的运距为80~3 000 m	(1)装车轻便灵活,回转速度快,位移方便,工作效率高;(2)易于控制挖掘边坡及外形尺寸;(3)能挖掘较坚硬的土
	反铲	多用于地面以下的挖土工作。适用于Ⅰ~Ⅲ类的砂土和黏土,开挖深度不大的基坑(基槽)、沟渠及含水量不大的泥泞土。通常配备推土机或自卸汽车进行联合工作	(1)最大挖掘深度为4~6 m;(2)最佳挖掘深度为1.5~3 m	(1)汽车和装土均在地面上操作,省去运输道;(2)工作效率比正铲低;(3)工作较灵活,不易于控制工作面尺寸
	拉铲	用于地面以下的挖土作业。适用于Ⅰ~Ⅲ类土,开挖较深的基坑(槽)、沟渠挖取水中的泥土以及填筑路基、修筑堤坝等。通常配备推土机或自卸汽车进行联合作业	对松软土壤效率较高	(1)挖掘半径比反铲大,但不及反铲灵活;(2)开挖较深的基坑时,汽车可在土坑上装土,省去运输道路;(3)工作效率比反铲低
	抓铲	用于挖掘窄而深的地槽、基坑和水下挖土,也能装卸砂、卵石等散装材料	对散石、松散料的装卸很有效	工作效率低,操作最简单
装载机		装载机多用于装载松散土和短距离运土,也可用作松软土的表层剥离、地面的平整和松散材料的收集清理等工作。一台装载机能完成装土、运土、卸土等工序,并能配合运输车辆作业使用	装运作业时间不大于3 min时	(1)轮胎式装载机行驶速度快,机动性能好,移动方便;(2)能在远距离工作场地自铲自运;(3)对松散土的装卸,工作效率高于挖掘机
推土机		能铲挖并移运土壤。例如,在道路施工中,推土机可完成路基基底的处理,路侧取土横向填筑高度不大于1 m的路堤,沿道路中心线向铲挖移运土壤的路基填方工程,傍山取土,修筑路基。此外推土机还可用于平整场地,堆积松散材料,清除作业地段内的障碍物等 多用于场地清理和平整,开挖深度1.5 m以内的基坑,填平基坑和管沟,以及配合铲运机、挖土机工作等,从事平整、清理场地和维修道路等工作。此外,在推土机后可安装松土装置,破、松硬土和冻土,也可挂羊足碾进行土方压实工作。推土机可以挖Ⅰ~Ⅲ类土,Ⅳ类土以上需经预松后才能作业	推填距离(经济运作)宜在100 m以内,效率最高的距离为50~60 m	(1)推土机操作灵活,运转方便,所需工作面较小;(2)行驶速度快,易于转移,能爬30°左右的缓坡,因此应用范围较广

2. 作业条件

(1) 开挖前应清除或拆迁开挖区内地面附属物和地下障碍物,如地上高压、照明、通信线路,电杆、树木、旧有建筑物及地下给排水、煤气、供热管道、电缆、基础等,或进行搬迁、改建、改线;对靠近基坑(槽)的原有建筑物、电杆、塔架等采取防护或加固措施。

(2) 根据场地的地质、水文资料及周围环境情况,结合施工具体条件,按照制订好的现场场地平整、基坑开挖施工方案,以及施工总平面布置图,绘制基坑土方开挖图,合理确定开挖路线、顺序,基坑标高、边坡坡度、排水沟、集水井位置及土方堆放点,如涉及深基坑开挖,还应提出支护、边坡保护和排水方案。

(3) 根据平面图进行测量放线,设置好控制定位轴线桩、龙门板或水平桩后,放出挖土灰线,经检查并办完预检手续。

(4) 完成必需的临时设施,包括生产设施、生活设施、机械进出和土方运输道路、临时供水供电及其他与工程施工有关的辅助设施。

(5) 机械设备运进现场,进行维护检查、试运转,使其处于良好的工作状态。

1.2.1.2 基坑开挖施工要点

基坑开挖程序一般是:测量放线→切线分层开挖→排降水→修坡→平整→留足预留土层等。

(1) 基坑开挖方式可根据现场条件及表1-8、表1-9的要求确定,如放坡开挖、直壁开挖或支护开挖。

表1-8 基坑和管沟不加支撑时的容许深度

项次	土的种类	容许深度/m
1	中密的砂土和碎石类土(充填物为砂土)	1.00
2	硬塑、可塑的粉质黏土及粉土	1.25
3	硬塑、可塑的黏土和碎石类土(充填物为黏性土)	1.50
4	坚硬黏土	2.00

表1-9 临时性挖方边坡值

土的类别		边坡坡度(高:宽)
砂土(不包括细砂子、粉砂)		1:1.25~1:1.50
一般砂土	硬	1:0.75~1:1.00
	软、塑	1:1.00~1:1.25
	软	1:1.50 或更缓
碎石类土	充填坚硬、硬塑黏性土	1:0.50~1:1.00
	充填砂土	1:1.00~1:1.50

注:① 设计有要求时,应符合设计标准。
② 如采用降水或其他加固措施,可不受本表限制,但应计算复核。
③ 开挖深度,对软土不应超过4 m,对硬土不应超过8 m。

按照《建筑地基基础工程施工质量验收规范》(GB 50202—2002)的规定,临时性挖方的边坡值应符合表 1-9 的规定。

（2）相邻基坑开挖时，应遵循先深后浅或同时进行的施工程序。挖土应自上而下水平分段分层进行，每层 0.3 m 左右，边挖边检查基坑宽度，不够时及时修整，每 3 m 左右修一次坡，至设计标高，再统一进行一次修坡清底，检查坑底宽和标高，要求坑底凹凸不超过 2.0 cm。在施工过程中基坑（槽）边堆置土方不应超过设计荷载，挖方时不应碰撞或损伤支护结构、降水设施。

（3）如开挖的基坑深于邻近基础时，开挖应保持一定的距离和坡度（如图 1-15 所示），一般应满足 $h/L \leqslant 0.5 \sim 1.0$ 的要求。如不能满足时，应采取在坡脚设挡墙或支撑进行加固处理。

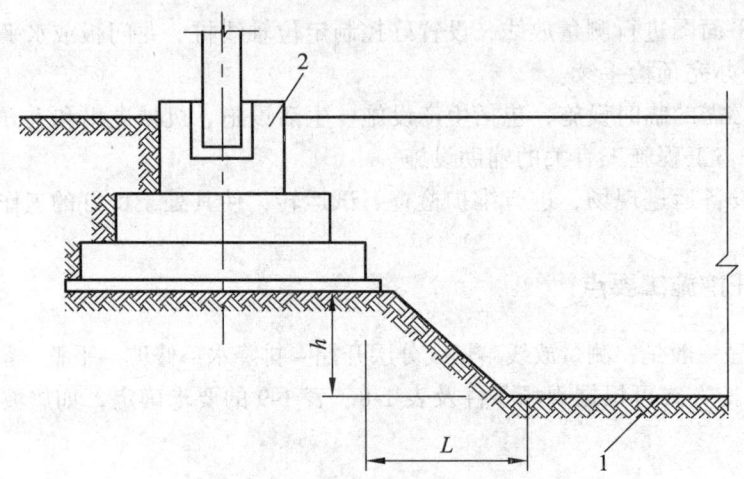

图 1-15　基坑与邻近基础应保持的基础

1—开挖深基坑底部；2—邻近距离

（4）开挖基坑的土壤含水量大而不稳定，或基坑较深，或受到周围场地限制而需要较陡的边坡或直立开挖而土质较差时，应采用临时性支护加固，坑、槽宽度应比基础宽每边加 10～15 cm 支撑结构需要的尺寸。挖土时，土壁要求平直，挖好一层，支一层支护，挡土板要紧贴土面，并用小木桩或横撑木顶住挡板。开挖宽度较大的基础，当在局部低端无法放坡，或下部土方受到尺寸限制不能放较大坡度时，则应在下部坡脚采取加固措施，如采用短桩或横隔板支撑或砌砖、毛石或编织袋、草袋装土堆砌临时矮挡土墙保护坡脚；当开挖深基坑时，则须采取半永久性、安全、可靠的支护措施。

（5）基坑开挖时，应对平面控制桩、水准点、基坑平面位置、水平标高、边坡坡度等经常复测检查。

（6）基坑土方施工中应对支护结构、周围环境进行观察和监测，如出现异常情况应及时处理，待恢复正常后方可继续施工。

（7）基坑开挖应尽量防止对地基的扰动。基坑挖好后不能进行下道工序时，应预留 15～30 cm 的一层土不挖，待下道工序开始再挖至设计标高。开挖基坑不得超过基地标高，如个别部位超挖时，应用砂、碎石或低强度混凝土补填，重要部位超挖时的处理应取得设计单位同意。

（8）在基坑挖土过程中，应随时注意土质变化情况，如地基土质与地质勘探报告、设计要求不符时，应与有关人员研究及时处理。基坑挖后应立即进行验槽，做好记录。

（9）平整场地的表面坡度应符合设计要求，如设计无要求时，排水沟方向的坡度不应少于 2‰，平整后的场地表面应逐点检查。检查点为每 100~400 m² 取 1 点，但不应少于 10 点；长度、宽度和边坡均为每 20 m 取 1 点，每边不应少于 1 点。

（10）对雨季和冬季施工还应遵守国家现行有关标准。

1.2.2 基坑排水与降水施工

本节具体内容"学习项目 3"，可参阅相关章节。

学习情境 1.3 基底检验

基底检验工作的主要内容见表 1-10。

表 1-10 工作任务表

序号	项目	内　　容
1	主讲内容	（1）基坑检验方法； （2）地基局部处理方法
2	学生任务	根据教学现场进行基坑检验方法及地基局部处理方法练习
3	教学评价	（1）能合理地选择地基处理方法——合格； （2）能合理地选择地基处理方法，能熟练地进行基础处理的施工——良好； （3）能合理地选择地基处理方法，能熟练地进行基础处理的施工，且精准度满足质量控制要求——优秀

1.3.1 基底检验

为了使建（构）筑物有一个比较均匀的下沉，即不允许建（构）筑物各部分间产生较大的不均匀沉降，对地基应进行严格的检验。当地基开挖至设计基底标高后，应对坑底进行保护，并由设计、建设、监理和施工部门共同及时进行验槽，核对地质资料，检查地基土壤与工程地质勘探报告、设计图纸是否符合，有无破坏原状土壤结构或发生较大的扰动现象。经检查合格，填写基坑验收、隐蔽工程记录，及时办理交接手续，方可进行垫层施工。对特大型基坑，宜分区分块挖至设计标高，分区分块及时浇筑垫层。必要时，可加强垫层。验槽一般用表面检查验槽法，必要时采用钎探检查或洛阳钎探检查。

1.3.1.1 表面检验槽法

（1）根据槽壁土层分布情况及走向，初步判明全部基底是否已挖至设计所要求的土层。
（2）检验槽底是否已挖至原（老）土，是否需要继续下挖或进行处理。
（3）检查整个槽底土的颜色是否均匀一致；土的坚硬程度是否一样，是否有局部过松软或过坚硬的部分；是否有局部含水量异常现象，走上去有没有颤动的感觉等。如有异常部位，要会同设计单位进行处理。

1.3.1.2 钎探检查验槽法

（1）钢钎的规格和质量：钢钎用直径 22～25 mm 的钢筋制成，钎尖呈 60°尖锥状，长 1.8～2.0 m。大锤用质量为 3.6～4.5 kg 的铁锤。打锤时，举高离钎顶 50～70 cm，将钢钎垂直打入土中，并记录每打入土层 30 cm 的锤击数。

（2）钎孔布置和钎探深度：应根据地基土质的复杂情况和基槽宽度、形状而定，一般可参考表 1-11。

表 1-11 钎孔布置和钎探深度

槽宽/cm	排列方式及图示	间距	钎探深度/m
小于 80	中心一排	1～2	1.2
80～200	两排错开	1～2	1.5
大于 200	梅花形	1～2	2.0
柱基	梅花形	1～2	≥1.5 m，并不浅于短边宽度

注：对于较软弱的新近沉积黏性土、人工杂填土地基，钎孔间距应不大于 1.5 m。

（3）钎探记录和结果分析，先绘制基槽平面图，在图上根据要求确定钎探点的平面位置，并依次编号制成钎探平面图。钎探时按钎探平面图标定的钎探点顺序钎探，最后整理成钎探记录表。

全部钎探完后，逐层分析研究钎探记录，然后逐点进行比较，将锤击数显著过多或过少的钎孔在钎探平面图上做记号，然后再在该部位进行重点检查，如有异常情况，要认真进行处理。

验槽内容包括尺寸、定位轴线、基底标高及土层是否达到设计要求的持力层。观察基槽土层变化的内容如图 1-16 和表 1-12 所示。

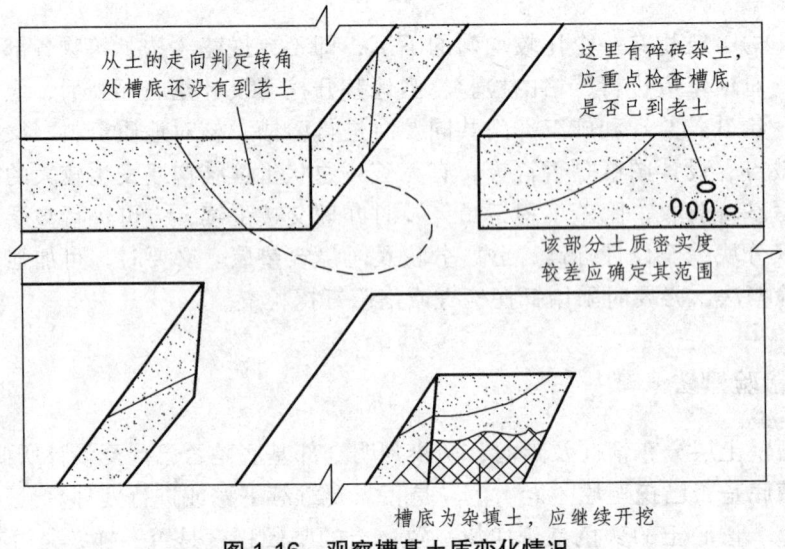

图 1-16 观察槽基土质变化情况

表 1-12 观察验槽

观察项目		观察内容
槽壁土层		土层分布情况及走向
重点部位		应选择在柱基、墙角、承重墙下或其他受力较大的部位
整个槽底	槽底土质	是否挖到老土层上
	土的颜色	是否均匀一致
	土的坚硬	是否坚硬一致、是否局部过松
	土层行走	有没有局部含水量异常现象,行走是否有颤动的感觉

1.3.1.3 基坑土方开挖质量检验标准

根据《地基基础工程施工质量验收规范》(GB50202—2002)要求,基坑土方开挖工程质量检验标准详见表 1-13。

表 1-13 基坑土方开挖工程质量检验标准

项目	序	项目	允许偏差或允许值/mm					检验方法
			柱基 基坑 基槽	挖方场地平整		管沟	地(路)面基层	
				人工	机械			
主控项目	1	标高	-50	±30	±50	-50	-50	水准仪
	2	长度宽度(由设计中心线向两边量)	+200 -50	+300 -100	+500 -150	+100		经纬仪,用钢尺量
	3	边坡	设计要求					观察或用边坡尺检查
一般项目	1	边坡平整度	20	20	50	20	20	用2m靠尺和楔形塞尺检查
	2	基底土性	设计要求					观察或图样分析

注:① 地(路)面基层的偏差只适用于直接在挖、填方上做地(路)面的基层。
② 所列数值适用于附近无重要建筑物或重要公共设施,且基坑暴露时间不长的条件。

1.3.2 地基局部处理

1.3.2.1 换填地基法

换填地基材料:中粗砂、碎石或卵石、灰土、素土、石屑、矿渣等。

1. 灰土地基

适用于加固深 1~4m 厚的软弱土、湿陷性黄土、杂填土等,还可用作结构的辅助防渗层。

2. 砂和砂石地基

适于处理 3.0m 以内的软弱、透水性强的黏性土地基,包括淤泥、淤泥质土;不宜用于加固湿陷性黄土地基及渗透系数小的黏性土地基。

3. 粉煤灰地基

用于作各种软弱土层换填地基的处理,以及作大面积地坪的垫层等。

1.3.2.2 夯实地基

1. 重锤夯实地基

重锤夯实地基适用于处理高于地下水位 0.8 m 以上稍湿的黏性土、砂土、湿陷性黄土、杂填土和分层填土地基的加固处理。

加固深度位 1.2~2.0 m。

2. 强夯地基

强夯地基适用于处理碎石土、砂土、低饱和度的黏性土、粉土、湿陷性黄土及填土地基等的深层加固,是最经济的深层加固方法。

学习情境 1.4 柱下独立基础施工

柱下独立基础施工工作的主要内容见表 1-14。

表 1-14 工作任务表

序号	项目	内　　容
1	主讲内容	(1)施工准备及质量标准; (2)独立柱基础施工工艺流程
2	学生任务	(1)熟悉独立柱基础施工准备和工艺流程; (2)根据教学现场进行基坑检验方法及地基;局部处理方法练习
3	教学评价	(1)能合理地进行独立基础施工——合格; (2)能合理地进行独立基础施工,能熟练各个工艺流程——良好; (3)能合理地进行独立基础施工,能熟练各个工艺流程,且精度满足质量控制要求——优秀

1.4.1 施工准备

钢筋混凝土独立基础主要用于柱下,也用于一般的高耸建筑物。现浇柱下独立基础的截面可做成阶梯形,如图 1-17(a)所示,或锥形,如图 1-17(b)所示。预制柱一般采用杯形基础,如图 1-17(c)所示。

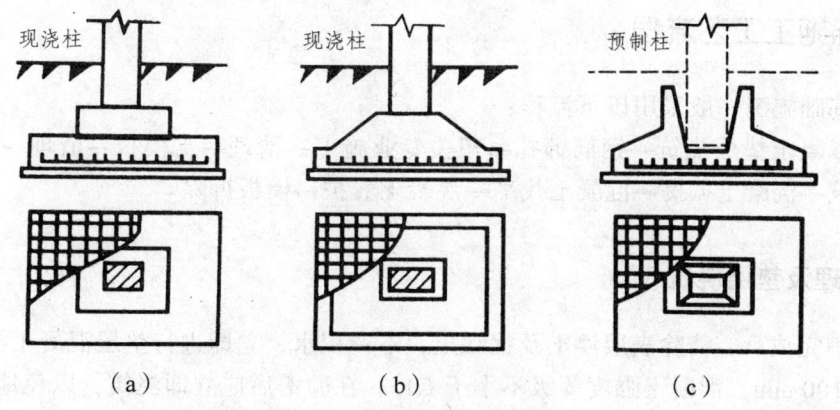

图 1-17 钢筋混凝土独立基础形式

本章仅重点介绍柱下钢筋混凝土独立基础的施工。

1.4.1.1 作业条件

（1）办完验槽记录及地基验槽隐检手续。
（2）办完基槽检线预检手续。
（3）有混凝土配合比通知单、准备好试验用工具器。
（4）做完技术交底。

1.4.1.2 材质要求

所需施工需要的材料，必须经有资质的质量检测机构检测合格。
（1）水泥：水泥品种、强度等级应根据设计要求确定，质量符合现行水泥标准。工期紧时可做水泥快测。必要时要求厂家提供水泥含碱量的报告。
（2）砂、石子：根据结构尺寸、钢筋密度、混凝土施工工艺、混凝土强度等级的要求确定石子粒径、砂子细度。砂、石质量符合现行标准。必要时做骨料碱活性实验。
（3）水：自来水或不含有害物质的洁净水。
（4）外加剂：根据施工组织设计要求，确定是否采用外加剂。外加剂必须经试验合格后，方可在工程上使用。
（5）掺合料：根据施工组织设计要求，确定是否采用掺合料。质量符合现行标准。
（6）钢筋：钢筋的级别、规格必须符合设计要求，质量符合现行标准要求。表面无老锈和油污。必要时做化学分析。
（7）脱模剂：水质隔模剂。

1.4.1.3 工器具

应准备有必要的施工器具，一般应包括：搅拌机、磅秤、手推车或翻斗车、铁锹、振捣棒、刮杆、木抹子、胶皮手套、串桶或溜槽、钢筋加工机械、木制井字架等。

1.4.2 基础施工工艺流程

独立柱基础施工一般采用以下流程：
清理→混凝土垫层浇筑→钢筋绑扎→相关专业施工→清理→支模板→清理→混凝土搅拌→混凝土浇筑→混凝土振捣→混凝土找平→混凝土养护→模板拆除。

1.4.2.1 清理及垫层浇筑

地基验槽完成后，清除表层浮土及扰动土，不留积水，立即进行垫层混凝土施工，生层，厚度一般为 100 mm，混凝土强度等级不小于 C15，在验槽后应立即浇筑，以免地基土流动。垫层混凝土必须振捣密实，表面平整。

1.4.2.2 钢筋绑扎

垫层浇筑完成后，混凝土达到 1.2 MPa 后进行钢筋绑扎。钢筋绑扎不允许漏扣，柱插筋弯钩部分必须与底板筋成 45°绑扎，连接点处必须全部绑扎，距底板 5 cm 处绑扎第一个箍筋，距基础顶 5 cm 处绑扎最后一道箍筋。作为标高控制筋及定位筋，柱插筋最上部再绑扎一道定位筋，上下箍筋及定位箍筋绑扎完成后将柱插筋调整到位并用井字木架临时固定，然后绑扎剩余箍筋，保证柱插筋不变形走样，两道定位筋在基础混凝土浇完后，必须进行更换，如图 1-18、图 1-19 所示。

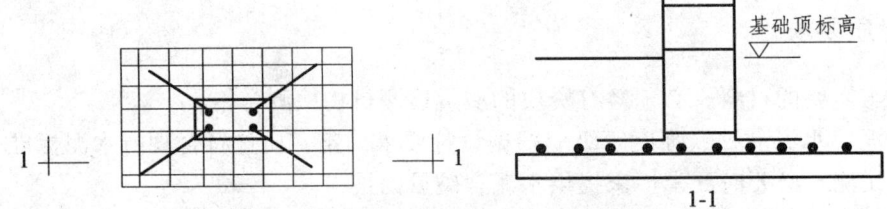

图 1-18 独立柱基钢筋绑扎示意

图 1-19 独立柱基钢筋绑扎施工场景

钢筋绑扎好后地面及侧面搁置保护层垫块，厚度为设计保护层厚度，垫层间距不得大于

1000 mm（视设计钢筋直径确定），以防出现露筋的质量通病。

注意对钢筋的成品保护，不得任意碰撞钢筋，造成钢筋移位。

1.4.2.3 模 板

钢筋绑扎及相关专业施工完成后立即进行模板安装，模板采用小钢模或木模；利用架子管或木方加固。锥形基础坡度>30°时，采用斜模板支护，利用螺栓与底板钢筋拉紧，防止上浮，模板上部设透气及振捣孔；坡度≤30°时，利用钢丝网（间距 30 cm）防止混凝土下坠，上口设井子木控制钢筋位置。不得用重物冲击模板，不准在吊帮的模板上搭设脚手架，保证模板的牢固和严密。

1.4.2.4 清 理

清除模板内的木屑、泥土等杂物，木模浇水湿润，堵严板缝及孔洞。

1.4.2.5 混凝土现场流排

（1）每次浇筑混凝土前 1.5 h 左右，由土建工长或混凝土工长填写"混凝土浇筑申请书"，一式 3 份，施工技术负责人签字后，土建工长留一份，交试验员一份，资料员一份归档。

（2）试验员依据"混凝土浇筑申请书"填写有关资料，做砂石含水率试验，调整混凝土配合比中的材料用量，换算每盘的材料用量，写配合比板，经施工技术负责人校核后，挂在搅拌机旁醒目处。定磅秤或电子秤及水继电器。

（3）材料用量。

投放：水、水泥、外加剂、掺合料的计量误差为±2%，砂石料的计量误差为±3%。

投料顺序为：石子→水泥→外加剂粉剂→掺合料"砂子""水""外加剂"。

（4）搅拌时间：

① 强制式搅拌机，不掺外加剂时，不少于 90 s；掺外加剂时，不少于 120 s。

② 自落式搅拌机，在强制式搅拌机搅拌时间的基础上增加 30 s。

（5）当一个配合比第一次使用时，应由施工技术负责人主持，做混凝土开盘鉴定。如果混凝土和易性不好，可以在维持水灰比不变的前提下，适当调整砂率、水及水泥量，至和易性良好为止。

1.4.2.6 混疑土浇筑

混凝土浇筑应分层连续进行，间歇时间不得超过混凝土初凝时间，一般不超过 2 h，为保证钢筋位置正确，先浇一层 5～10 cm 厚混凝土固定钢筋。台阶型基础每一台阶高度整体浇捣，每浇完一台阶停顿 0.5 h 待其下沉，再浇上一层。分层下料，每层厚度为振动棒的有效振动长度。防止由于下料过厚，振捣不实或漏振，吊帮的根部砂浆、涌出等原因造成蜂窝、麻面或孔洞。

1.4.2.7 混凝土振捣

采用插入式振捣器，插入的间距不大于作用半径的 1.5 倍。上层振捣棒插入下层 3～5 cm。尽量避免碰撞预埋件、预埋螺栓，防止预埋件移位。

1.4.2.8 混凝土找平

混凝土浇筑后，表面比较大的混凝土，使用平板振捣器振一遍，然后用杆刮平，再用木抹子搓平。收面前必须校核混凝土表面标高，不符合要求处立即整改。

浇筑混凝土时，经常观察模板、支架、钢筋、螺栓、预留孔洞和管有无走动等情况，一经发现变形、走位或位移时，立即停止浇筑，并及时修整和加固模板，然后再继续浇筑。

1.4.2.9 混凝土养护

已浇筑完的混凝土，应在 12 h 左右覆盖和浇水。一般常温养护不得少于七昼夜，特种混凝土养护不得少于十四昼夜。养护设专人检查落实，防止由于养护不及时，造成混凝土表面裂缝。

1.4.2.10 模板拆除

侧面模板在混凝土强度能保证其棱角不因拆模板而受损坏时，方可拆模。拆模前设专人检查混凝土强度，拆除时采用撬棍从一侧顺序拆除，不得采用大锤砸或撬棍乱撬，以免造成混凝土棱角破坏。

学习情境 1.5　基础验收、回填

基础验收、回填土工作的主要内容见表 1-15。

表 1-15　工作任务表

序号	项目	内容
1	主讲内容	（1）基础验收标准； （2）土方回填方法
2	学生任务	（1）了解基础验收标准； （2）根据教学现场进行基础回填练习
3	教学评价	（1）能合理地进行基础验收和土方回填——合格； （2）能合理地进行基础验收和土方回填，能熟悉验收的内容和回填的质量控制——良好； （3）能合理地进行基础验收和土方回填，能熟悉验收的内容和回填的质量控制，且精度满足质量控制要求——优秀

1.5.1 质量标准

1.5.1.1 钢筋安装工程

1. 主控项目

（1）纵向受力钢筋的连接方式应符合设计要求。

（2）在施工现场，应按国家现行标准《钢筋机械连接通用技术规程》（JGJ107—2010）、《钢筋焊接及验收规程》（JGJ18—2010）的规定抽取钢筋机械连接接头、焊接接头试件作力学性能检验，其质量应符合有关规程的规定。

（3）钢筋安装时，受力钢筋的品种、级别、规格和数量必须符合设计要求。

2. 一般项目

（1）钢筋的接头宜设置在受力较小处。同一纵向受力钢筋不宜设置两个或两个以上接头。接头末端至钢筋弯起点的距离不应小于钢筋直径的10倍。

（2）在施工现场，应按国家现行标准《钢筋机械连接通用技术规程》（JGJ07—2010）、《钢筋焊接及验收规程》（JGJ18—2010）的规定对钢筋机械连接接头、焊接接头的外观进行检查，其质量应符合有关规程的规定。

（3）当受力钢筋采用机械连接接头或焊接接头时，设置在同一构件内的接头宜相互错开。纵向受力钢筋机械连接接头及焊接接头连接区段的长度为35倍d（d为纵向受力钢筋的较大直径）且不小于500 mm，凡接头中点位于该连接区段长度内的接头均属于同一连接区段。同一连接区段内，纵向受力钢筋机械连接及焊接的接头面积百分率为该区段内有接头的纵向受力钢筋截面面积与全部纵向受力钢筋截面面积的比值。

同一连接区段内，纵向受力钢筋的接头面积百分率应符合设计要求；当设计无具体要求时，应符合下列规定：

① 受拉区不宜大于50%。

② 接头不宜设置在有抗震设防要求的框架梁端、柱端的箍筋加密区；当无法避开时，对等强度高质量机械连接接头，不应大于50%。

③ 直接承受动力荷载的结构构件中，不宜采用焊接接头；当采用机械连接接头时，不应大于50%。

（4）同一构件中相邻纵向受力钢筋的绑扎搭接接头宜相互错开。绑扎搭接接头中钢筋的横向净距不应小于钢筋直径，且不应小于25 mm。

钢筋绑扎搭接接头连接区段的长度为$1.3L$（L为搭接长度），凡搭接接头中点位于该连接区段长度内的搭接接头均属于同一连接区段。同一连接区段内，纵向钢筋搭接接头面积百分率为该区段内有搭接接头的纵向受力钢筋截面面积与全部纵向受力钢筋截面面积的比值。

同一连接区段内，纵向受拉钢筋搭接接头面积百分率应符合设计要求；当设计无具体要求时，应符合下列规定：

① 对梁类、板类及墙类构件，不宜大于25%。

② 对柱类构件，不宜大于50%。

③ 当工程中确有必要增大接头面积百分率时，对梁类构件，不应大于50%，对其他构件，

可根据实际情况放宽。

纵向受力钢筋绑扎搭接接头的最小搭接长度：根据现行国家标准《混凝土结构设计规范》（GB50010—2010）的规定，绑扎搭接受力钢筋的最小搭接长度应根据钢筋强度、外形、直径及混凝土强度等指标经计算确定，并根据钢筋搭接接头面积百分率等进行修正。为了便于施工及验收，规范给出了确定纵向受拉钢筋最小搭接长度的方法以及受拉钢筋搭接长度最低限值，确定了纵向受压钢筋最小搭接长度的方法以及受压钢筋搭接长度的最低限值。

（5）在梁、柱类构件的纵向受力钢筋搭接长度范围内，应按设计要求配置箍筋。当设计无具体要求时，应符合下列规定：

① 箍筋直径不应小于搭接钢筋较大直径的0.25倍。

② 受拉搭接区段的箍筋间距不应大于搭接钢筋较小直径5倍，且不应大于100 mm。

③ 受压搭接区段的箍筋间距不应大于搭接钢筋较小直径的10倍，且不应大于200 mm。

④ 当柱中纵向受力钢筋直径大于25 mm时，应在搭接接头两个端面外100 mm范围内各设置两个箍筋，其间距宜为50 mm。

（6）钢筋安装位置的允许偏差见表1-16。

表1-16 钢筋安装位置的允许偏差

项 目		允许偏差/mm
绑扎钢筋网	长、宽	±10
	网眼尺寸	±20
绑扎钢筋骨架	长	±10
	宽、高	±5
受力钢筋	间距	±10
	排距	±5
保护层厚度	基础	±10
	柱、梁	±5
	板、墙、壳	±3
绑扎钢筋、横向钢筋间距		±20
钢筋弯起点位置		20
预埋件	中心线位置	5
	水平高差	+3.0

注：① 检查预埋件中心线位置时，应沿纵、横两个方向测量，并取其中的较大值。
② 表中梁类、板类构件上部纵向受力钢筋保护层厚度的合格点率应达到90%及以上，且不得超过表中数值1.5倍的尺寸偏差。

1.5.1.2 模板工程

1. 模板安装工程

1）主控项目

（1）安装现浇结构的上层模板及其支架时，下层楼板应具有承受上层荷载的承载能力，或加设支架；上、下层支架的立柱应对准，并铺设垫板。

（2）在涂刷模板隔离剂时，不得沾污钢筋和混凝土接槎处。

2）一般项目

（1）模板安装应满足下列要求：

① 模板的接继不应漏浆，在浇筑混凝土前，木模板应浇水湿润，但模板内不应有积水。

② 模板与混凝土的接角生面应清理干净并涂刷隔离剂，但不得采用影响结构性能或妨碍装饰工程施工的隔离剂。

③ 浇筑混凝土前，模板内的杂物应清理干净。

④ 对清水混凝工程及装饰混凝土工程，应使用能达到设计效果的模板。

（2）用作模板的地坪、胎模等应平整光洁，不得产生影响构件质量的下沉、裂缝、起砂或起鼓。

（3）对一跨度不小于4m的现浇钢筋混凝土梁、板，其他模板应按设计要求起拱；当设计无具体要求时，起拱高度宜为跨度的1/1 000～3/1 000。

（4）固定在模板上的预埋件、预留孔和预留洞均不得遗漏，且应安装牢固，其偏差应符合表1-17的规定。

表1-17 预埋件和预留孔的允许偏差值

项 目		允许偏差值/mm
预埋钢板中心线位置		3
预埋管、预留孔中心线位置		3
插筋	中心线位置	5
	外露长度	+10.0
预埋螺栓	中心线位置	2
	外露长度	+10.0
预留洞	中心线位置	10
	尺寸	+10.0

（5）现浇结构模板安装的偏差应符合表1-18的规定。

表1-18 现浇结构模板安装的允许偏差值

项 目		允许偏差/m
轴线位置		5
底模上表面标高		±5
截面内部尺寸	基础	±10
	柱、梁、墙	+4，-5
层高垂直度	不大于5m	6
	大于5 m	8
相邻两板表面高低差	2 mm	2
表面平整度	5 mm	5

注：检查轴线位置，应沿纵、横两个方向测量，并取其中的较大值。

2. 模板拆除工程

1）主控项目

（1）底模及其支架拆除时的混凝土强度应符合设计要求；当设计无具体要求时，混凝土强度应符合表1-19的规定。

表1-19 底模拆除时的混凝土强度要求

构件类型	构件坡度/m	达到设计的混凝土立方体抗压强度标准值的百分率/%
板	≤2	≥50
	>2，≤8	≥75
	>8	≥100
梁、拱、壳	≤8	≥75
	>8	≥100
悬臂构件		≥100

（2）对后张法预应力混凝土结构构件，侧模宜在预应力张拉前拆除；底模支架的拆除应按施工技术方案执行，当无具体要求时，不应在结构件建立预应力前拆除。

（3）后浇带模板的拆除和支顶应按施工技术方案执行。

2）一般项目

（1）侧模拆除时的混凝土强度应能保证其表面及棱角不受损伤。

（2）模板拆除时，不应对楼层形成冲击荷载。拆除的模板和支架宜分散堆放并及时清运。

1.5.1.3 混凝土工程

1. 混凝土原材料及配合比设计

1）主控项目

（1）水泥进场时应对其品种、级别、包装或散装仓号、出厂日期等进行检查，并应对其强度、安定性及其他必要的性能指标进行复验，其质量必须符合现行国家标准《硅酸盐水泥、普通硅酸盐水泥》（GB175—2007）的规定。

（2）当在使用中对水泥质量有怀疑或水泥出厂超过3个月（快硬硅酸盐水泥超过1个月）时，应进行复验，并按复验结果使用。

钢筋混凝土结构、预应力混凝土结构中，严禁使用含氯化物的水泥。

（3）混凝土中掺用外加剂的质量及应用技术应符合现行国家标准《混凝土外加剂》（GB8076—2008）、《混凝土外加剂应用技术规范》（GBJ119—2013）等和有关环境保护的规定。

预应力混凝土结构中，严禁使用含氯化物的外加剂。钢筋混凝土结构中，当使用含氯化物的外加剂时，混凝土中氯化物的总含量应符合现行国家标准《混凝土质量控制标准》（GB 50164）的规定。

（4）混凝土中氯化物和碱的总含量应符合现行国家标准《混凝土结构设计规范》（GB50010—2010）和设计的要求。

（5）混凝土应按国家现行标准《普通混凝土配合比设计规程》（JGJ55—2011）的有关规定，根据混凝土强度等级、耐久性和工作性等要求进行配合比设计。

对有特殊要求的混凝土，其配合比设计尚应符合国家现行有关标准的专门规定。

2）一般项目

（1）混凝土中掺用矿物掺合料的质量应符合现行国家标准《用于水泥和混凝土中的粉煤灰》（GB1596—2005）等的规定。矿物掺合料的掺量应通过试验确定。

（2）普通混凝土所用的粗、细骨料的质量应行合国家现行标准《普通混凝土用碎石或卵石质量标准及检验方法》（JGJ53—92）、《普通混凝土用砂质量标准及检验方法》（JGJ52—92）的规定。

（3）拌制混凝土宜采用饮用水；当采用其他水源时，水质应符合国家现行标准《混凝土用水标准》（JGJ63—2006）的规定。

（4）首次使用的混凝土配合比应进行开盘鉴定，其工作性应满足设计配合比的要求。开始生产时应至少留置一组标准养护试件，作为验证配合比的依据。

（5）混凝土拌制前，应测定砂、石含水率并根据测试结果调整材料用量，提出施工配合比。

2. 混凝土施工工程

1）主控项目

（1）结构混凝土的强度等级必须符合设计要求。用于检查结构构件混凝土强度的试件，应在混凝土的浇筑地点随机抽取。取样与试件留置应符合下列规定：

① 每拌制 100 盘且不超过 100 m³ 的同配合比的混凝土，取样不得少于一次。

② 每工作班拌制的同一配合比的混凝土不足 100 盘时，取样不得少于一次。

③ 当一次连续浇筑超过 1 000 m³ 时，同一配合比的混凝土每 200 m³ 取样不得少于一次。

④ 每一楼层、同一配合比的混凝土，取样不得少于一次。

⑤ 每次取样应至少留置一组标准养护试件，同条件养护试件的留置组数应根据实际需要确定。

（2）对有抗渗要求的混凝土结构，其混凝土试件应在浇筑地点随机取样。同一工程、同一配合比的混凝土，取样不应少于一次，留置组数可根据实际需要确定。

（3）混凝土原材料每盘称量的偏差应符合表 1-20 的规定。

表 1-20 原材料每盘称量的允许偏差

材料名称	允许偏差
水泥、掺合料	±2%
粗、细骨料	±3%
水、外加剂	±2%

注：① 各种衡器应定期校验，每次使用前应进行零点校核，保持计量准确。
② 当遇雨天或含水率有显著变化时，应增加含水率检测次数，并及时调整水和骨料的用量。

（4）混凝土运输、浇筑及间歇的全部时间不应超过混凝土的初凝时间。同一施工段的混凝土应连续浇筑，并应在底层混凝土初凝之前将上一层混凝土浇筑完毕。

当底层混凝土初凝后浇筑上一层混凝土时,应按施工技术方案中对施工缝的要求进行处理。

2)一般项目

(1)施工缝的位置应在混凝土浇筑前按设计要求和施工技术方案确定。施工缝的处理应按施工技术方案执行。

(2)后浇带的留置位置应按设计要求和施工技术方案确定。后浇带混凝土浇筑应按施工技术方案进行。

(3)混凝土浇筑完毕后,应按施工技术方案及时采取有效的养护措施,并应符合下列规定:

① 应在浇筑完毕后的 12 h 以内对混凝土加以覆盖并保湿养护。

② 混凝土浇水养护时间:对采用硅酸盐水泥、普通硅酸盐水泥或矿渣硅酸盐水泥拌制的混凝土,不得少于 7 d;对掺用缓凝型外加剂或有抗渗要求的混凝土,不得少于 14 d。

③ 浇水次数应能保持混凝土处于湿润状态;混凝土养护用水应与拌制用水相同。

④ 采用塑料布覆盖养护的混凝土,其敞露的全部表面应覆盖严密,并应保持塑料布内有凝结水。

⑤ 混凝土强度达到 1.2 MPa 前,不得在其上踩踏或安装模板及支架。

注意:a. 当日平均气温低于 5 ℃时,不得浇水。

b. 当采用其他品种水泥时混凝土的养护时间应根据所采用水泥的技术性能确定。

c. 混凝土表面不便浇水或使用塑料布时,宜涂刷养护剂。

d. 对大体积混凝土的养护,应根据气候条件按施工技术方案采取控温措施。

3. 现浇结构外观尺寸偏差检验批

1)主控项目

(1)现浇结构的外观质量不应有严重缺陷。

对已经出现严重缺陷,应由施工单位提出技术处理方案,并经监理(建设)单位认可后进行处理。对经处理的部位,应重新检查验收。

(2)现浇结构不应有影响结构性能和使用功能的尺寸偏差,混凝土设备基础不应有影响结构性能和设备安装的尺寸偏差。

对超过尺寸偏差且影响结构性能和安装、使用功能的部位,应由施工单位提出技术处理方案,并经监理(建设)单位认可后进行处理。对经处理的部位,应重新检查验收。

2)一般项目

现浇结构的外观质量不宜有一般缺陷。对已经出现的一般缺陷,应由施工单位按技术处理方案进行处理,并重新检查验收。现浇结构尺寸允许偏差和检验方法见表 1-21。

表 1-21 现浇结构允许偏差和检验方法

项目		允许偏差值/mm
轴线位置	基础	15
	独立基础	10
	墙、梁、柱	8
	剪力墙	5

续表

项目			允许偏差值/mm
垂直度	层高	≤5 m	8
		>5 m	10
	全高（H）		$H/1000$ 且 ≤30
标高	层高		±10
	全高		±30
电梯井	截面尺寸		+8，-5
	井筒长、宽对定位中心线		+25，0
	井筒全高（H）垂直度		$H/1000$ 且 ≤30
预埋设施中心线位置	表面平整		8
	预埋件		10
	预埋螺栓		5
	预埋管		5
预留洞中心线位置			15

注：检查轴线、中心线位置时，应沿纵、横两个方向量测并取其中的较大值。

1.5.2 回填施工准备

土方回填系用人工或机械对基坑土方分层回填夯实，以保证达到要求的密实度。

1.5.2.1 回填土料要求

（1）土料应优先采用场地、基坑中挖出的原土，并清除其中有机杂质和粒径大于 50 mm 的颗粒，含水量应符合要求。

（2）黏性土含水量符合压实要求，可用作各层填料。

（3）碎石类土、砂土和爆破石渣其最大块粒径不得超过每层铺垫厚度的 2/3，用作表层以下填料。

1.5.2.2 主要机具设备

（1）人工回填土主要机具设备有：铁锹、手推车、木夯、蛙式打夯机、柴油打夯机、筛子、喷壶等。

（2）机械回填土主要机具设备有：推土机、铲运机、机动翻斗车、自卸汽车、震动压路机、平碾、平板振动器。

1.5.2.3 作业条件

（1）回填前应对基础或地下防水层等进行检查验收，并办好隐检手续，混凝土或砌筑砂浆应达到规定强度。

（2）施工前应根据工程特点、填料种类、压实系数、施工机具条件等合理确定填料含水量控制范围，每层铺土厚度和打夯或压实遍数等施工参数。

（3）施工前做好水平高程标志的测设。基坑或边坡上每隔3 m打入水平木桩，室内或散水的边墙上，做好水平印记。

1.5.3 回填施工工艺

（1）施工前应检验其土料、含水量是否在控制范围内。当含水量过大，应采取翻松、晾干、风干、换土回填、掺入干土等措施；如土料过干时，则应预先洒水润湿，增加压实遍数或使用较大功率的压实机械等措施。

（2）回填土应分层摊铺和夯实。每层铺土厚度和压实遍数应根据土质、压实系数和机具性能而定。蛙式打夯机每层铺土厚度为200~250 mm，人工打夯不大于200 mm，每层至少夯3遍。

（3）深浅坑相连时，应先填深坑填平后与浅坑全面分层填夯。如分段填筑，交接填成阶梯形，分层交接处应错开，上下层接缝距离不小于0.1 m。每层碾压重叠应达到0.5~1.0 m。

（4）基坑回填应在相对两侧或四周同时进行。打夯要按一定方向进行，一夯压半夯，夯夯相接，行行相连，两遍纵横交叉，分层夯打；采用推土机填土时，应由上而下分层铺填，用推土机来回行驶进行碾压，履带应重叠一半。

（5）基坑回填土时，支撑的拆除，应按回填顺序，从下而上逐步拆除，不得全部拆除后再回填，以免边坡失稳。

1.5.4 质量控制与验收标准

（1）回填土料，必须符合设计要求及施工质量验收规范的规定。

（2）回填土施工中应检查排水措施、每层填筑厚度、含水量控制和压实程度。

（3）填方施工结束后，应检查标高、边坡坡度、压实程度等，检验规定标准见表1-22。

表1-22 检验规定标准

项	序	检查项目	允许偏差或允许值/mm					检查方法
			柱基 基坑 基槽	挖方场地平整		管沟	地(路)面基层	
				人工	机械			
主控项目	1	标高	-50	+30	+50	-50	-50	水准仪
	2	分层压实系数	设计要求					按规定方法
一般项目	1	回填土料	设计要求					取样检查或直观鉴别
	2	分层厚度及含水量	设计要求					水准仪及抽样检查
	3	表面平整度	20	20	30	20	20	用靠尺或水准仪

学习情境 1.6 独立基础工程案例

独立基础工程案例的主要内容见表 1-23。

表 1-23 独立基础工程案例内容

序号	项目	内容
1	主讲内容	介绍独立柱基础工程实例
2	学生任务	通过学习独立柱基础工程实例，加深学习印象

1.6.1 工程简介

XX 花园二期工程四标段 10#、13#、16#、19# 房工程位于 XX 市 XX 路。工程由某房地产开发有限公司开发，某建筑设计院设计。工程施工的主要范围：按施工图及说明的土建、水电安装工程。

建筑概况：XX 花园二期 10#、13#、16#、19# 房为地上六层带阁楼砖混结构建筑，半地下室车库一层，建筑面积合计 23 002.15 m²。工程类别为Ⅲ类，抗震设防烈度 7 度，耐火等级为二级。建筑总高度为 21.308 m，首层层高 2.90 m，二至六层层高为 2.85 m。室内外高差为 1.70 m。±0.000 相当于青岛标高 3.90 m。

1.6.2 工程特点

（1）本工程位于 XX 路一侧，施工车辆进出较为方便，必须安全文明组织施工，尽量降低噪声，控制粉尘废水排放，以保持周围的环境。

（2）施工现场场地狭小，不利于材料堆放、弃土暂存及组织施工。

（3）工期相对较紧，必须合理安排劳力，有序组织施工以确保如期完工。

（4）主体结构施工在冬春季，装饰阶段在夏季，须根据冬夏季施工的特点组织施工，防止高温及多雨影响工程质量。

（5）施工中认真消除质量上四大通病，即屋面墙面渗漏、地面倒泛水、地面脱壳开裂和管道滴漏。

（6）楼层大面积采用预制空心板，须采取有效措施避免预制空心板出现裂缝影响质量。

（7）水电安装量大、涉及专业多、交叉作业多，须合理组织协调，避免出现错放漏放，后凿墙体影响质量。

（8）招标工程质量标准为一次性验收合格，争创××市优质工程。

1.6.3 施工测量

标段工程面积大,为精确快捷测定建筑物轴线,控制主体的垂直度,现场准备配备测量线人员2人,仪器有:苏州一光J_2经纬仪1台、S_3普通水准仪1台、苏光自动安平水准仪1台,并针对建筑物平面与立面的形状特点,结合工程进度,分阶段采用不同的测量方法,做好测量放线工作,满足工程施工进度和质量的要求。

1.6.3.1 测量准备工作

(1)与建设单位办理交桩交点手续,复核结构轴线,共同进行桩点具体位置的确认,填制施工测量控制点交桩记录表,作为施工测量放线的依据。

(2)了解设计意图,掌握工程总体布局、工程特点、施工部署、进度情况、周围环境、现场地形、定位依据、定位条件,做好内业计算工作。

(3)进行测量仪器的选定和校验。

(4)建立定位依据的桩点与场地平面控制网和标高控制网及平面设计图之间的对应关系,进行核算。

(5)测设场地平面控制网和标高控制网点在基坑外围稳固地点和围墙上,做好控制桩和明显标记,妥善保护。

1.6.3.2 测量误差要求

(1)平面控制网的控制线,包括建筑物的主轴线,其测距精度不低于1/10 000,测角精度不低于20″。

(2)建筑物竖向垂直度:层间垂直度<8 mm,全高垂直度<H/1 000,且不大于15 mm。

(3)标高控制网闭合差为±1n/2(n为测站数)或±4L/2(L为测线长度)。

1.6.3.3 沉降变形监测

(1)观测内容:根据工程的特点,需对本工程进行沉降监测。

(2)执行规范:《国家一、二等水准测量规范》和《工程测量规范》。

(3)点位布设:根据设计要求在建筑物上布设沉降观测点,沉降观测点布设见测量平面图。

(4)监测次数及周期:每一个结构层观测一次,结构工程完工后,每月观测一次,竣工后继续观测至沉降稳定为止。

1.6.3.4 平面测量

方法:平面测量结合施工部署和工程进度分阶段采取相应的测量方法。

1. 平面控制网

根据甲方提供的坐标控制点为测量放线依据,结合施工设计图进行施工测量定位放线,确定出测量控制主轴线，测量控制主轴线应能满足分段施工时能独立定位的要求，建立起平面控制网，作为每层轴线传递的依据。控制主轴线施测到现场后，应保护好控制轴线标志不被破坏，标记明显。为稳妥起见，每条控制轴线桩在基坑远处和近处分别施测两点，近点便于引用投测，远点用于保护和校测，定期检查各轴线间的尺寸。

2. 地上结构平面测量

结构平面测量采用吊线坠法控制垂直度。为保证工程质量和进度，采用吊线坠法控制主楼垂直度，采用较重的特制线坠悬吊，以确定的轴线交点为准，直接向施工层悬吊引测轴线。

（1）线坠的几何形体要规正，质量要适当（1~3 kg）。吊线用编织的和没有扭曲的细钢丝。

（2）悬吊时要上端固定牢固，线中间没有障碍，尤其是没有侧向抗力。

（3）线下端（或线坠尖）的投测人，视线要垂直结构面，当线左、线右投测小于3~4 mm时，取其平均位置，两次平均位置之差小于2~3 mm时，再取平均位置，作为投测结果。

（4）投测中要防风吹和震动，尤其是侧向风吹。

（5）在逐层引测中，要用更大的线坠（如5 kg）每隔3~5层，由下面直接向上放一次通线，以作校测。然后用经纬仪把激光投点和外围设置的标记点连成一线，确定出施测层的控制轴线，据此进行平面细部放线。

1.6.3.5 建筑物标高控制

1. 标高控制网的建立

对甲方移交的标高水准点进行现场确认和校测，办理移交手续，进行妥当保护，据此建立场地内的标高控制网点。施工±0.00 m以上结构时，在建筑物首层外墙柱上确定+1.00m标高点，作为向上标高控制的引测点。

2. 主体结构施工标高传递

利用水准点作为标高控制依据，测控时要利用施工时建立的±0.00标高，用钢卷尺沿标准节向上竖直引测。同时，定期对±0.00标高进行复核。

1.6.4 土方工程

1.6.4.1 土方的挖运

1. 挖运土施工准备

（1）地上、地下障碍物清除。

（2）测量放线，土方工程开工前，要根据施工图纸及轴线位置，测放场地开挖的边线以及放坡开挖的上下口白灰线。

（3）为防止现场和道路起尘污染环境，在出口处设置车辆冲洗坪，可同时冲洗2辆车。

（4）挖土器具的准备：基坑土方开挖采取人工开挖，好土留置回填备用。剩余土方5 t自卸汽车外运至指定位置。

2. 挖土施工方法

本工程现场地已人工平整完，场地地坪绝对标高接近本工程室外地坪设计标高。机械挖土时，深度方向留0.10 m用人工挖到设计标高，防止超深，扰动持力土层。

挖土放坡按1∶0.66进行开挖。

3. 技术组织措施

（1）开工前要做好各级技术准备和技术交底工作，施工技术人员、测量工要熟悉图纸，掌握现场测量桩及水准点的位置尺寸。

（2）施工中要配备专职测量工进行质量控制。要及时复撒灰线，将基坑开挖下口线测放到坑底，及时控制开挖标高。

（3）认真执行开挖样板制，即凡重新开挖边坡坑底时，由操作技术较好的工人开挖一段后，经测量工或质检人员检查合格后作为样板，继续开挖。操作者换班时，要交接挖深、边坡、操作方法，以确保开挖质量。

（4）开挖边坡时，尽量采用沟端开行，挖土机的开行中心线要对准边坡下口线。要坚持先修坡后挖土的操作方法。

（5）人工挖土过程中，土建要配备足够的人工。开挖边坡时装载机要每班配备4～5人，随时配合清坑修坡，将土送至装载机开挖半径内。这种方法既可一次交成品，确保工程质量，又可节省劳动力，降低工程成本。

（6）底层开挖后即为设计场地面标高，要注意成品保护。垫层混凝土应及时施工，减少土层暴露时间。

4. 安全技术组织措施

（1）开工前要做好各级安全交底工作。根据本工程施工机械多，配合工种多，以及运土路线复杂等特点，制订安全措施，组织职工贯彻落实，并定期开展安全活动。

（2）挖土出入口要设安全岗，配备专人指挥车辆，汽车司机要遵守交通法规和有关规定。要按指定路线行驶，按指定地点卸土。

（3）遵守本地区、本工地有关环卫、市容、场容管理的规定。汽车驶出现场前配备专人检查装土情况，关好车厢围护板，盖好防尘布，以防途中撒土，影响市容。为防止汽车轮胎带土污染市容，现场出口设置洗车场，要对轮胎进行冲洗。

1.6.4.2 降排水措施

整个基坑开挖时，应在坑内及坑周设排水沟，做好坑内排水工作。排水系统主要由明沟与集水井组成。

在基坑顶部设置排水明沟，宽30 cm，深20～40 cm（找坡坡向出水口），排水明沟浇基坑四周一圈。在基坑内沿四周同样设置排水地沟，宽30 cm，深至地梁下30 cm，每隔20 m

设一集水井，两集水井中段向两边找坡，集水井同样为 70 cm×70 cm×1 m，每个集水井配一台潜水泵。

1.6.4.3 土方回填

基础经有关部门验收合格后，及时排水确保基坑回填时无积水，回填土干湿度适当，并按操作规程的要求用蛙式打夯机分层压实。为保证回填土的密实度，采取灰土分层回填夯实。回填后，及时取样做好回填土测试。回填土夯实完成后，避免雨淋、水泡，不允许在已夯实的表面乱铲乱挖。

打夯机操作人员，在夯实过程中穿戴好安全防护用具，随时查看机械的运行情况，保证用电安全，防止漏电及机械伤人。

1.6.5 基础工程施工

本工程其基础型式为：柱下钢筋混凝土独立基础。

1.6.5.1 施工准备

1. 作业条件

（1）办完地基验槽及隐检手续。
（2）办完基槽验线验收手续。
（3）有混凝土配合比通知单、准备好试验用工器具。

2. 材料要求

（1）水泥：水泥品种、强度等级应根据设计要求确定，质量符合现行水泥标准。工期紧时可做水泥快测。
（2）砂、石子：根据结构尺寸、钢筋密度、混凝土施工工艺、混凝土强度等级的要求确定石子粒径、砂子细度。砂、石质量符合现行标准要求。
（3）自来水或不含有害物质的洁净水。
（4）外加剂：根据施工组织设计要求，确定使用外加剂。外加剂必须经试验合格后，方可在工程上使用。
（5）掺合料：根据施工组织设计要求，确定是否采用掺合料。质量符合现行标准要求。
（6）钢筋：钢筋的级别、规格必须符合设计要求，质量符合现行标准要求。钢筋表面应保持清洁，无锈蚀和油污。
（7）脱模剂：水质隔离剂。

3. 施工机具

搅拌机、磅秤、手推车或翻斗车、铁锹、振捣棒、刮杆、木抹子、橡胶手套、串桶或溜槽、钢筋加工机械、木质井字架等。

1.6.5.2 质量标准

1. 钢筋工程

2. 模板工程

3. 混凝土工程

注：1、2、3 项具体要求请参照本章学习情境 1.5 中相应部分。

1.6.5.3 主要工艺流程

清理→混凝土垫层浇筑→钢筋绑扎→相关专业施工→清理→支模板→清理→混凝土搅拌→混凝土浇筑→混凝土振捣→混凝土找平→混凝土养护→模板拆除。

具体施工流程见 1.4.2 部分内容。浇筑混凝土时，经常观察模板、支架、钢筋、螺栓、预留孔洞和管有无走动情况，一经发现有变形、走动或位移时，立即停止浇筑，并及时修整和加固模板，然后再继续浇筑。

【训练内容】

1. 如何识读基础配筋图和基础详图？
2. 如何进行基底验槽？
3. 简述独立柱基础施工程序，钢筋与混凝土工程施工要点。
4. 独立柱基础钢筋如何进行质量检查与验收？
5. 基础的作用是什么？常见分类有哪些？
6. 基坑开挖方法有哪些？各有什么适用条件？

项目 2　条形基础施工

学习目标

通过本项目的学习，要求学生：

1. 能够识读墙下钢筋混凝土条形基础施工图。
2. 了解基础施工前期准备工作。
3. 熟悉基坑开挖工艺。
4. 掌握钢筋混凝土条形基础施工技术。
5. 掌握条形基础检测与验收。

项目描述

工程概况

本工程为 XX 市某小区住宅楼工程，现浇钢筋混凝土剪力墙结构。工程设计使用年限为 50 年。建筑结构的安全等级为二级。楼面均布活荷载标准值为：住宅 2.0 kPa；走廊、门厅 2.0 kPa；阳台 2.5 kPa；楼梯 3.5 kPa；通风机房、电梯机房 7.0 kPa；上人屋面 2.0 kPa；不上人屋面 0.5 kPa；合肥地区基本分压为 0.35 kPa；基本雪压为 0.6 kPa。

抗震设计：工程抗震设防分类为丙类建筑，设防烈度为 7 度，设计地震分组为第一组，设计基本地震加速度为 $0.10g$。场地土类型为中硬场地土，场地类别，场地类别为Ⅱ类。

工程结构为钢筋混凝土剪力墙结构，抗震等级为三级，短肢剪力墙的抗震等级为二级。

其中地基基础部分：根据工程地质报告进行结构设计，地基基础设计等级为乙级。

天然地基，采用墙下条形基础，根据地质报告，基础埋置在第二层黏土层土上，地基承载力特征值 $f_{ak}=280$ kg。

基槽开挖时严禁曝晒或水浸，并应予留 100～200 mm 厚待浇基础混凝土垫层时挖除。

底层 120 厚墙下无基础梁时，可直接砌置在混凝土地面上。

设计对基础施工提出的要求：

（1）对于各类型基础，若施工时发现地质情况与设计不符时，应通知设计人员和勘探人员共同研究处理。

（2）基槽挖至距设计标高 100～200 mm 时应通知质检、设计、勘探人员到场验槽，符合要求后，方可继续施工。

（3）地下室外墙防水按建设施工说明及详图施工。回填土应在外墙防水施工完毕后及时进行。回填土采用 2∶8 灰土，每层回填厚度小于或等于 300 并且人工夯实，不得采用杂填土或膨胀土回填。

（4）地下室底板、外墙、蓄水池采用密实性防水混凝土，抗渗等级为 S8。

（5）基坑开挖时施工单位应做好排水和支护工作，应制定可靠的施工组织设计，确保基坑和相邻建筑的安全。

施工平面布置图如图 2-1 所示。

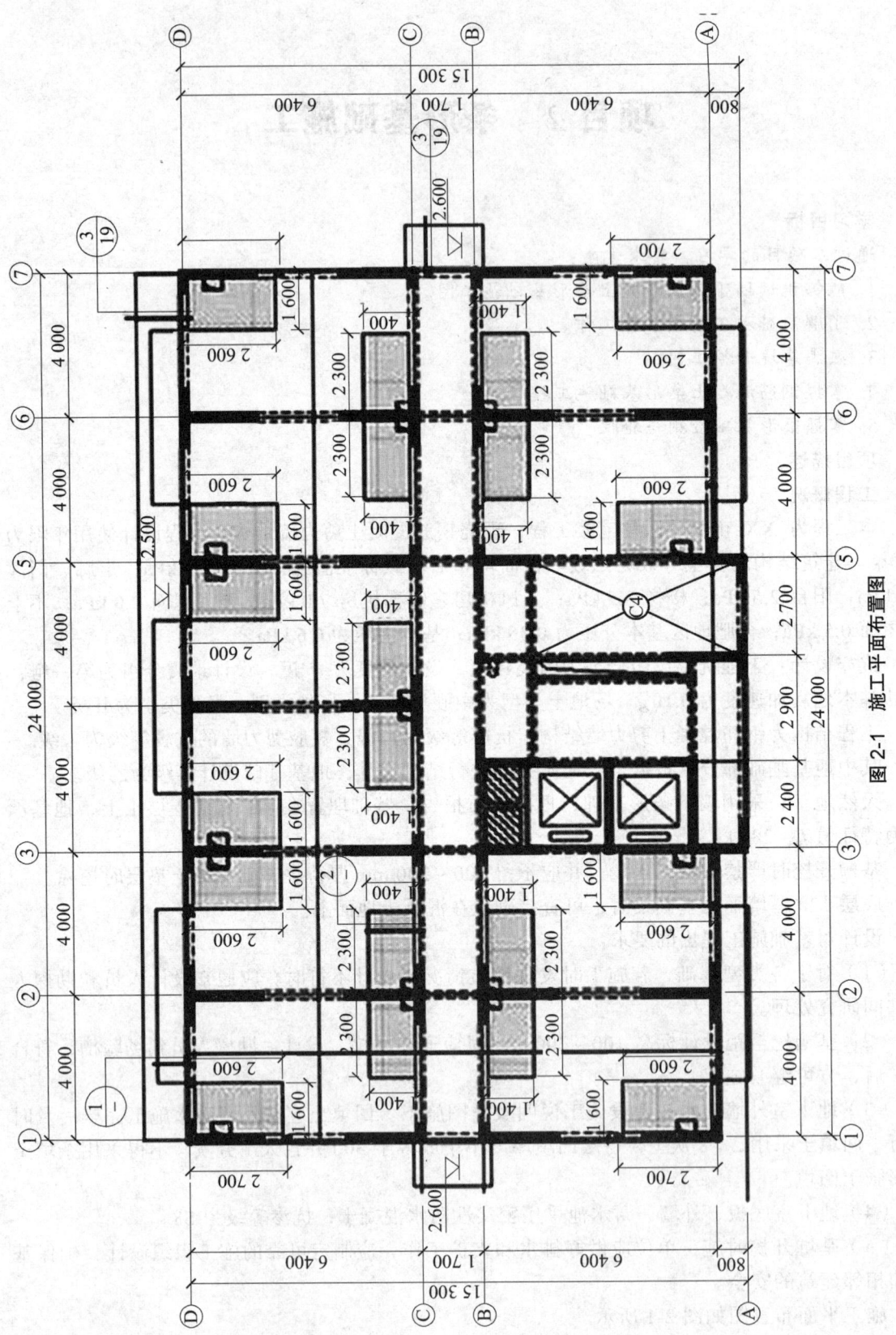

图 2-1 施工平面布置图

学习情境 2.1 施工准备

施工准备工作的主要内容见表 2-1。

表 2-1 工作任务表

序号	项目	内 容
1	主讲内容	（1）钢筋混凝土条形基础施工图； （2）施工前期准备工作； （3）施工放样
2	学生任务	（1）根据本项目特点和条件，了解施工前期的准备工作； （2）掌握条形基础施工图的识读方法； （3）根据教学现场进行施工放样练习
3	教学评价	（1）能了解施工放样过程，会操作测量仪器——合格； （2）能够熟练操作测量仪器——良好； （3）能够合理选定位点；能熟练放样，且精度满足质量控制要求——优秀

2.1.1 识 图

本节具体内容同"学习项目1"，可参阅相关章节。

2.1.2 施工放样与测量

2.1.2.1 民用建筑施工测量概述

民用建筑一般指住宅、学校用房、办公楼、医院、商店、宾馆饭店等建筑物，有单层、低层、多层和高层建筑之分。由于类型不同，其测量方法和精度要求也就不同，但放样程序基本相同，一般建筑物定位、放线、基础工程施工测量、墙体工程施工测量等几步。

当在施工场地上布设好施工控制网后，即可按照施工组织设计所确定的施工工序进行施工放样工作，将建筑物的位置、墙、柱、门、窗、楼板、顶盖等基本结构的位置依次测设出来，并设置标志，作为施工依据。施工放样的主要过程如下：

（1）准备资料，如总平面图、基础图平面图、轴线平面图以及建筑物的设计与说明等。

（2）对图纸以及资料进行识读，结合施工场地情况以及施工组织设计方案制定施工测设方案，掌握各项测设工作的限差要求，满足工程测量技术规范（见表2-2）。

（3）按照测设方案进行实地放样，检测及调整等。

表 2-2 建筑物施工放样的主要技术要求

建筑物结构特征	测距相对中误差	测角中误差/"	在测站上测定高差中误差/mm	根据起始水平面在施工水平面上测定高程中误差/mm	竖向传递轴线点中误差/mm
金属结构、装配式钢筋混凝土结构、建筑物高度 100~120 m 或跨度 30~36 m	1/20 000	5	1	6	4
15 层房屋、建筑物高度 60~100 m 或跨度 18~30 m	1/1 000	10	2	5	3
5~15 层房屋、建筑物高度 15~60 m 或跨度 6~18 m	1/5 000	20	2.5	4	2.5
5 层房屋、建筑物高度 15 m 或跨度 6 m 以下	1/3 000	30	3	3	2
木结构、工业管线或公路铁路专用线	1/2 000	30	5	—	—
土工竖向整平	1/1 000	45	10	—	—

设计资料和各种图纸是施工测设工作的依据,在放样前必须熟悉。通过查看建筑总平面图可以了解拟建的建筑物与测量控制点以及相邻地物的关系,从而制订出合理的建筑物平面位置的测设方案和相应的测设数据。由图 2-2 可知,拟建的建筑物与左侧已有建筑物是对称的,而且两建筑物的相应轴线相互平行而且尺寸相同,两建筑物外墙皮间距为 18 m,拟建的建筑物的底层室内地坪±0.000 的绝对高程为 42.50 m,据此可确定出拟建的建筑物的测设定位方案,并可相应计算出此平面定位方法的各点的测设数据。

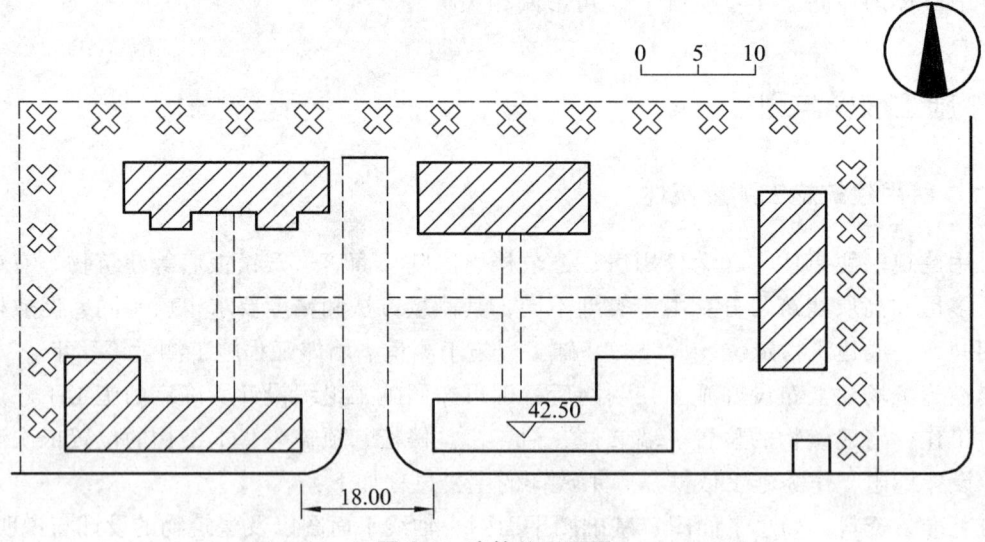

图 2-2 建筑总平面图

1. 测设前的准备工作

首先,在建设平面图中查取拟建建筑物的总尺寸以及内部各定位轴线间的关系。图 2-3 为该拟建建筑物底层平面图,从中可查的建筑物的总长、总宽尺寸和内部各定位轴线尺寸,据此可得到建筑物细部放样的基础数据。

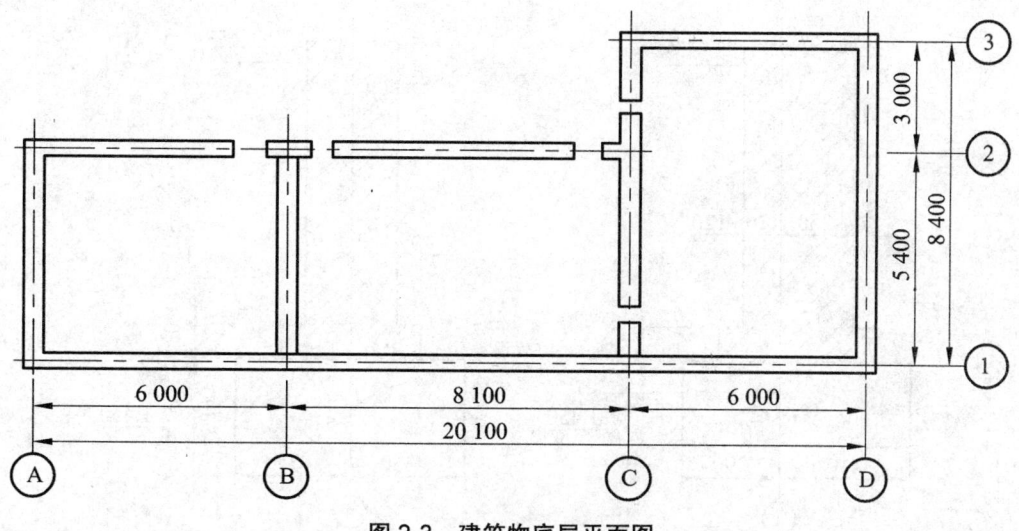

图 2-3 建筑物底层平面图

基础平面图给出了建筑物的整个平面尺寸以及细部结构与各定位轴线之间的关系，以此可确定基础轴线的测设数据。图 2-4 为该建筑物的基础布置平面图。

基础剖面图给出了基础剖面的尺寸（边线至中轴线的距离）以及其设计标高（基础与设计底层室内地坪的高差），从而可确定基础开挖边线的位置以及基坑底面的高度位置。它是基础开挖与施工的依据，如图 2-5 所示。

另外，还可以通过其他各种立面图、剖面图、结构图、设备基础图以及土方开挖图等，查取基础、地坪、楼板、楼梯等的设计高程，获得在施工建设中所需要的测设高程数据资料。

2. 实地现场踏勘

现场实地踏勘，主要是为了搞清现场上地物、地貌和测量控制点分布情况，以及与施工测设相关的一些问题。踏勘后，应对场地上的控制点进行校核，以确定控制点的现场位置。

3. 制订测设方案

结合现场地形和施工控制网布置情况，编制详细的施工测设方案，在方案中应依据建筑限差的要求，确定出建筑测设的精读标准。

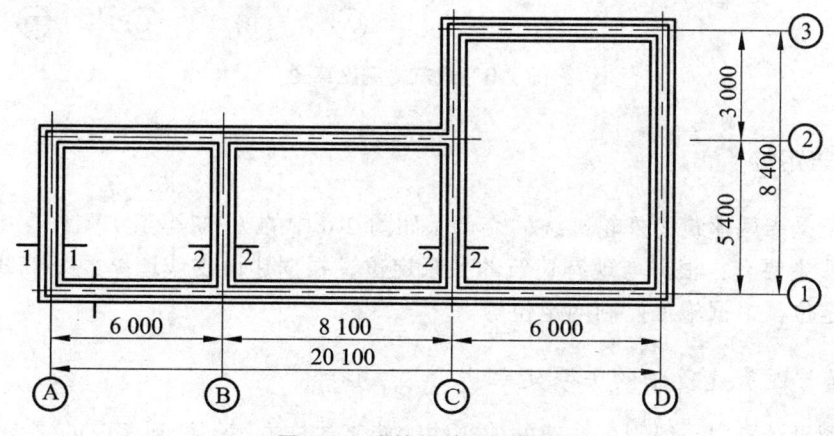

图 2-4 建筑物基础平面图

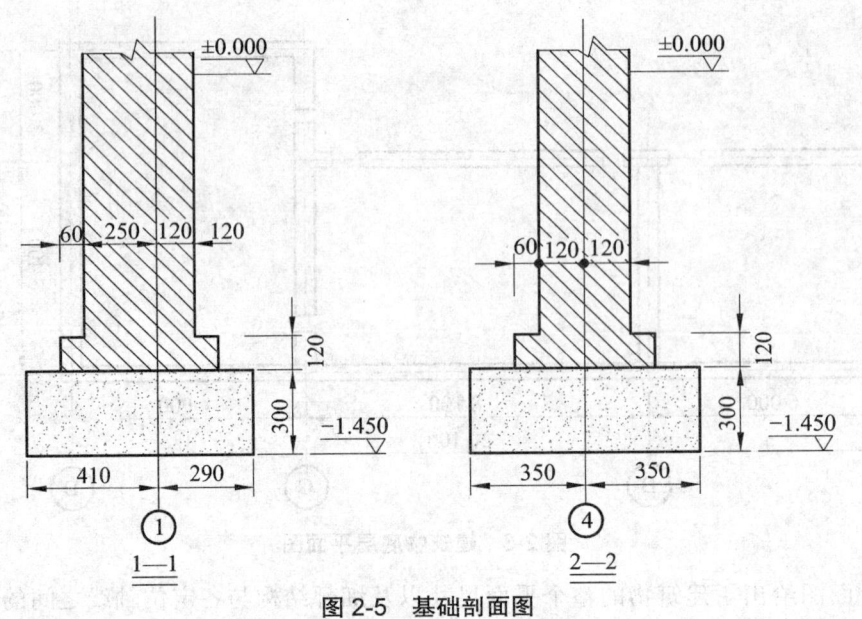

图 2-5 基础剖面图

4. 计算测设数据并绘制测设草图

编制出测设方案后,即可计算出各测设数据,并绘制测设草图设将计算数据标注在图中(如图 2-6 所示)。从图 2-6 可知,拟建的建筑物的外墙面距定位轴线 0.250 m,故 A—A 轴距离现有建筑物外墙的尺寸为 18.250 m,1-1 轴距离测设的基站 mn 的间距为 3.250 m,按此数据进行实地测设方可满足施工后两建筑物南墙面平齐的设计要求。

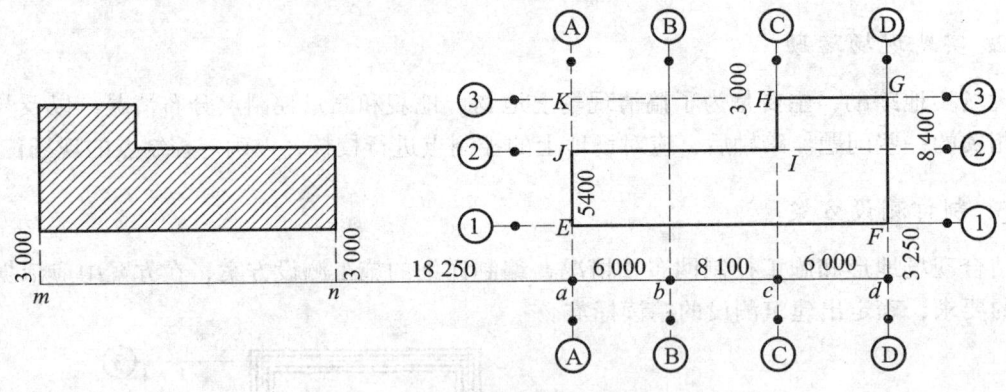

图 2-6 建筑物测设草图

2.1.2.2 建筑定位

建筑定位是指两建筑物外轮廓线的交点(如图 2-6 中的 EFG 等点)测设在施工场地上。建筑定位方法主要有:根据与现有建筑的关系定位,根据建设物或道路规划红线定位,根据已知控制点定位,根据施工控制网定位等。

1. 根据与现有建筑物的关系定位

通过勘测设计资料,编制出拟建的建筑物的施工放样方案,得到相应的测设草图 2-6。即可按以下步骤在现场进行建筑物的定位。

（1）首先沿已有建筑物的东西两墙面各向外测设距离 3.000 m，定出 m、n 两点作为拟建的建筑物的建筑基线。然后，在 m 点安置经纬仪，后视 a、b、c、d 四个基线点，相应打上木桩，桩上钉小钉以表示测设点的中心位置。

（2）在 a、c、d 三点分别安置经纬仪，采用直角坐标放样方法，在实地依次测设出 E、F、G、H、I、J 等建筑物各轴线的交点，并打木桩，钉小钉以表示各点中心位置。

（3）用钢尺测量各轴线间的距离，进行校验，其相对误差一般不应超过 1/3 000；若建筑物的规模较大，则一般不应超过 1/5 000。同时，在 EFGK 四角点安置经纬仪，检测各个直角，其测量值与 90°之差不应该超过±30″。若超限，则必须调整，直至达到规定要求。

2. 根据建筑物或道路规划红线定位

建筑物或者道路的规划红线点是城市规划部门所测设的城市规划用地与建设单位用地的界址线，新建建筑物的设计位置与红线的关系应得到城市规划部门的批准。因此，建筑物的设计位置应以规划红线为依据，这样在建筑物定位时，便可根据规划红线进行。

如图 2-7 所示，A、BC、MC、EC、D 为城市规划道路红线点，其中 A-BC、EC-D 为直线段，BC 为圆曲线起点，MC 为圆曲线中点，EC 为圆曲线终点，IP 为两直线段的交点，该交角为 90°，M、N、P、Q 为所设计的高层建筑的轴线（外墙中线）的交点，规定 MN 轴应离红线 A-BC 为 12 m，且与红线平行，NP 轴离红线 EC-D 为 15 m。

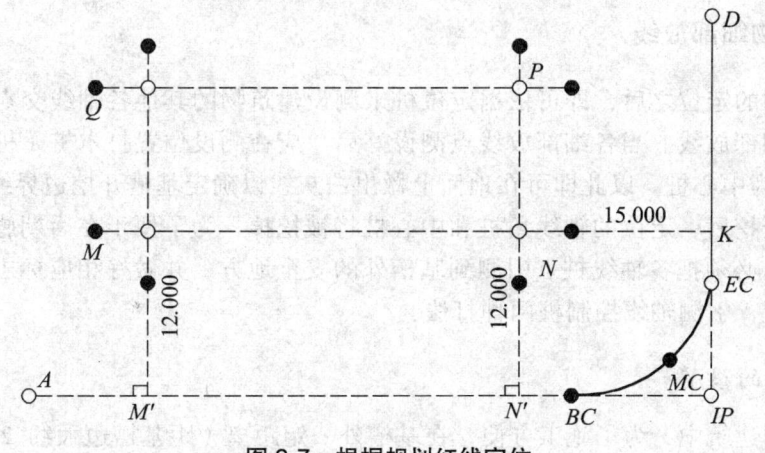

图 2-7　根据规划红线定位

实地定位时，在红线上从 IP 点得 N′点，在测设一点 M′点，使其与 N′的距离等于建筑物的设计长度为 MN。然后在这两点上分别安置经纬仪，用直角坐标法测设轴线交点 M、N，使其与红线的距离等于 12 m，同时在各自的直角向上依据建筑物的设计宽度测设 Q、P 点。最终，再对 M、N、P、Q 点进行校核调整，直至定位点在限差范围内（具体技术要求见表 2-2）。

3. 根据建筑方格网定位

建筑场地上若有建筑方格控制网，则可根据拟建建筑物和方格网点坐标，用直角坐标法进行建筑物的定位工作。如图 2-8 所示，拟建建筑物 PQRS 的施工场地上布设有建筑方格网，依据图纸设计好测设草图，然后在方格控制网点 E、F 上各建立站点，用直角坐标法进行测设，完成建筑物的定位。测设好后,必须进行校核,要求测设精读:距离相对误差小于1/3 000,与90°的偏差不超过±30″。

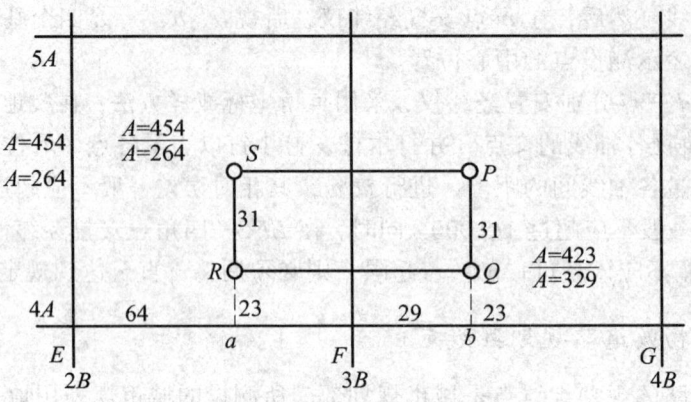

图2-8 根据建筑方格网定位

4. 根据测量控制点进行定位

若在建筑施工场地上有测量控制点可用,应该根据控制点坐标以及建筑物轴线定位点的设计坐标,反算出轴线定位点的测设数据,然后在控制点上建站,用全站仪或经纬仪测设出各轴线定位点,完成建筑物的实地定位。测设完后,务必校核。

2.1.2.3 建筑物细部放线

完成建筑物的定位之后,即可依据定位桩来测设建筑物的其他各轴线交点的位置,以完成民用建筑的细部放线。当各细部放线点测设好后,应在测设位置打木桩(桩上中心处钉小钉),这种桩称为中心桩。以此即可在地面上撒出白灰线以确定基槽开挖边界线。

由于基槽开挖后,定位的轴线角桩和中心桩将被挖掉,为了便于在后期施工中恢复建筑中心轴线位置,必须把各轴线桩点引测到基槽外的安全地方,并做好相应标志,主要有设置龙门桩和龙门板,引测轴线控制桩两种打法。

1. 龙门板的设置

在一般民用建筑中,为了施工方便,在基槽外一定距离(距基槽边大约2 m以外)设置龙门板,如图2-9所示。其具体步骤如下:

(1)在建筑物四角与内纵、横墙两端基槽开挖边线以外大约2 m(根据土质情况和挖槽深度确认)的位置钉龙门桩,要求桩钉的竖直、牢固,且其侧面与基槽平行。

(2)在每个龙门桩上测设±0.000标高线;若遇现场条件不许可,也可预设比±0.000高(或低)一定数值的标高线。但同一建筑物最好只选一个标高。若地形起伏较大必须选两个标高时,一定要标注详细、清楚,以免在施工中使用时发生错误。

(3)根据桩上测设的标高线来钉龙板门,使龙板门顶面标高与±0.000标高线平齐。龙门板顶面标高的测设允许误差为±5 mm。

(4)根据轴线脚桩,用经纬仪将墙、柱的轴线投到两龙门板顶面上,并钉上小钉,称为轴线钉。其投点允许误差为±5 mm。

（5）检查龙门板顶面轴线钉的间距，其相对误差不应超过 1/3 000。经校核合格后，以轴线钉为准，将墙宽、基槽宽度标在龙门板上，最后根据基槽上口宽度，拉线撒出基础开挖白灰线，如图 2-9 所示。

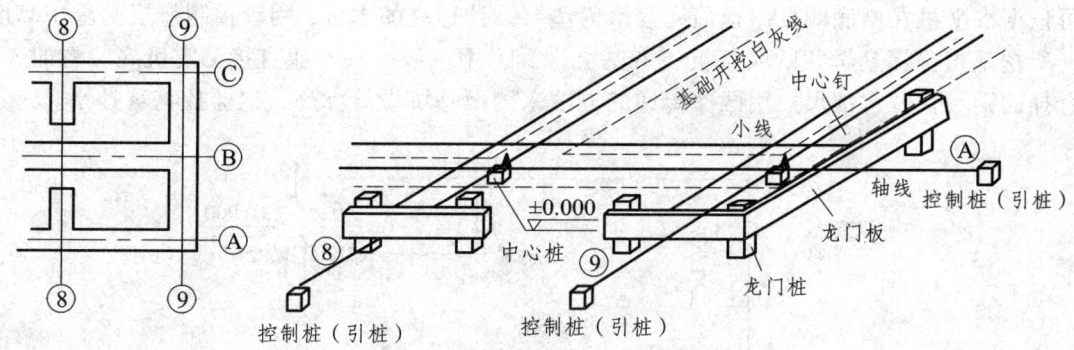

图 2-9 龙门桩、龙门板的钉设

2. 轴线控制桩的设置

也可采用在基槽外各轴线的延长线上测设引桩的方法（如图 2-10 所示），作为开槽后各阶段施工中确定轴线位置的依据。在多层建筑的施工中，引桩是向上各楼层投测轴线的依据。

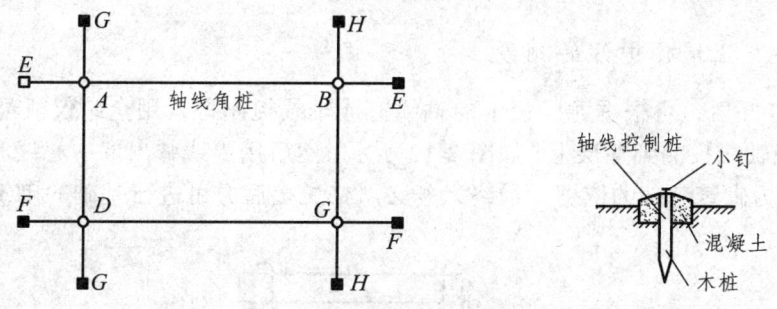

图 2-10 轴线控制桩的设置

引桩一般钉在基槽开挖边线 2~4 m 的地方，在多层建筑施工中，为便于建设投点，应在较远的地方测定，如附近有固定建筑物，最好把轴线引测到建筑物上。

2.1.2.4 建筑物基础工程施工测量

当完成建筑物轴线的定位和放线后，便可按照基础平面图上的设计尺寸，利用龙门板上所表示的基槽宽度，在地面上撒出白灰线，由施工者进行基础开挖，并实施基础测量工作。

1. 基槽与基坑抄平

基槽开挖到接近基底设计标高时，为了控制开挖深度，可用水准仪根据地面上±0.000 标志点（或龙门板）在基槽壁上测设一些比槽底设计高程高 0.3~0.5 m 的水平小木桩，如图 2-11 所示，作为控制挖槽深度、修平槽底和打基础垫层的依据。一般应在各槽壁拐角处、深度变化处和基槽壁上每间隔 3~4 m 预测水平桩。

图 2-11 中，槽底设计标高为-1.700 m，现要求测设出比槽底设计标高高 0.500 m 的水平桩，

首先方安置水准仪好，立水准尺于龙门板顶面（或±0.000 的标志桩上），读取后视读数 a 为 0.546 m，则可求得测设水平桩的前视读数 b 为 1.746 m 时，即可沿尺底部在基槽壁上打小木桩，同时施测其他水平桩，完成基槽抄平工作。水平桩的测设允许误差为±10 mm。清槽后，即可依据水平桩在槽底测设出顶面高程恰为垫层设计标高的木桩，用以控制垫层的施工高度。

所挖基槽呈深基坑状的叫基坑。若基坑过深，用一般方法不能直接测定坑底位置时，可以悬挂的钢尺代替水准尺，用两次传递的方法来测设基坑设计标高，以监控基坑抄平。

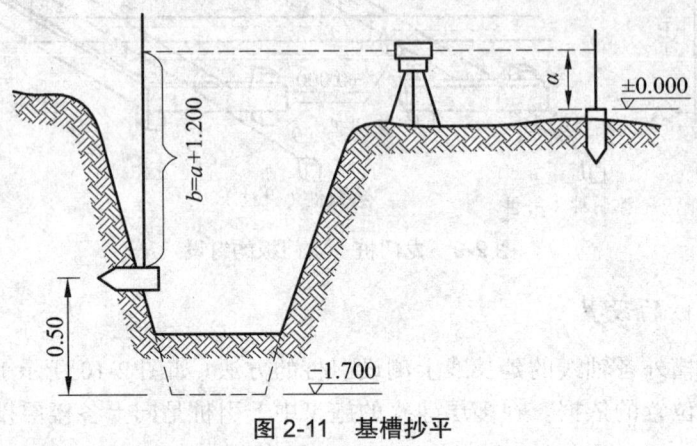

图 2-11 基槽抄平

2. 基础垫层上墙体中线的测设

基础垫层打好后，可根据龙门板上的轴线钉或轴线控制桩，用全站仪或经纬仪或拉绳挂锤球的方法，把轴线投测到垫层上，如图 2-12 所示。然后用墨线弹出墙中心线和基础边线（俗称摽底），以作为砌筑基础的依据。最终，务必严格校核后方可进行基础的砌筑施工。

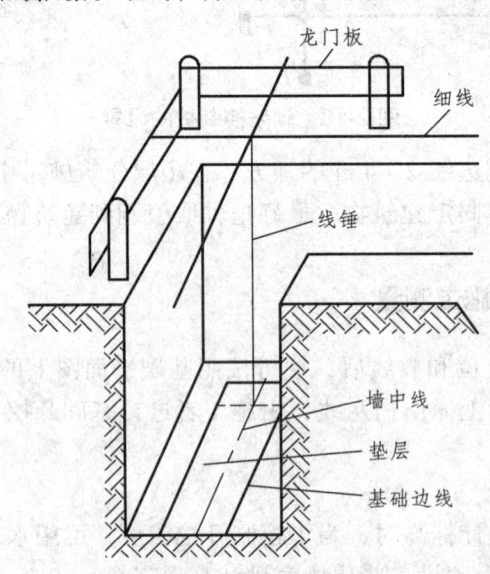

图 2-12 基础垫层轴线投测

3. 基础标高的控制

房屋基础墙（±0.000 以下部分）的高度是用皮数杆来控制的。基础皮数杆是一根木（或铝合金）制的直杆，如图 2-13 所示，先在杆上按照设计尺寸，将砖、灰缝厚度画出线条，并表明±0.000 和防潮层等的位置。设立皮数杆时，先在立杆处打木桩，并在木桩侧面定出一条高于垫层标高某一数值的水平线，然后将皮数杆上高度与其相同的水平线对齐，且将皮数杆与木桩钉在一起，作为基础墙高度施工的依据。

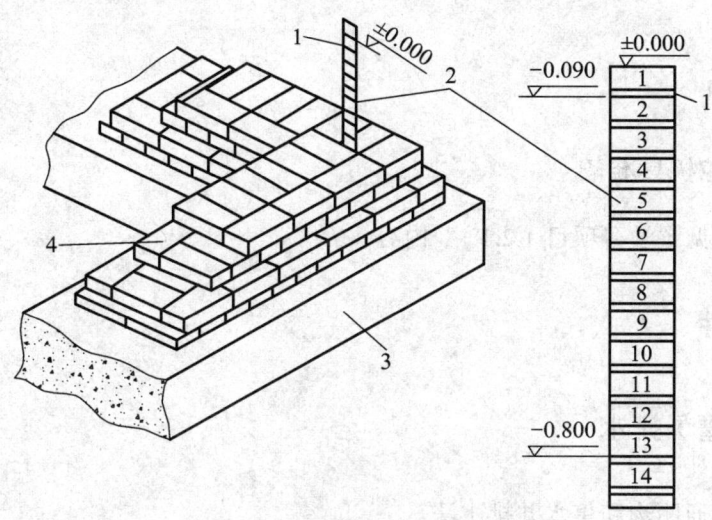

图 2-13　用皮数杆来控制标高

1—防潮层；2—皮数杆；3—垫层；4—大放脚

基础施工完后，应检查基础面的标高是否符合设计要求（也可检查防潮层）。一般用水准仪测出基础面上若干点的高程与设计高程相比较，允许误差为±10 mm。

学习情境 2.2　基坑（槽）施工

基坑（槽）施工工作的主要内容见表 2-3。

表 2-3　工作任务表

序号	项目	内　　容
1	主讲内容	（1）基础开挖机械的选择； （2）基础开挖施工技术要点； （3）基坑明沟排水及基坑降水方法
2	学习任务	（1）根据本项目特点和条件，了解施工前期准备工作； （2）了解基坑明沟排水及基坑降水方法； （3）根据教学现场进行人工开挖练习
3	教学评价	（1）能合理做好基坑降水和基坑支护方案的选择——合格； （2）能合理做好基坑降水和基坑支护的方案选择，能熟练地进行基坑降水和基坑支护的操作——良好； （3）能合理做好基坑降水和深基坑支护的方案选择，能熟练地进行基坑降水和基坑支护的操作，且精度满足质量控制要求——优秀

基坑（槽）土方开挖可以采用人工挖土或机械挖土。根据基坑（槽）深度、与原建筑物的距离可选择放坡开挖和支护开挖，以放坡开挖最经济。机械开挖系采用推土机、装载机、铲运机或挖掘机等土方机械设备以及配套的运土自卸汽车等进行土方开挖和运输。具有操作机动灵活、运转方便、生产效率高、施工速度快等优点。

2.2.1 施工设备

2.2.1.1 土方开挖机具准备

具体施工准备见"学习项目 1.2.1.1"内容。

2.2.1.2 作业条件

2.2.2 基坑（槽）排水

这里仅介绍普通明沟和集水井排水法。

在开挖基坑（槽）的一侧、两侧或四侧，或在基坑（槽）中部设置排水明沟，在四角或每隔 20~30 设一集水井，使地下水流汇集于集水井内，再用水泵将地下水排出基坑（槽）外。排水沟、集水井应在挖至地下水位以前设置，排水沟、集水井应设在基础轮廓线以外，排水沟边缘应离开坡脚不小于 0.3 m。排水沟深度应始终保持比挖土面低 0.4~0.5 m；集水井应比排水沟低 0.5~1.0 m，或深于抽水泵的进水阀的高度以上，并随基坑（槽）的挖深而加深，保持水流畅通，地下水位低于开挖基坑（槽）底 0.5 m。一侧设排水沟应设在地下水的上游。一般小面积基坑（槽）排水沟深 0.3~0.6 m，底宽应不小于 0.2~0.3 m，水沟的边坡为 1:1~1:5，沟底设有 0.2%~0.5%的纵坡，使水流不至阻塞。较大面积基坑（槽）排水，常用水沟截面尺寸可参考表 2-4。集水井截面为 0.6 m×0.6 m~0.8 m×0.8 m，井壁用竹笼、钢筋或木方、木板支撑加固。至基底以下井底应填以 20 cm 厚碎石或卵石，水泵抽水龙头应包以滤网，防止泥沙进入水泵。抽水应连续进行，直至基础施工完毕，回填土后才停止。如为渗水性强的土层，水泵出水管口应远离基坑（槽），以防抽出的水再渗回坑内；同时抽水时可能使临近基坑（槽）的水位相应降低，可利用这一条件，同时安排数个基坑（槽）一起施工。

表 2-4 常用水沟截面尺寸表

图示	基坑面积/m²	截面符号	粉质黏土			黏土		
			地下水位以下的深度/m					
			4	4~8	8~12	4	4~8	8~12
	5 000 以下	a	0.5	0.7	0.9	0.4	0.5	0.6
		b	0.5	0.7	0.9	0.4	0.5	0.6
		c	0.3	0.3	0.3	0.2	0.3	0.3
	5 000~1 000	a	0.8	1.0	1.2	0.5	0.7	0.9

续表

图示	基坑面积/m²	截面符号	粉质黏土			黏土		
			地下水位以下的深度/m					
			4	4~8	8~12	4	4~8	8~12
	5 000~1 000	b	0.8	1.0	1.2	0.5	0.7	0.9
		c	0.3	0.4	0.4	0.3	0.3	0.3
	1 000 以上	a	1.0	1.2	1.5	0.6	0.8	1.0
		b	1.0	1.5	1.5	0.6	0.8	1.0
		c	0.4	0.4	0.5	0.3	0.3	0.4

本法施工方便，设备简单，降水费用低，管理维护较易，应用最为广泛。适用于土质情况较好，地下水不很旺，一般基础及中等面积群和建（构）筑物基坑（槽）的排水。

2.2.3 基坑支护方法

根据不同的地形地质条件和开挖深度，结合施工现场条件，常用的基坑支护方法见表 2-5。

表 2-5 不同条件下的基坑支护方法

支撑方式	简图	支撑方法及适用条件
斜柱支撑		水平挡土板钉在柱桩内侧，柱桩外侧用斜撑支顶，斜撑底端支在木桩上，在挡土板内侧回填土 适用开挖较大型、深度不大的基坑或使用机械挖土时
锚拉支撑		水平挡土板支在柱桩的内侧，柱桩一端打入土中，另一端用拉杆与锚桩拉紧，在挡土板内侧回填土 适于开挖较大型、深度不大的基坑或使用机械挖土，不能安设横撑时使用
型钢桩横挡板支撑		沿挡土位置预先打入钢轨、工字钢或 H 型钢桩，间距 1.0~1.5 m，然后边挖方，边将 3~6 cm 厚的挡土板塞进钢柱之间挡土，并在横向挡板与型钢桩之间打上楔子，使横板与土体紧密接触 适于地下水位较低、深度不很大的一般黏性或砂土层使用

续表

支撑方式	简图	支撑方法及适用条件
短桩横隔板支撑	（横隔板、短桩、填土）	打入小短木桩，部分打入土中，部分露在地面，钉上水平挡土板，在背面填土，夯实 适于开挖宽度大的基坑，当部分地段下部放坡不够时使用
临时挡土墙支撑	（扁丝编织袋或草袋装土、砂；或干砌、浆砌毛石）	沿坡脚用砖、石叠砌或用装水泥的聚丙烯扁丝编织袋、草袋装土、砂堆砌，使坡脚保持稳定 适于开挖宽度大的基坑，当部分地段下部放坡不够时使用
挡土灌注桩支护	（连系梁、挡土灌柱桩）	在开挖基坑的周围，用钻机或洛阳铲成孔，桩径 400～500 mm，现场灌筑钢筋混凝土桩。桩间距为 1.0～1.5 mm，在桩间土坎挖成外拱形使之起土拱作用 适用于开挖较大、较浅（<5 m）基坑，邻近有建筑物，不允许背面地基有下沉、位移时采用
叠袋式挡墙支护	（-1.0～1.5 m，编织袋装碎石堆砌，<5 000，500，砌块石）	采用编织袋或划袋装碎石（砂砾或土）堆砌成重力式挡墙作为基坑的支护。在墙下部砌 500 mm 厚块石基础，墙底宽由 1 500～2 000 mm，顶宽由 500～1 200 mm，顶部适当放坡卸土 1.0～1.5 m，表面抹砂浆保护 适用于一般黏性土、面积大、开挖深度应在 5 m 以内的浅基坑支护

学习情境 2.3　基地检验

基地检验工作分析主要内容见表 2-6。

表 2-6　工作任务表

序号	项目	内　容
1	主讲内容	（1）基坑检验方法； （2）地基局部处理方法
2	学生任务	根据教学现场进行基坑检验方法以及地基局部处理方法练习
3	教学评价	（1）能够合理选择地基处理方法——合格； （2）能够合理选择地基处理方法，能够熟练地进行地基处理措施——良好 （3）能够合理选择地基处理方法，能够熟练地进行地基处理措施，并且精度满足质量控制要求——优秀

为使建筑物有一个比较均匀的下沉，即不允许建筑物各部分间产生较大的不均匀沉降，对地基应该进行严格的检验。当地基开挖至设计基底标高后，应该由设计、建筑和施工部门共同进行验槽，核对地质资料，检查地基土壤与工程地勘报告，设计图纸是否相符，有无破坏原状土壤结构或者发生较大扰动现象。基坑（槽）常用检验方法如下所述。

2.3.1 基坑检验方法

具体基坑检验方法见"学习项目 1.3.1"内容。

2.3.2 地基局部处理

2.3.2.1 松土坑

地基为松土坑的处理方法见表 2-7。

表 2-7 地基为松土坑时处理方法

松土坑情况	处理简图	处理方法
松土坑在基槽中范围内	1—1	将坑中松软土挖除，使坑义及四壁均见天然土为止，回填土与天然土压缩性相近的材料，当天然土为砂土时，用砂或级配砂石回填；当天然土为较密实的黏性土用 3:7 灰土分层回填夯实；天然土为中密可塑的黏性土或新近沉积黏性土，可用 1:9 或 2:8 灰土分层回填夯实，每层厚度不大于 20 cm
松土坑在基槽中范围较大，且超过基槽边沿时	2—2	因条件限制，槽壁挖不到天然土层时，则应将该范围内的基槽适当加宽，加宽部分的宽度可按下述条件确定，当用砂土或砂石回填时，基槽壁边均应按 $l_1:h_1=1:1$ 坡度放宽；用 1:9 或 2:8 灰土回填时，基槽每边应按 $b:h=0.5:1$ 坡度放宽，用 3:7 灰土回填时，如坑的长度≤2 m，基槽可不放宽，但灰土与槽壁接触处应夯实
松土坑范围较大，且长度超过 5 m 时	3—3	如坑底土质与一般槽底土质相同，可将此部分基础加深，做 1:2 踏步与两端相接，每步高不大于 50 cm，长度不小于 100 cm，如深度较大，形灰土分层回填夯实至坑（槽）底一平
松土坑较深，且大于槽宽或 1.5 m 时		按以上要求处理挖到老土，槽底处理完毕后，还应适当考虑加强上部结构的强度，方法是在灰土基础上 1～2 皮砖处（或混凝土基础内）、防潮层下 1～2 皮砖处及首层顶板处，加配 4ϕ8～12 mm 钢筋跨过该松土坑两端各 1 m，以防产生过大的局部都不均匀沉降

续表

松土坑情况	处理简图	处理方法
松土坑地下水位较高时	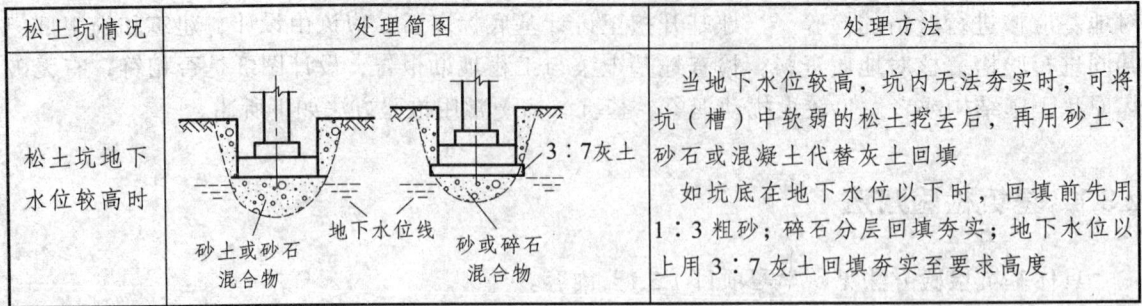	当地下水位较高，坑内无法夯实时，可将坑（槽）中软弱的松土挖去后，再用砂土、砂石或混凝土代替灰土回填。 如坑底在地下水位以下时，回填前先用1∶3粗砂；碎石分层回填夯实；地下水位以上用3∶7灰土回填夯实至要求高度

学习情境 2.4　条形基础施工

条形基础施工工作的主要内容见表 2-8。

表 2-8　工作任务表

序号	项目	内　　容
1	主讲内容	（1）施工准备以及质量标准； （2）条形基础施工工艺流程
2	学生任务	（1）熟悉条形基础施工准备和工艺流程； （2）根据教学现场进行基坑检验方法以及地基局部处理方法练习
3	教学评价	（1）能够合理进行条形基础施工——合格； （2）能够合理进行条形基础施工，能够熟练各个工艺流程——良好； （3）能够合理进行条形基础施工，能够熟练各个工艺流程，并且精度满足质量控制要求——优秀

2.4.1　施工准备

2.4.1.1　作业条件

（1）由建设、监理、施工、勘察、设计单位进行地基验槽，完成验槽记录以及地基验槽隐检手续，如遇地基处理，办理设计洽商，完成后监理、设计、施工三方复验签认。

（2）完成基槽验线预检手续。

2.4.1.2　材质要求

（1）水泥：根据设计要求选择水泥品种、强度等级。

（2）砂、石子：有试验报告，符合规范要求。

（3）水：采用饮用水。

（4）外加剂、掺合料：根据设计要求通过试验确定。

（5）商品混凝土所用原材料符合上诉要求，必须具有合格证，原材料试验报告，符合防碱集料反应要求的试验报告。

（6）钢筋要有材质证明、复试报告。

2.4.1.3　工器具

备有搅拌机、磅秤、手推车或翻斗车、铁锹、振捣棒、刮杆、木抹子、胶皮手套、串桶或溜达溜槽等。

2.4.1.4　质量要求

（1）钢筋工程。
（2）模板工程。
（3）混凝土工程。

注：（1）（2）（3）项具体要求请参照本书"柱下独立基础施工"中相应部分。

2.4.2　工艺流程

清理→混凝土垫层→清理→钢筋绑扎→支模板→相关专业施工→清理→混凝土搅拌→混凝土浇筑→混凝土振捣→混凝土找平→混凝土养护。

操作工艺分述如下。

2.4.2.1　清理以及垫层浇灌

（1）地基验槽完成后，清除表层浮土以及扰动土，不得积水，立即进行垫层混凝土施工，混凝土垫层必须振捣密实，表面平整，严禁晾晒基土。基础垫层施工必须测定水平标高，严格分层控制各层厚度。

（2）混凝土垫层分段施工时，做好接头处理，避免接头和混凝土点层表面缺浆少浆蜂窝现象，必要时适当加浆抹面，12小时后应以及浇水保养。混凝土垫层必须振捣密实，表面平整。

2.4.2.2　钢筋绑扎

垫层浇灌达到一定强度后，在其上弹线、支模、铺放钢筋网片。

上下部垂直钢筋绑扎牢，将钢筋弯钩朝上，按轴线位置校核后用方木架成井字形，将插筋固定在基础外木板上；底部钢筋网片应用与混凝土保护层同厚度的水泥砂浆或塑料垫块垫塞，以保证位置正确，表面弹线进行钢筋绑扎，钢筋绑扎不许漏扣，柱插筋除满足搭接要求外，应满足锚固长度的要求。

当基础高度在900 mm以内时，插筋伸至基础底部的钢筋网上并在端部做成直弯钩；当基础高度较大时，位于柱子四角的插筋应伸到基础底部，其余的钢筋只需伸至锚固长度即可。插筋伸出基础部分长度应按柱的受力情况及钢筋规格确定。

与底板筋连接的柱四角插筋必须与底板筋成 45°绑扎，连接点处必须全部绑扎，距底板 5 cm 处绑扎第一个箍筋，距基础顶 5 cm 处绑扎最后一个箍筋，作为标高控制筋及定位筋，柱插筋最上部再绑扎一道定位筋，上下箍筋及定位筋绑扎完成后将柱插筋调整到位并用井字木架临时固定，然后绑扎剩余箍筋，保证柱插筋不变形走样，两道定位筋在打柱混凝土前必须进行更换，如图 2-14 所示。钢筋混凝土条形基础，在 T 字形和十字形交换出的钢筋沿一个主要受力方向通长放置，如图 2-15 所示。

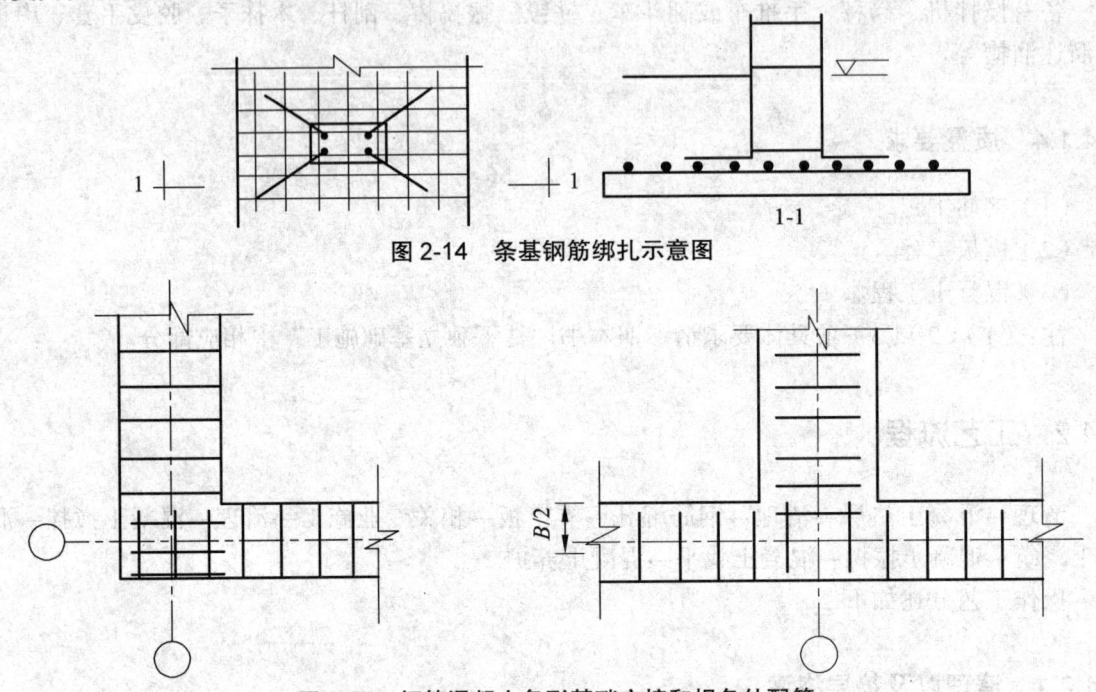

图 2-14 条基钢筋绑扎示意图

图 2-15 钢筋混凝土条形基础交接和拐角处配筋

2.4.2.3 模板安装

钢筋绑扎及相关专业施工完成后立即进行模板安装，模板采用小钢模或木模，利用架子管或木方加固。锥形基础坡度＞30°时，采用斜模板支护，利用螺栓与底板钢筋拉紧，防止上浮，模板上部设透气及振捣孔。坡度≤30°时，利用钢丝网（间距 30cm），防止混凝土下坠，上口设井子木控制钢筋位置。

2.4.2.4 清 理

清除模板内的木屑、泥土等杂物，木模浇水湿润，堵严板缝及孔洞，清除积水。

2.4.2.5 混凝土搅拌

根据配合比和砂石含水率计算出每盘混凝土材料的用量。后台认真按配合比用量投料。投料顺序为石子→水泥→砂子→水→外加剂。严格控制用水量，搅拌均匀，搅拌时间不少于 90 s。

2.4.2.6 混凝土浇筑

浇筑现浇柱下条形基础时，注意柱子插筋位置的正确，防止造成位移和倾斜。在浇筑开始时，先满铺 5~10 cm 厚的混凝土，并捣实，使柱子插筋下段和钢筋网片的位置基本固定，然后对称浇筑。对于锥形基础，应注意保持锥体斜面坡度的正确，斜面坡度的模板应随混凝土浇捣分段支设并顶压紧，以防模板上浮变形；边角处的混凝土必须捣实。严禁斜面部分不支模，用铁铲拍实。基础上部柱子后施工时，可在上部水平面设施工缝，施工缝的处理应按有关规定执行。条形基础根据高度分段分层连续浇筑，不留施工缝，各段各层间应相互衔接，各段长 2~3 m，做到逐段逐层呈阶梯形推进。浇筑时先使混凝土充满模板内边角，然后浇注中间部分，以保证混凝土密室。分层下料，每层厚度为振动棒的有效震动长度。防止由于下料过厚，振动不实或漏振，吊帮的根部砂浆涌出等原因造成蜂窝、麻面或孔洞。

2.4.2.7 混凝土振捣

采用插入式振捣器，插入的间距不大于作用半径的 1.5 倍。上层振捣棒插入下层 3~5 cm。尽量避免碰撞预埋件、预埋螺栓，防止预埋件移位。

2.4.2.8 混凝土找平

混凝土浇筑后，表面比较大的混凝土，使用平板振捣器振一遍，然后用大杆刮平，再用木质抹子搓平。收面前必须校核混凝土表面标高，不符合要求处立即整改。

浇筑混凝土时，经常观察模板、支架、螺栓、预留孔洞和管线有无走动情况，一经发现有变形、走动或者移位时，立即停止浇筑，并及时修整和加固模板，然后再继续浇筑。

2.4.2.9 混凝土养护

已经浇筑完的混凝土，常温下，应在 12 h 左右覆盖和浇水。一般常温养护不得少于 7 昼夜，特种混凝土养护不得少于 14 昼夜。养护设置专人检查落实，防止由于养护不及时，造成混凝土表面裂缝。

2.4.2.10 模板拆除

侧面模板在混凝土强度能保证其棱角不因拆模板而受损坏时方可拆模，拆模前设专人检查混凝土强度，拆除时采用撬棍从一侧顺序拆除，不得采用大锤砸或者撬棍乱撬，以免造成混凝土棱角破坏。

学习情境 2.5 基础验收、回填

基础验收、回填工作的主要内容见工工作任务表 2-9。

表 2-9 工作任务表

序号	项目	内 容
1	主讲内容	（1）基础验收标准； （2）土方回填方法
2	学生任务	（1）了解基础验收标准； （2）根据教学现场进行基础回填练习
3	教学评价	（1）能够合理进行基础验收和土方回填——合格； （2）能够合理进行基础验收和土方回填，能够熟练验收的内容和回填的质量控制——良好； （3）能够合理进行基础验收和土方回填，能够熟练验收的内容和回填的质量控制，并且精度满足质量控制要求——优秀

2.5.1 基础验收

2.5.1.1 检查内容

（1）现浇结构模板安装。
（2）钢筋加工。
（3）钢筋安装位置。
（4）原材料每盘称量。
（5）现浇结构尺寸。

2.5.1.2 检查工具

（1）钢尺。
（2）经纬仪。
（3）吊线。
（4）靠尺和塞尺。
（5）称重工具。
（6）钢卷尺。

2.5.1.3 质量验收资料

（1）钢筋加工检验批质量验收记录表 GB50204—2002（Ⅰ）。
（2）钢筋安装工程检验批质量验收记录表 GB50204—2002（Ⅱ）。
（3）模板安装工程检验批质量验收记录表 GB50204—2002（Ⅰ）。
（4）模板拆除工程检验批质量验收记录表 GB50504—2002（Ⅲ）。
（5）混凝土原材料以及配合比设计检验批质量验收记录表 GB50204—2002（Ⅰ）。
（6）混凝土施工检验批质量验收记录表 GB50204—2002（Ⅱ）。

（7）现浇结构外观以及尺寸偏差质量验收记录表 GB50204—2002（Ⅰ）。
（8）分项工程质量验收记录。

2.5.2 回　填

基础经过相关部门验收合格以后，及时排水确保基坑（槽）回填时无积水，回填土干湿度适当，并且按照操作规程的要求用蛙式打夯机分层压实。为保证回填土的密实度，采用灰土分层回填夯实。回填后，及时取样做好回填土测试。回填土夯实完成后，避免雨淋、水泡，不允许在已经夯实的表面乱铲乱挖。

打夯机操作人员，在夯实过程中穿戴好安全防护用具，随时查看机械的运行情况，保证用电安全，防止漏电以及机械伤人。

基础回填方法通"学习项目1"。

学习情境 2.6　条形基础施工案例

XX省某敬老院 1-4#楼基础施工。

2.6.1　土方开挖施工方案

本工程基础设计为条形基础，基础埋深为-1.5 m，根据现场踏勘情况，现场土方为全部平整到位，施工时基础土方开挖深度在-1.3 m 放坡系数 0.33，人工开挖 20 cm。

2.6.1.1　测量放线

（1）基础开挖前，由建设单位、监理公司以及施工单位共同对原有定位轴线进行复测，闭合，并且办理书面交接手续，以经过复测的定位轴线自己基准线利用直角交汇法，用 J6 光学经纬仪设在本工程的各个轴线控制装，并在建筑物四周设置永久性控制点，测量闭合误差不超过 3 mm。控制轴线施测到现场过后，应保护好控制轴线不被破坏。为了稳妥起见，每条挖掘轴线装在现场处与近处分别施测两点，近点便于投测，远点用于保护和校测，定期检查各轴线间的尺寸。

（2）基础开挖后，分别由各个控制线在控制点向基槽投测轴线以控制基槽内各轴线的相对位置，标高传递采用水准仪和塔尺分段向基槽内传递，并做好控制点。

2.6.1.2　准备工作

（1）主要有机械准备：单斗挖掘机 1 台，自卸车 2 辆等。
（2）人工开槽准备：锹、镐、人力小斗车、箩筐。仪器准备：经纬仪、水平仪、标杆尺、钢卷尺1把。劳动力5人。

2.6.1.3　土方开挖

（1）机械开挖土方到设计预埋标高后，即进行人工开挖槽内预留土方，人工挖土采用垂直开挖，不放坡，机械开挖土方不应该堆放基坑边缘，并且不应该小于基坑边缘3 m处。

（2）基坑开挖后在基槽外50 cm外沿基槽四周设置30 cm宽、40 cm深的排水沟。在两端基槽外设置集水井，采用ϕ50水泵排水。

（3）基槽清挖到设计标高后，及时通知建设单位组织设计院、地勘单位、质监部门和监理单位进行验槽，基槽验收完毕确认符合要求后，方可进行垫层施工。

2.6.2　土方回填

2.6.2.1　施工准备

本工程回填土方为素土回填夯实，为了确保回填土工程施工质量，施工时按照以下要求进行；土方回填施工前，应该先同建设单位、质监站、监理单位对基础分部进行隐蔽验收，确认符合要求，办理隐蔽验收手续后方可回填。

（1）土方回填前应该清除基槽内杂物积水。选择含水率符合要求的黏性土，并且回填土不得含有草根、垃圾以及其他杂物。

（2）回填土方所使用的机具设备已经准备好本工程土方场内运输拟采用2台机动翻斗车和10台手推车，夯实机械采用2台蛙式打夯机和人力夯实相结合。

2.6.2.2　操作工艺

（1）人工回填土方时，采用手推车、人工用铁锹、耙等工具进行填土，由一端向另一端自下而上分层铺垫，分层夯实，每层铺土厚度不大于30 cm，可用样桩控制分层厚度，回填时最佳含水率为8%～12%，施工时应该检验。当土的含水率大于最佳含水率时，应该采用翻松、晾晒、风干等方法降低，当土的含水率小于最佳含水率的时候，可以采用洒水湿润的方法增大含水率。

（2）对于分段分层填土时，交接处应该填成阶梯形，每层互相搭接，其搭接长度不少于每层填土厚度的2倍，上下层错缝不少于1 m。

（3）人工大面积夯实填土时，夯实前应该初步平整，夯实时要按照一定的方向进行，一夯压半夯，夯夯相接，每两遍纵横交叉，分层夯打。夯实基坑时，行夯路线应该由四边处开始，然后再夯中间，对于基础边缘自己墙角打夯机不到的地方，采用人工用木夯夯实。

（4）当采用蛙式打夯机夯实时，填土厚度不宜大于250～300 mm，打夯机应该依次打夯，均匀不留间隙，夯打遍数不少于3遍。

（5）室外回填当采用碾压机夯实进，应该注意采用"薄填、慢驶、多次"的方法，每层填土厚度不大于250 mm，碾压方向应该从两面逐渐向中间，碾轮每次重叠宽度不大于250 mm，当车轮下沉量不超过 20 mm 时，其密实度达到要求。

2.6.2.3 质量标准与检验

（1）回填土的上料，必须符合设计要求或者施工规范的规定。

（2）回填土必须按照规定分层夯实，取样确定压实以后的土的干密度有 95%以上的夯实系数。

（3）每层填土压实之后，要对夯实质量进行检验。检验方法一般采用环刀法，用容积不小于 200 cm² 的环刀取样，测其干密度，以不小于通过试验确定的该土料在中密状时的干密度数值为合格，每 200 cm² 取一组，每层不小于一组，经检验合格后，方可回填上层土料。

2.6.3 砖基础施工方案

2.6.3.1 施工准备

1. 材料与主要机具

（1）砖：MU10 普通黏土砖，有出厂证明和复式报告。

（2）水泥：采用 32.5 级矿渣硅酸盐水泥，有出厂证明和复式报告。

（3）砂：中砂，应过 0.5 cm 孔径的筛，并经检验，含泥量不得超过 5%，且不得有杂物。

（4）拉结筋、预埋件、防水粉等材料。

（5）主要机具：搅拌机、瓦刀、线坠、钢卷尺、灰槽、小水桶、白线、筛子、扫帚、靠尺、皮数杆、手推车、铁锹等。

2. 作业条件

（1）混凝土条基办完隐检手续。

（2）混凝土条基已用砂浆或者细石混凝土找平。

（3）混凝土条基或者地圈梁上已经放好基础轴线以及边线，立好皮数杆，并办好预检手续。

（4）根据皮数杆最下面一层砖的底标高，拉线检查基础垫层表面标高，如果第一层灰缝大于 20 mm，应先用 C20 细石混凝土找平。

（5）常温施工时，黏土砖必须在砌筑的前一天，浇水湿润，一般以水侵入砖四边 1.5 cm 左右为宜。

（6）砂浆配合比已经试验确定，现场准备好砂浆试模。

2.6.3.2 砖基础砌筑

1. 施工顺序

搅拌砂浆→确定组砌方法→排砖撂底→砌筑→抹防潮层。

2. 拌制砂浆

（1）砂浆配合比应该采用重量比，由试验确定，计量精读：水泥为±+2%，砂+5%，配比按砂的含水率适当调整。

（2）采用机械搅拌，投料顺序为砂→水泥→水，搅拌时间不少于 1.5 min。

（3）砂浆应该随拌随用，一般水泥砂浆在拌成后 3 h 内使用完，不允许用过夜砂浆。

（4）基础按一个楼层计算，每隔 250 m³ 砌块做两组试块（一组标养，一组为同条件养护）。

3. 确定组砌方法

（1）组砌方法应该正确，一般采用满丁、满条。

（2）里外咬槎，上下层错缝。采用铺浆法砌筑（铺浆长度不得超过 50 cm），严禁用水浆灌缝的方法。

4. 排砖撂底

（1）基础大放脚的撂底尺寸以及收退方法必须符合设计要求，二层一退的，第一层、第二层为丁砖。

（2）大放脚的转角处，应按规定放七分头，其数量为一砖半墙放三块，二砖墙放四块，以此类推。

5. 砌　筑

（1）砖基础在砌筑前，将条基或地圈梁表面清扫干净、浇水浸润，先盘墙角，每次盘角高度不应超过五层砖，随盘随靠平，吊直。

（2）基础应双面挂线砌筑。

（3）基础标高不一致时，应从最低处往上砌筑。

（4）基础大放脚砌筑时应每砌六层砖校正一下轴线，同时还要对照皮数杆的砖层及标高，砖基础砂浆灰缝按 10 mm 控制。

（5）砖基础圈梁下第一层应砌成丁砖。

（6）各种预留洞、埋件、拉墙筋应按设计要求设置，避免后剔凿，影响砌体质量。

（7）变形缝的墙角应按直角砌筑，先砌的墙要把舌头灰刮尽，后砌的墙可采用缩口灰，掉入缝内的杂物要及时清干净。

（8）管沟和洞口过梁采用现浇混凝土。

6. 将地圈梁顶面清扫干净，浇水浸润，随机抹防水砂浆

7. 雨季施工

应防止基漕灌水和雨水冲刷砂浆，砂浆稠度可适当减小，每天砌筑高度不超过 1.2 m，收工时覆盖砌体上表面。

8. 其　他

（1）砌体砂浆饱满度控制在 90% 以上。

（2）转角处不留槎，其他临时间断处留踏步槎。

（3）构造柱的马牙槎按先退后进，上下顺直砌筑，残留砂浆，清理干净。
（4）其他不详处均按 GB50203—2010 规范要求进行施工。

2.6.4 混凝土基础和地圈梁施工方案

2.6.4.1 模板工程（条基和地圈梁）

1. 施工准备

（1）材料以及主要工具：木板（厚度 20 mm）、方木（50 mm×100 mm）、木楔、铁丝（8~14 号）、隔离剂、圆钉（50、70、90）、圆木（小头直径 60~80 mm）。电锯、锤、手锯、墨斗、扳手、打眼电转、钳子、白线。

（2）作业条件（条基和地圈梁）：第一，混凝土条基：验槽合格；清理干净基槽内杂物；把轴线和水平线引到槽内或者槽边。第二，地圈梁：在砌体上弹好水平线、检查砖墙的位置和标高、是否符合设计要求，办理预检手续；在砌体上预留横担的孔洞（50 cm 间距）；将砌体表面清理干净、绑扎好地圈梁钢筋。

2. 模板施工

（1）工艺流程：准备工作→支填基模板、支地圈梁模板→办预检。
（2）准备工作详见前面叙述。
（3）支模：支条基模，① 先按照图纸把侧模加工成混凝土所需尺寸；② 在槽边 40 cm 外钉上一排木桩，间距 1 m，在木桩下面固定一排通长方木（50 mm×100 mm）；③ 按照轴线和标高把条基侧模采用水平撑和斜撑固定在木桩下的方木上，然后把上口用方木锁好，间距 50 cm；④ 条基支模简图。支地圈梁，① 先按图，按墙上横向预留洞尺寸把侧模加工好；② 在横担预留洞上放好方木上，然后把侧模放在上面，按标高和轴线把侧模固定好，后用方木把圈梁上口锁好，间距 50 cm；③ 地圈梁支模简图。

2.6.4.2 钢筋绑扎

1. 施工准备

将砌体墙面砂浆和杂物清理干净，搭好了绑扎脚手架。

2. 钢筋绑扎

（1）工艺流程半成品钢筋加工→画钢筋的位置线→放箍筋→穿圈梁钢筋→绑扎钢筋。
（2）半成品钢筋加工：先按图把所需箍筋和主筋加工好，把横轴尺寸较短的骨架预制好（编号）。
（3）按设计要求画好箍筋间距（搭接处加密为 100 间距）和主筋间距。
（4）放箍筋：先把横轴已加工好的骨架放好，后按轴线之间所需的箍筋数量放好，箍筋折叠变钩处互相错开设置。

（5）穿圈梁受力筋：按设计所需穿插受力筋，受力筋搭接处相互错开，且不得转角处搭接，搭接长度为40d。

（6）圈梁钢筋应相互交圈，在内墙交接处，墙大角转角处的锚固长度应符合设计要求。

（7）圈梁钢筋绑完后，用30 mm厚水泥砂浆垫块，控制受力钢筋保护层。

2.6.4.3 混凝土浇注

1. 施工准备（条基和地圈梁）

（1）材料及主要机具：水泥用32.5级矿渣硅酸盐水泥，经复试合格。

（2）砂用中砂，含泥量<5%，经检验合格。

（3）石子：碎石，粒径为20～40 mm，含泥量<2%，经检验合格。

（4）水：用自来水。

（5）主要机具：搅拌机、磅秤、手推车、铁锹、振捣器、刮杠、木抹、胶皮管。

2. 作业条件

（1）条基：①基础轴线尺寸、基底标高和地质经检验符合设计要求，并办完隐检手续。②安装的模板已经过检查，符合设计要求，办完预检。③在模板上做好混凝土上平的标志。④准备好试模，做好技术交底。⑤在模板内清理干净、木模洒水湿润。⑥搭好建筑脚手架。

（2）混凝土圈梁：①混凝土配比以实验室确定。②模板牢固、稳定、标高、尺寸等符合设计要求和施工规范，模板拼缝严密，并办好完预检手续。

（3）钢筋办完隐检手续。

（4）模板内清理干净。

（5）混凝土浇筑前砖墙和木模应提前适量浇水湿润，不得积水。

（6）搭好脚手架。

3. 混凝土条基施工

（1）施工工艺流程：

模板内清理干净→混凝土拌制→混凝土浇筑→混凝土振捣→混凝土养护。

（2）清理：将基土上的淤泥和杂物清除，并有防水和排水设施，干燥的基土和模板洒水湿润，但不得积水。

（3）混凝土拌制：采用商品混凝土。

（4）混凝土浇筑：①采用泵运运输。②用插入式振捣器应快插慢拔，插点应均匀排列，逐点移动顺序进行，不得遗漏，做到振捣密实，移动间距不大于振动棒作业半径的1.5倍。③混凝土浇筑不得留置施工缝。④混凝土浇筑时，应有专人看模，发现位移时应立限停止浇筑。⑤浇筑后，按设计标高抹平。

（5）混凝土养护：混凝土在建筑完毕后，在12 h内用麻袋覆盖和浇水，把持混凝土有足够的湿润7昼夜。

（6）混凝土浇筑应按所需留置试块，每次两组（一组标养一组自然养护）。

（7）混凝土强度未达到1.25 N/mm²不得上人或踩其支撑和模板。

4. 地圈梁混凝土浇筑

（1）施工工艺流程：

作业准备→混凝土搅拌→混凝土运输→混凝土浇筑、振捣→混凝土养护。

（2）混凝土搅拌：① 根据测定的砂、石含水率、调整混凝土配比。② 根据搅拌机容量。确定好每盘所需要的骨料、水泥、水的用量。计量精度：水泥+2%，骨料+3%，水+2%。搅拌机棚应该设置混凝土配比标牌。③ 试搅拌前搅拌机先用空车试运转，正常后方可正式搅拌。④ 石、水必须严格按照需用量分别过秤。⑤ 投料顺序：石子→水泥→砂浆→水。搅拌时间不低于 150 s，第一盘时适当少装一些石子或适当增加水泥和水量。（坍落控制在 3~5 min，每班测两次）。

（3）混凝土运输：① 混凝土自搅拌机卸出后，应该及时用手推车动至浇筑地点运输时，应该防止水泥浆流失和离析应该进行人工二次拌和。② 自搅拌机卸出后到浇筑完毕的延续时间，C30 以及其以下气温高于 30°，不得大于 90 min。

（4）混凝土浇筑振捣：① 混凝土浇筑时应该注意保护好钢筋和砌体，不得使其损害，专人检查，钢筋是否变形、移位。如果发生应该立即停止浇筑，及时修好方可继续浇筑，施工缝留在伸缩缝处。② 每次浇筑完地段振捣后，应该随时用木抹子压实抹平、表面不得有松散混凝土

（5）混凝土养护：混凝土浇筑完毕后 12 h 内，应该对混凝土加以覆盖并且浇水养护不少于 7 d。

（6）混凝土浇筑应该按照需做试块，每次为两组块（一组标养、一组同条件养护）。

（7）混凝土强度未达到 1.2 N/mm^2。

【训练内容】

1. 如何进行测量放样？
2. 如何进行基坑支护？
3. 简述条形基础施工程序，钢筋与混凝土工程施工要点。
4. 条形基础钢筋如何进行质量检验与验收？
5. 简述钢筋与混凝土施工工程要点。
6. 简述条形基础的模板工作内容。
7. 简述条形基础的混凝土工程注意事项。
8. 简述条形基础施工准备工作有哪些。
9. 简述钢筋混凝土基础地圈梁的施工工艺。
10. 简述条形基础施工后回填工艺以及标准。

项目 3　筏板基础施工

学习目标

通过本项目的学习，要求学生：
1. 了解筏板基础的施工准备及筏板基础的构造要求，熟悉筏板基础的施工图。
2. 熟悉几种常见的基坑降水的方法和深基坑支护的方法。
3. 熟悉 CFG 桩复合地基的施工方法。
4. 掌握筏板基础的施工过程。
5. 熟悉基础的验收和土方回填。

项目描述

工程概况：本工程为高层 SOHO 公寓，建筑设计使用年限为 50 年。其中地上 33 层，地下一层。建成后将成为合肥市一座标志性的高层建筑群之一。剪力墙结构，桩基、筏板基础。基础平面图如图 3-1 所示。

当地地质条件差、上部荷载大时，可将部分或整个建筑范围的基础连在一起，其形式如倒置的楼板，故称为筏板基础，又称满堂基础。筏板基础根据是否有梁可分为梁板式和平板式两种，如图 3-2 所示。其选型应根据工程地质、上部结构体系、柱距、荷载大小以及施工条件等因素确定。筏板基础适用于地基土质软弱又不均匀、有地下水或当柱子和承重墙传来的荷载很大的情况。

学习情境 3.1　施工准备

筏板基础施工准备工作的主要内容见表 3-1。

表 3-1　工作任务表

序号	项目	内容
1	主讲内容	（1）技术准备； （2）施工现场准备； （3）物资准备
2	学习任务	（1）学生根据本项目特点和条件，了解筏板基础施工准备的内容，熟悉筏板基础的构造要求； （2）根据现场教学熟悉各项设施的堆放
3	教学评价	（1）能合理做好筏板基础的施工准备——合格； （2）能合理做好筏板基础的施工准备，能熟练地进行施工图的识图——良好； （3）能合理做好筏板基础的施工准备，能熟练地进行施工图的识图，且精度满足质量控制要求——优秀

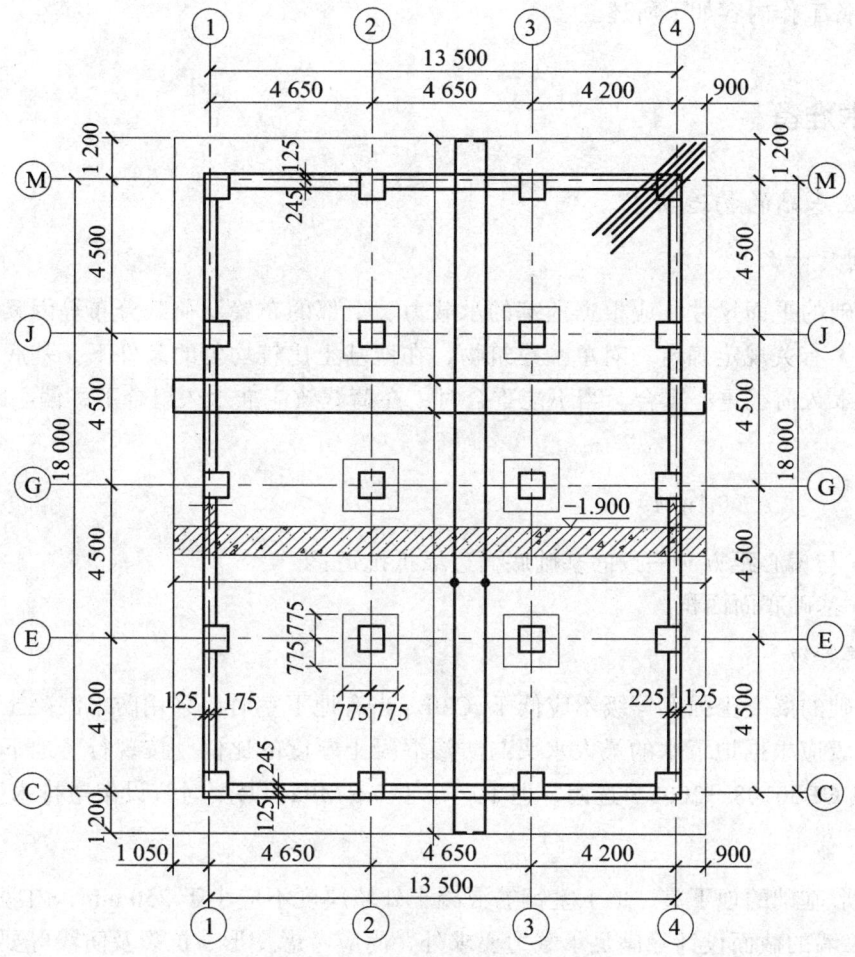

图 3-1 筏板基础平面图

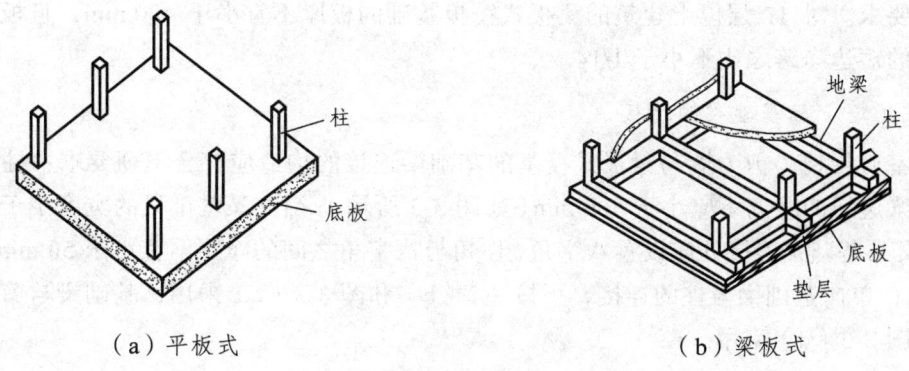

(a) 平板式 (b) 梁板式

图 3-2 筏板基础类型

施工准备工作内容如下所述。

3.1.1 技术准备

1. 筏板基础的构造要求

1）平面尺寸

筏板基础的平面尺寸，应根据地基的承载力、上部的布置及荷载分布等因素按《地基基础设计规范》有关规定确定。对单幢建筑物，在地基土比较均匀的条件下，基底平面形心宜与结构竖向永久荷载重心重合。当不能重合时，在荷载效应准永久组合下，偏心距 e 宜符合下试要求：

$$e \leqslant 0.1w/A \tag{3-1}$$

式中　w——与偏心距方向一致的基础底面边缘抵抗矩；

　　　A——基础底面面积。

2）强度等级

筏板基础的混凝土强度等级不应低于 C30。当有地下室时应采用防水混凝土，防止混凝土的抗渗等级应根据地下水的最大水头与防渗混凝土厚度的比值，按现行《地下水工程防水技术规范》（GB50108—2001）选用，但不应小于 0.6 MPa。必要时宜设架空排水层。

3）墙　体

采用筏形基础的地下室，地下室钢筋混凝土外墙厚度不应小于 250 mm，内墙厚度不应小于 200 mm。墙的截面设计除满足承载力要求外，尚应考虑变形、抗裂及防渗等要求。墙体内应设置双面钢筋，竖向和水平钢筋的直径不应小于 12 mm，间距不应大于 300 mm。

4）板　厚

梁板式筏板基底板除计算正截面受弯承载力外，其厚度均应满足受冲切承载力、受剪切承载力的要求。对 12 层以上建筑的梁板式筏板基础的板厚不宜小于 400 mm，且板厚与最大双向板格的短边净跨之比不小于 1/14。

5）柱（墙）与基础梁的连接

地下室底层柱、剪力墙与梁板式筏基的基础梁连接的构造应符合下列要求：柱、墙的边缘至基础梁边缘的距离不应小于 500 mm（如图 3-3 所示）。当交叉基础梁的宽度小于柱截面的边长时，交叉基础梁连接处应设置八字角，柱角与八字角之间的净距不宜小于 50 mm[如图 3-3（a）所示]；单向基础梁与柱的连接，可按 3-3（b）和图 3-3（c）采用；基础梁与剪力墙的连接，可按图 3-3（d）采用。

6）施工缝

筏板与地下室外墙的接缝、地下室外墙沿高度处的水平接缝应严格按施工缝要求施工，必要时可设通长止水带。

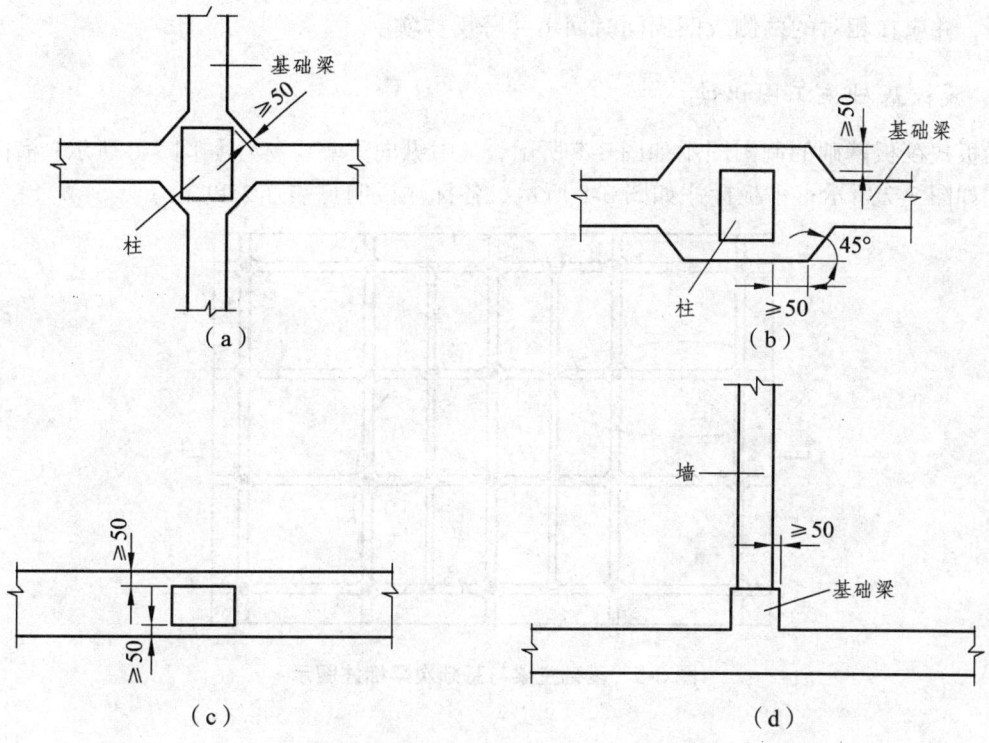

图 3-3 地下室底层柱或剪力墙与基础梁

7)裙房

高层建筑筏基与裙房基础之间的构造应符合下列要求：

(1)当高层建筑与相连的裙房之间设置沉降缝时，高层建筑的基础埋深应不大于裙房基础的埋深至少 2 m。当不满足要求时必须采用有效措施。沉降缝地面以下处应用粗砂填实（如图 3-4 所示）。

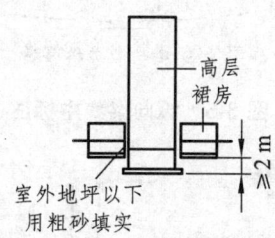

图 3-4 高层建筑与裙房间的沉降缝

(2)当高层建筑与相连的裙房之间不设置沉降缝时，宜在裙房一侧设置后浇带，后浇带的位置宜设在距主楼边柱的第二跨内。后浇带混凝土宜根据实测沉降值并计算后期沉降差能满足设计要求后方可进行浇筑。

(3)当高层建筑与相连的裙房之间不允许设置沉降缝和后浇带时，应进行地基变形验算。验算时需考虑地基变形对结构的影响，并采取相应的有效措施。

8)墙外回填土

筏形基础地下室施工完毕后，应及时进行基坑回填工作。回填基坑时，应先清除基坑中的杂物,并应在相对的两侧或四周同时回填并分层夯实。

2. 筏板基础施工图识读

梁板式筏板基础的制图图示如图 3-5 所示,其中纵向梁集中标注如图 3-6 所示;横向梁集中标注如图 3-7 所示;平板标注如图 3-8 所示。各标注说明见表 3-2 和 3-3。

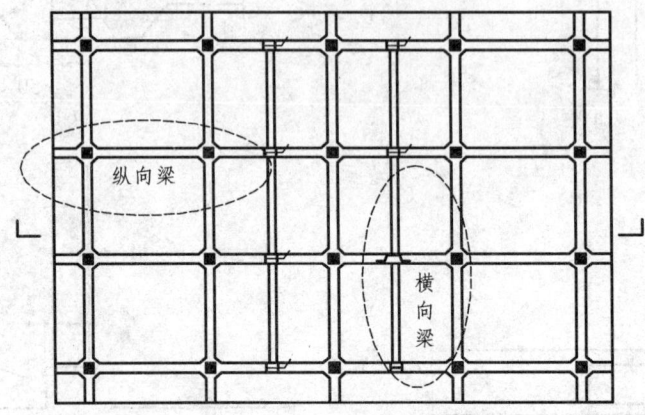

图 3-5 基础主梁与基础次梁标注图示

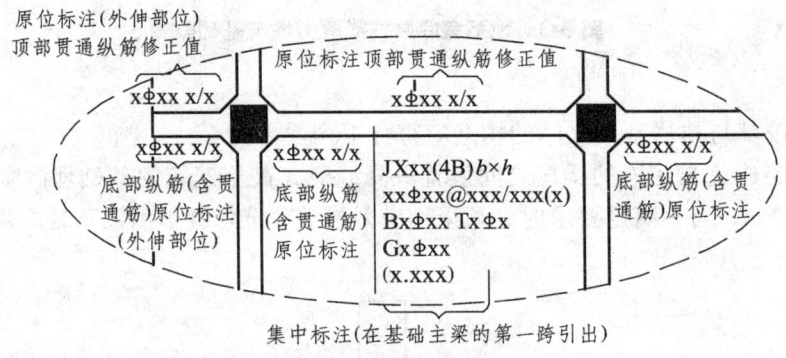

图 3-6 纵向梁集中标注

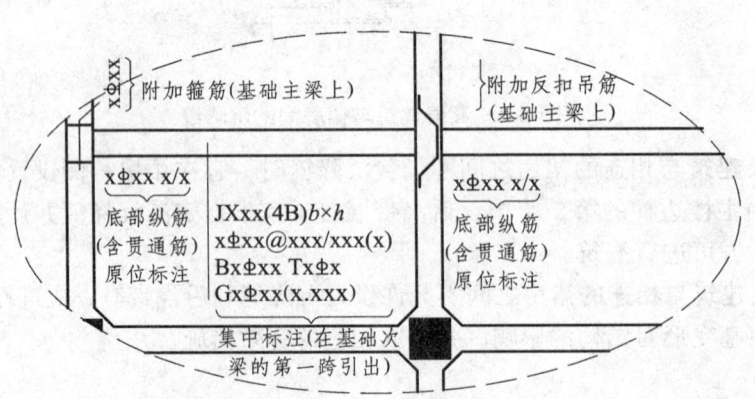

图 3-7 横向梁集中标注(在基础次梁的第一跨引出)

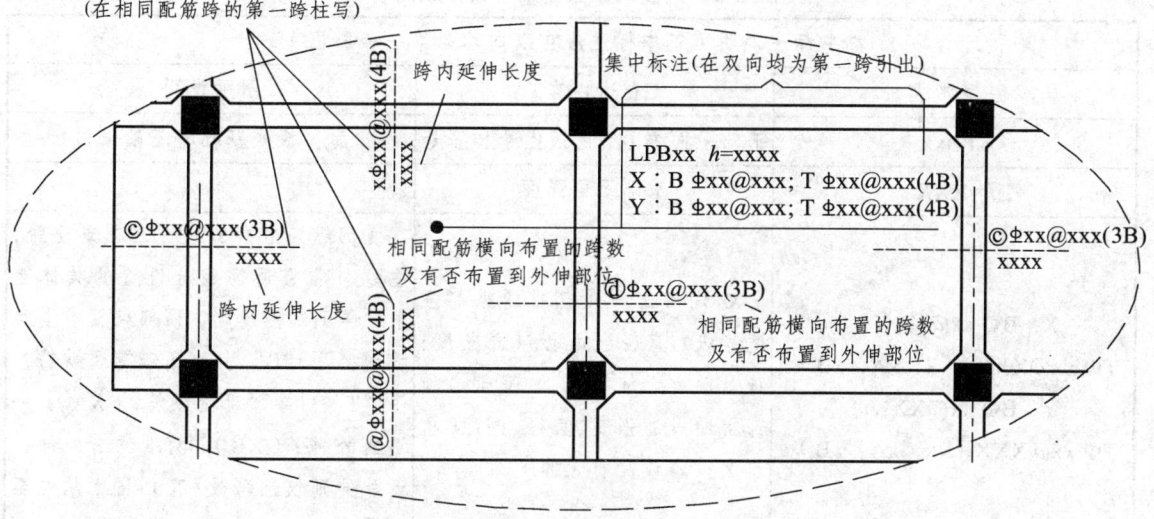

图 3-8 梁板式筏板基础平板标注图

表 3-2 基础主梁与基础次梁标注说明

集中标注说明（集中标注应在双向均为第一跨引出）		
注写形式	表达内容	附加说明
JZLxx（xB）或 JCLxx（xB）	基础主梁 JZL 或基础次梁 JCL 编号，具体包括：代号、序号、（跨数及外伸状况）	（xA）：一端有外伸；（xB）：两端均有外伸；无外伸则仅注跨数（x）
$b×h$	截面尺寸，梁宽×梁高	当加腋时，用 $b×h$ $Yc_1×c_2$ 表示，其中 c_1 为腋长，c_2 为腋高
xxΦxx@xxx/xxx（x）	箍筋道数，强度等级、直径、第一间距/第二间距（肢数）	Φ—HPB235，Φ—HRB335，ⅡΦ—HRB400，ΦR—RR400，下同
BXΦ XX；TXΦ XX	底部（B）贯通纵筋根数、强度等级、直径；顶部（T）贯通纵筋根数、强度等级、直径	底部纵筋应有 1/2 至 1/3 贯通全跨
GXΦ XX	梁侧面纵向构造钢筋根数、强度等级、直径	为梁个侧面构造纵筋的总根数
（x.xxx）	梁底面相对于基准标高的高差	高者前加+号，低者前加-号，无高差不注
集中标注说明（集中标注应在双向均为第一跨引出）		
原位标注（含贯通筋）的说明		
注写形式	表达内容	附加说明
XΦ XX X/X	基础主梁柱下基础次梁支座区域底部纵筋根数、强度等级、直径，以及用"/"分隔的各排筋根数	为该区域底部包括贯通筋与非贯通筋在内的全部纵筋
XΦ XX	附加箍筋总根数（两侧均分）、强度等级、直径	在主次梁相交处的主梁上引出
其他原位标注	某部位与集中标注不同的内容	一经原位标注，原位标注取值优先

注：相同的基础主梁或次梁只标注一根，其他只注编号，有关标注的其他规定详见制图规则；
在基础梁相交处位于同一层面的纵筋相交差时，设计应注明何梁纵筋在下，何梁纵筋在上

表 3-3 梁板式筏板基础平面标注说明

集中标注说明（集中标注应在双向均为第一跨引出）		
注写形式	表达内容	附加说明
LPBxx	基础平面编号，包括代号和序号	为梁板式基础的基础平面
h=XXX	基础平面厚度	
X: BΦxx@XXX; TΦxx@XXX;（x, xA, xB） Y: BΦxx@XXX; TΦxx@XXX;（x, xA, xB）	X 向底部与顶部贯通纵筋强度等级、直径、间距，（总长度：跨数及有无伸）; Y 向底部与顶部贯通纵筋强度等级、直径、间距（总长度：跨数及有无伸）	底部纵筋应有 1/2 至 1/3 贯通全跨，注意与非贯通筋组合设置的具体要求，详见制图规则，顶部纵筋应全跨贯通，用"B"引导底部贯通纵筋，用"T"引导顶部贯纵筋，（XA）：一端有外伸；（XB）：两端均有外伸；无外伸则仅注跨数（X），图面从左至右为 X 向，从上至下为 Y 向
板底部附加非贯通筋的原位标注说明（原位标注应在基础梁下相同配筋跨的第一跨下注写）		
注写形式	表达内容	附加说明
ⓧΦxx@xxx(x.xA.xB) ―――――― xxxx ——基础梁	底部附加非贯通筋编号、强度等级、直径、间距，（相同配筋横向布置的跨数及有否布置到外伸部位）；自梁中心线分别向两边跨内的延伸长度值	当向两侧对称延伸时，可以在一侧注延伸长度值，外伸部位一侧的延伸长度与方式按标准构造，设计不注，相同非贯通筋可注写一处，其他仅在粗虚线上注写编号，与贯通纵筋组合设置时的具体要求详见相应制图规则
修正内容原位注写	某位置与集中标注不同的内容	一经原位注写，原位标注的修正内容取值优先

应在图注中注明的其他内容：
1. 当在基础平板周边侧面设置纵向构造钢筋时，应在图注中说明。
2. 应注明基础平板边缘的封边方式与配筋。
3. 当基础平板外伸变截面高度时，注明外伸部位的 $h_1/h_2/$，h_1 为板根部截面高度，h_2 为板尽端截面高度。
4. 当某区域板底有标高高差时，应注明其高差值与分布范围。
5. 当基础平板厚度>2 m 时，应注明设置在基础平板中部的水平构造钢筋网。
6. 当在板中采用拉筋时，注明拉筋的配置及设置方式（双向或梅花双开）。
7. 注明混凝土、垫层厚度与强度等级。
8. 结合基础主梁交叉纵筋的上下关系，当基础平板同一层面的纵筋相交叉时，应注明何向纵筋在下，何向纵筋在上

注：有关标注的其他规定详见制图规划

平板式筏板基础的制图图示如图 3-9 所示，标注说明见表 3-4。

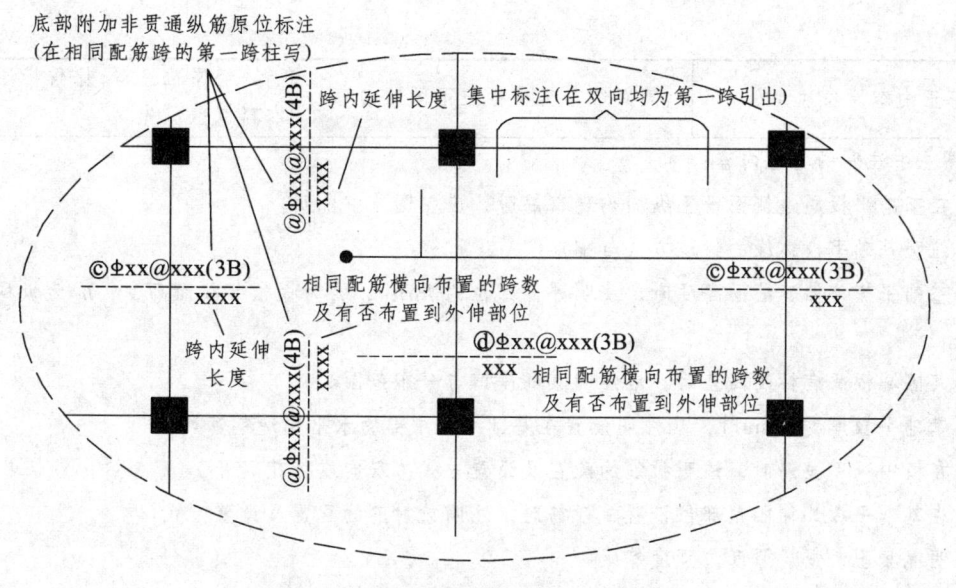

图 3-9 平板式筏板基础平板标注图示

表 3-4 平板式筏板基础平板标注说明

集中标注说明（集中标注应在双向均为第一跨引出）		
注写形式	表达内容	附加说明
BPBXXX	基础平板编号，包括代号和序号	为平板式基础的基础平板
h=XXXX	基础平板厚度	
X：BΦxx@XXX； TΦxx@XXX；(x, xA, xB) Y：BΦxx@XXX； TΦxx@XXX；(x, xA, xB)	X 向底部与顶部贯通纵筋强度等级、直径、间距，(总长度：跨数及有无伸)；Y 向底部与顶部贯通纵筋强度、直径、间距（总长度：跨数及有无伸）	底部纵筋应有 1/2 至 1/3 贯通全跨，注意与非贯通筋组合设置的具体要求，详见制图规则，顶部纵筋应全跨贯通，用"B"引导底部贯通纵筋，用"T"引导顶部贯纵筋，(XA)：一端有外伸；(XB)：两端均有外伸；无外伸则仅注跨数(X)，图面从左至右为 X 向，从上至下为 Y 向
板底部附加非贯通筋的原位标注说明：（原位标注应在基础梁下相同配筋跨的第一跨下注写）		
注写形式	表达内容	附加说明
⊗Φxx@xxx(x, xA.xB)/xxxx 柱中线	底部附加非贯通筋编号、强度等级、直径、间距，(相同配筋横向布置的跨数及有否布置到外伸部位)；自梁中心线分别向两边跨内的延伸长度值	当向两侧对称延伸时，可只在一侧注延伸长度值，外伸部位一侧的延伸长度与方式按标准构造，设计不注，相同非贯通纵筋可只注写一处，其他仅在粗虚线上注写编号，与贯通纵筋组合设置时的具体要求详见相应制图规则

续表

| 修正内容原位注写 | 某部位与集中标注不同的内容 | 一经原位注写,原位标注的修正内容取值优先 |

应在图注中注明的其他内容：

1：当在基础平板周边侧面设置纵向构造钢筋时，应在图注中说明。

2：应注明基础平板边缘的封边方式与配筋。

3：当基础平板外伸变截面高度时，注明外伸部位的 $h_1/h_2/$，h_1 为板根部截面高度，h_2 为板尽端截面高度。

4：当某区域板底有标高高差时，应注明其高差值与分布范围。

5：当基础平板厚度>2m时，应注明设置在基础平板中部的水平构造钢筋网。

6：当在板中采用拉筋时，注明拉筋的配置及设置方式（双向或梅花双开）。

7：当在基础平板外伸阳角部位设置放射筋时，注明放射筋的配置及设置方式。

8：注明混凝土、垫层厚度与强度等级。

9：当基础平板同一层面的给筋相交叉时，应注明何向纵筋在下，何向纵筋在上

注：有关标注的其他规定详见制图规划。

3. 方案确定

根据工程合同要求，在熟悉及对了解设计意图和图纸会审的前提下编制详细的各部分分项工程施工方案和施工管理措施，以便对本工程进行合理的部署和组织，为施工提供足够技术支持。本工程前期主要解决土方施工方案、基坑维护方案、测量工程施工方案、施工总平面布置、防水施工方案、基础底板大体积混凝土施工方案、地下结构施工的流水组织方案、塔吊安装方案和结构模板、钢筋、混凝土施工方案。其他各项施工方案根据工程进度提前编制完成，为各部分分项工程施工提供技术保障。

4. 技术文件

1）国家规范（见表3-5）

表3-5 国家规范

序号	类别	规范名称	编号
1	国家	工程测量规范	GB50018—2007
2	国家	建筑地基基础设计规范	GB50007—2011
3	国家	地基与基础工程施工质量验收规范	GB50202—2002
4	国家	混凝土结构设计规范	GB50010—2010
5	国家	混凝土结构工程施工质量验收规范	GB50204—2015
6	国家	混凝土外加剂应用技术规范	GB50026—93

2）行业规范（见表3-6）

表3-6 行业规范

序号	类别	标准名称	编号
1	行业	钢筋焊接及验收规程	JGJ18—2012
2	行业	钢筋机械连接通用技术规程	JGJ107—2010
3	行业	钢筋直螺纹接头技术规程	JGJ109—96
4	行业	粉煤灰在混凝土和砂浆中应用技术规程	JGJ28—86
5	行业	建筑机械使用安全技术规程	JGJ33—2012
6	行业	施工现场临时用电安全技术规程	JGJ46—2012
7	行业	普通混凝土用砂质量标准及检验方法	JGJ52—92
8	行业	普通混凝土用碎石或卵石质量标准及检验方法	JGJ53—92
9	行业	普通混凝土配合比设计规程	JGJ55—2011
10	行业	建筑施工安全检查标准	JGJ59—99
11	行业	建筑施工高处作业安全技术规范	JGJ80—91
12	行业	建筑工程冬期施工规程	JGJ104—97

3）法律、法规（见表3-7）

表3-7 法律、法规

序号	类别	法律名称	编号
1	国家	中华人民共和国合同法	主席令第15号
2	国家	中华人民共和国建筑法	主席令第91号
3	国家	中华人民共和国环境保护法	主席令第22号
4	国家	中华人民共和国安全生产法	主席令第70号
5	国家	建筑工程质量管理条例	国务院令第279号
6	国家	建设工程安全生产管理条例	国务院令第393号
7	国家	房屋建筑工程质量保修办法	建设部令第80号

3.1.2 施工现场的准备

（1）根据建筑物结构特点及周边现场条件测设建筑物的平面轴线控制网和高程控制网。

（2）按照施工平面图搭设各类办公及生活临建，设置钢筋及模板加工厂等。同时按照临水、临电布置图敷设临时用水、用电管线。

3.1.3 物资准备

对现场临时设施所需的各种材料，如办公设备、工具用房，生产用房、临时用电配电箱、电缆、水管等，拟出一份临建搭设材料进场计划，保证在材料进场计划中进场日期之前进场。根据被批准后的施工组织设计把大中型施工机械准时运至现场并安装好，以保证施工正常进行。对与工程本身所需的各种工程材料，根据现场进度情况组织各种材料物资进场。

（1）为保证所承建工程的质量最终达到用户满意，对项目使用的材料、半成品、机械设备按公司ISO9001质量体系文件要求实行全过程管理和控制。

（2）从送样报批、签订供货合同、物资采购、供应至现场到最终在工程上使用的各环节，均实行质量把关，责任落实到人，确保物资供应及时、准备地用于施工生产。

（3）所有成品或半成品材料及其供应厂商，在采购前坚持样品报批制度，必须经业主和监理批准认可后方可采购。

（4）对于重要材料，如水泥、钢筋等在批准的合格生产厂家内选用，并具备出厂合格证、生产许可证、备案证明和销售许可证。

（5）加强对混凝土的管理。要求采用商品混凝土，需要严格控制质量，加强对混凝土搅拌站在配合比设计、搅拌时间、运输及运抵现场入模时间、坍落度等混凝土质量工作的管理。

（6）对于现场的材料要严格按照现场平面图要求的地点堆放并按照公司有关标准程序进行放置。

（7）材料进场时须经专人验收，对某些特殊材料应会同业主、监理共同进行联合验收，并按照规范要求对各种材料进行进场检验。

（8）建立现场材料检验制度，施工现场对所用材料进行复检、检测、实验，结果报告严格执行材料物资验收标准。

学习情境 3.2　深基坑施工

深基坑施工工作的主要内容见表3-8。

表3-8　工作任务表

序号	项目	内容
1	主讲内容	（1）基坑降水；（2）深基坑支护
2	学生任务	（1）根据本项目的特点与条件，熟悉基坑降水和深基坑支护的方法和设备
3	教学评价	（1）能合理做好基坑降水和深基坑支护方案的选择——合格； （2）能合理做好基坑降水和深基坑支护的方案选择，能熟练地进行基坑降水和深基坑支护的操作——良好； （3）能合理做好基坑降水和深基坑支护方案的选择，能熟练地进行基坑降水和深基坑支护的操作，且精度满足质量控制要求——优秀

施工准备做好要进行基坑开挖，在筏板基础施工中常遇见深基坑开挖，开挖过程中要做好基坑降水和深基坑支护。

3.2.1　基坑降水

在开挖基坑或沟槽时，土壤的含水层常被切断，地下水将会不断地渗入坑内。雨季施工时，地面水也会流去坑内。为了保证施工的正常进行，防止边坡塌方和地基承载能力的下降，必须做好基坑降水工作。降水方法可分为集中降水法和井点降水法两种。

3.2.1.1 集中井降水法

集中井降水法是在基坑开挖过程中，在坑底设置集水坑，并沿坑底的周围或中央开挖排水沟，使水流入集水坑中，然后用水泵抽水，如图3-10所示。抽出的水应及时引开，防止倒流。

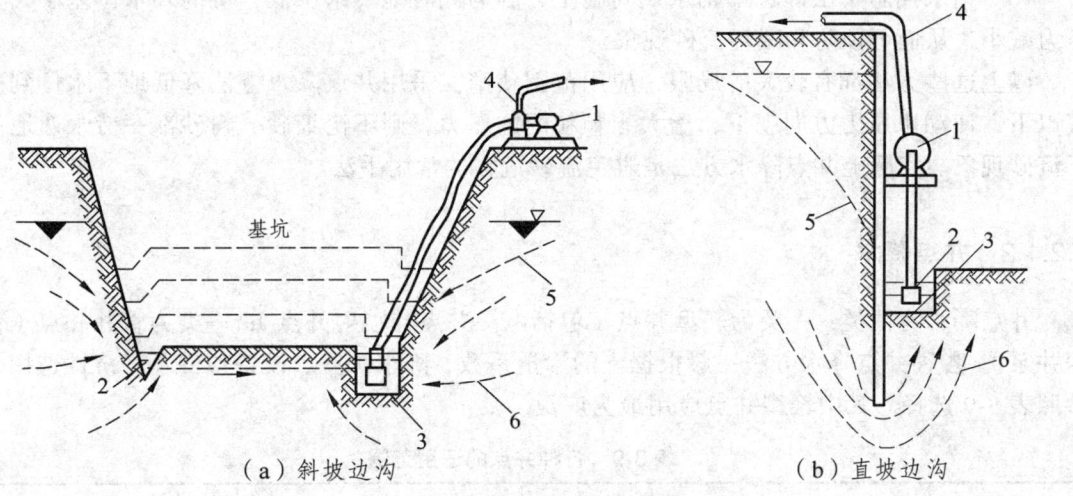

图 3-10 集水井降低地下水位

(a) 斜坡边沟　　(b) 直坡边沟

1—水泵；2—排水沟；3—集水井；4—压力水管；5—降落曲线；6—水流曲线

四周的排水沟及集中井一般应设置在基础范围以外，地下水流的上游。基坑面积较大时，可在基础范围内设置盲沟排水。根据地下水量、基坑平面形状及水泵能力，集水井每隔 20～40 m 设置一个。

集水井的直径或宽度，一般为 0.6～0.8 m；其深度随着挖土的加深而加深，要始终低于挖土面 0.7～1.0 m，井壁可用竹、木等简易加固。当基坑挖至设计标高，井底应低于坑底 1～2 m，并铺设 0.3 m 碎石滤水层，以免在抽水时将泥砂抽出，并防止井底的土被搅动。坑壁必要时可用竹、木等材料加固。

采用集水井降水时，应根据现场土质条件保持开时，应在渗水处设置过滤层，防止土粒流失，并设置排气沟，将水引出坡面。

建筑工程基坑施工中用于排水的水泵主要有离心泵、潜水泵和软抽水泵等。排水施工中应根据实际情况选用。集水井降水法由于设备简单和排水方便，采用较为普遍，宜用于粗粒土层（因为土粒不致被水流带走）和渗水量小的黏性土。当土为细砂和粉砂时，地下水渗水出会带走细粒，发生流砂现象，导致边坡坍塌、坑底凸起，给施工造成困难。

防止流砂的方法主要有：水下挖土法、打板桩法、抢挖法、地下连续墙法、枯水期施工法及井点降水等。

（1）水下挖土法即不排水施工，使坑内外的水压互相平衡，不致形成动水压力。如沉井施工，不排水下沉，进行水中挖土、水下浇筑混凝土，是防止流砂的有效措施。

（2）打板桩法是将板桩沿基坑周围打入不透水层，便可起到截住水流的作用；或者打入坑底面一定的深度，这样将地下水引至桩底以下才流入基坑，不仅增加了渗流长度，而且改变了动水压力方向，从而可达到减小动水压力的目的。

（3）抢挖法即抛大石块、抢速度施工。如在施工过程中发生局部的或轻微的流砂现象，可组织人力分段抢挖，挖至标高后，立即铺设芦席并抛大石块，增加土的压重以平衡动水压力，力争在未产生流砂现象之前，将基础分段施工完毕。

（4）地下连续墙法是沿基坑的周围先浇筑一道钢筋混凝土的地下水连续墙，从而起到承重、截水和防流砂的作用，它又是深基础施工的可靠支护结构。

（5）枯水期施工法即选择枯水期间施工，因为此时地下水位低，坑内外水位差小，动水压力减小，从而可预防和减轻流砂现象。

以上这些方法都有较大的局限，应用范围狭窄。采用井点降水方法降低地下水位到基坑底以下，使动水压力方向朝下，增大土颗粒间的压力，则不论细砂、粉砂都一劳永逸地消除了流砂现象。实际上井点降水方法是避免流砂危害的常用手法。

3.2.1.2 井点降水

井点降水有两类：一类为轻型井点（包括电渗井点与喷射井点）；一类为管井井点（包括深井泵）。各种井点降水方法一般根据土的渗透系数、降水深度、设备条件及经济性选用，可参照表 3-9 选择。其中轻型井点应用最为广泛。

表 3-9 各种井点的适用范围

井点类型		土层渗透系数/（m/d）	降低水位深度/m
轻型井点	一级轻型井点	0.1~0.5	3~6
	二级轻型井点	0.1~50	6~12
	喷射井点	0.1~5	8~20
	电渗井点	<0.1	根据选用的井点确定
管井类	管井井点	20~200	3~5
	深井井点	10~250	>15

1. 一般轻型井点

轻型井点设备由管路系统和抽水设备组成[如图 3-11（a）所示]，管路系统包括：滤管、井点管、弯联管及总管等。

滤管为进水设备，如图 3-12（b）所示，通常采用长 1.0~1.5 m、直径 38 mm 或 51 mm 的无缝钢管，管壁钻有直径为 12~18 m 的呈梅花形排列的滤孔，滤孔面积为滤管表面积的 20%~25%。骨架管外面包孔径不同的滤网，内层为 30~50 孔/cm² 的黄铜丝或尼龙丝布的细滤网，外层为 3~10 孔/cm² 的同样材料粗滤网或棕皮。为使流水畅通，在骨架管与滤管之间用塑料管或梯形铅丝隔开，塑料管沿骨架管绕成螺旋形。滤网外面再绕一层粗铁丝保护网，滤管下端为一铸铁塞头。滤管上端与井点管连接。

井点管为直径 30 mm 或 51 mm、长 5~7 m 的钢管，可整根或分节组成。井点管的上端用弯联管与总管相连。

集水总管为直径 100~127 mm 的无缝钢管，每段长 4 m，其上装有与井点管连接的短接头，间距为 0.8~1.6 m。

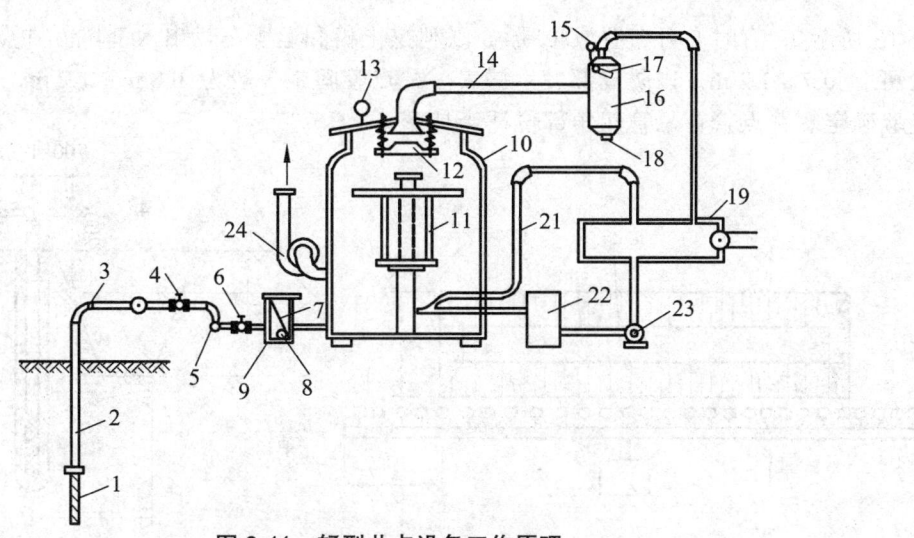

图 3-11 轻型井点设备工作原理

1—滤管；2—井点管；3—弯管；4—阀门；5—集水总管；6—闸门；7—滤网；8—过滤箱；9—掏砂孔；
10—水汽分离器；11—浮筒；12—阀门；13—真空计；14—进水管；15—真空计；16—副水汽分离器；
17—挡水板；18—放水口；19—真空泵；20—电动机；21—冷却水管；
22—冷却水箱；23—循环水泵；24—离心水泵

抽水设备常用的有真空泵、射流泵和隔膜泵井点设备。

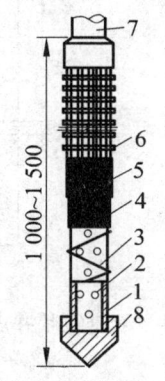

图 3-12 滤管构造

1—钢管；2—管壁上的小孔；3—缠绕的塑料管；4—细滤网；5—粗滤网；
6—粗铁丝保护网；7—井点管；8—铸铁头

一套抽水设备的负荷长度（即集水总管长度）为 100~120 m。常用的 W5、W6 型干式真空泵，其最大负荷长度分别为 100 m 和 120 m。

井点系统的布置，应根据基坑大小与深度、土质、地下水位高低与流向、降水深度要求等而定。

1）平面布置

当基坑或沟槽宽度小于 6 m，且降水深度不超过 5 m 时，可用单排线状井点（如图 3-13 所示），布置在地下水流的上游一侧，两端延伸长度不小于坑槽宽度。

如宽度大于 6 m 或土质不良，则用双排线状井点（如图 3-14 所示），位于地下水流上游一排井点管的间距应小些，下游一排井点管的间距可大些。面积较大的基坑宜用环状井点（如

图 3-15 所示），有时亦可布置成 U 形，以利挖土机和运土车辆出入基坑。井点管距离基坑壁一般可取 0.7~1.2 m，以防局部发生漏气。井点管间距一般为 0.8 m、1.2 m、1.6 m，由计算或经验确定。井点管在总管四角部位适当加密。

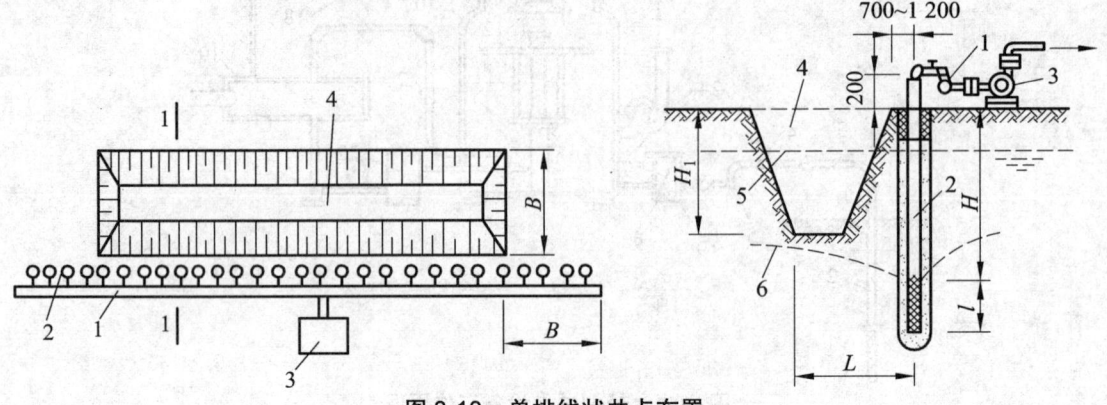

图 3-13 单排线状井点布置
1—集水总管；2—井点管；3—抽水设备；4—基坑；
5—原地下水位线；6—降低后地下水位线

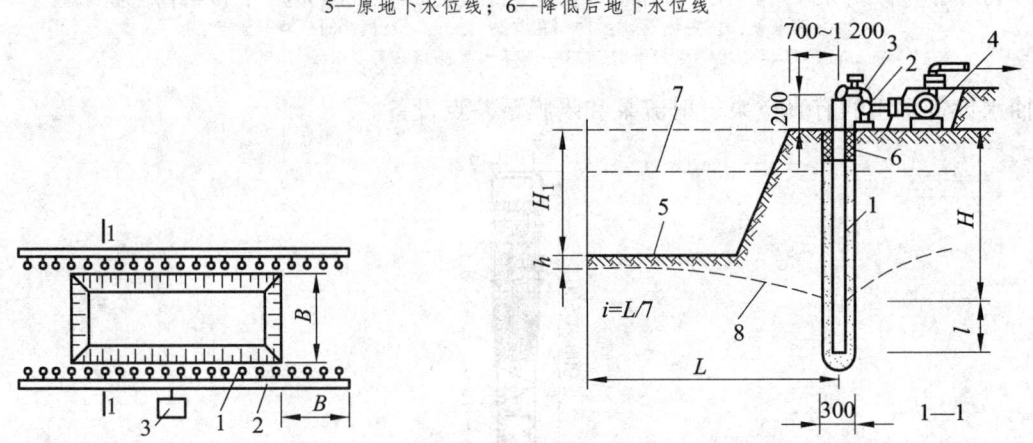

图 3-14 双排线状井点布置
1—井点管；2—集水总管；3—弯联管；4—抽水设备；5—基坑；
6—黏土封孔；7—原地下水位线；8—降低后地下水位线

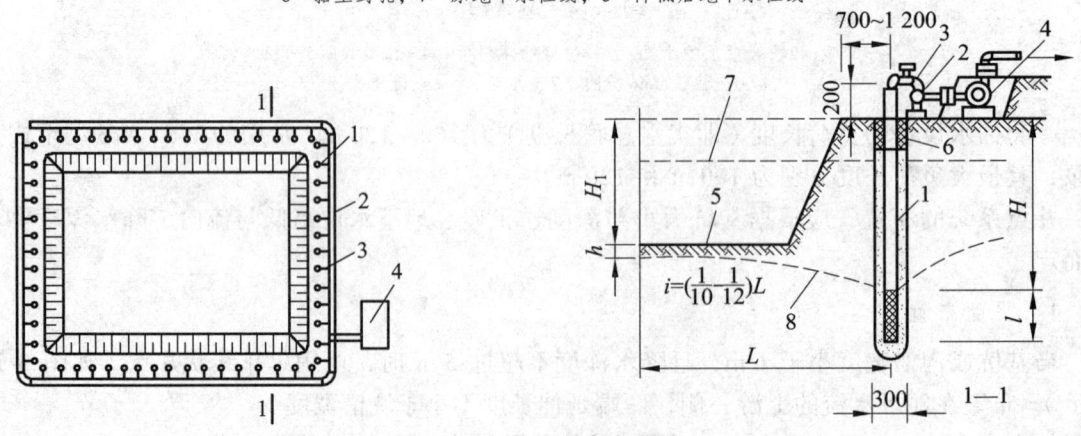

图 3-15 环形井点布置图
1—井点管；2—集水总管；3—弯联管；4—抽水设备；5—基坑；
6—黏土封孔；7—原地下水位线；8—降低后地下水位线

2）高程布置

轻型井点的降水深度，从理论上讲可达 10.3 m，但由于管路系统的水头损失，其实际降水深度一般不超过 6 m。井点管埋设深度 H（不包括滤管）按下式计算：

$$H \geq H_1 \geq h \geq iL \tag{3-2}$$

式中 H_1——井点管埋设面基坑底面的距离（m）；

h——降低后的地下水位至基坑中心底面的距离，一般取 0.5~1.0 m；

i——水力坡度，根据实测：单排井点 1/4~1/5，双排井点 1/7，环状井点 1/10~1/12；

L——井点管至基坑中心的水平距离，当井点管为单排布置时 L 为井点管至对边坡脚的水平距离。

根据上式算出的 H 值，如大于 6 m，则应降低井点管抽水设备的埋置面，以适应降水深度要求。即将井点系统的埋置面接近原有地下水位线（要事先挖槽），个别情况下甚至稍低于地下水位（当上层土的土质较好时，先用集水井排水法挖去一层土，再布置井点系统），就能充分利用抽吸能力，使降水深度增加，井点管露出地面的长度一般为 0.2~0.3 m，以便与弯联管连接，滤管必须埋在透水层内。

当一级轻型井点达不到降水要求时，可采用二级井点降水，即先挖去第一级井点所疏干的土，然后再在其底部装设第二级井点，如图 3-16 所示。

根据井底是否达到不适水层，水井可分为完全井与不完全井。根据地下水有无压力又分为无压井和承压井，如图 3-17 所示。水井时类型不同，用水量时计算方法也不同。

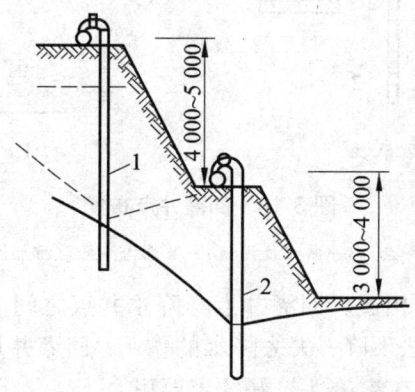

图 3-16　二级轻型井点示意图

1—1 级井点管；2—2 级井点管

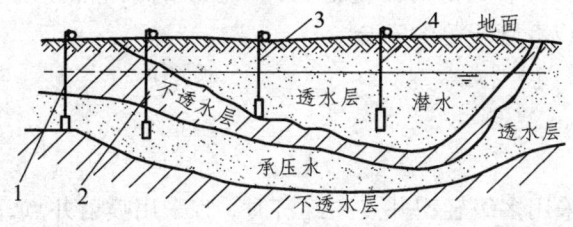

图 3-17　水井的分类

1—承压完整井；2—承压非完整井；3—无压完整井；4—无压非完整井

2. 回灌井点法

轻型井点降水有许多优点，在基础施工中广泛应用，但其影响范围较大，影响半径可达百米甚至数百米，且会导致周围土壤固结而引起地面沧陷。特别是在弱透水层和压缩性大的黏土层中降水时，由于地下水造成的地下水位下降、地基自重应力增加和土层压缩等原因，会产生较大的地面沉降；又由于土层的不均匀性和降水后地下水位呈漏斗曲线，四周土层的自重应力变化不一而导致不均匀沉降使周围建筑基础下沉或房屋开裂。因此，在建筑物附近进行井点降水时，为防止降水影响或损害区域内的建筑物，就必须阻止建筑物地下水的流失。除可在降水区域和原有建筑物之间的土层中设置一道固体抗渗屏幕（如水泥搅拌桩、灌注桩加压密注浆桩、旋喷桩、地下连续墙）外，较经济也比较常用的是用回灌井点补充地下水的办法来保持地下水位。回灌井点就是在降水井点与要保护的已有建（构）筑物之间打一排井点，在井点降水的同时，向土层中灌入足够数量的水，形成一道隔水帷幕，使井点降水的影响半径部超过回灌井点的范围，从而阻止回灌井点外侧的建（构）筑物的地下水流失（如图3-18所示）。这样，也就不会因降水而使地面沉降，或减少沉降值。

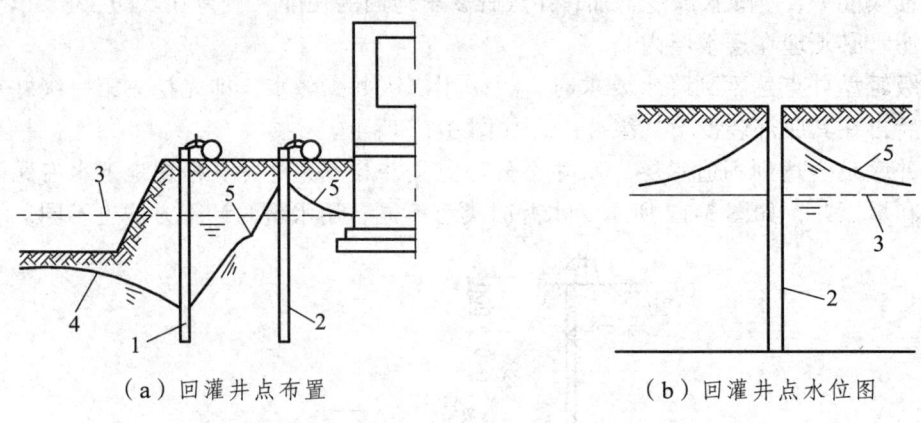

（a）回灌井点布置　　　　　　　（b）回灌井点水位图

图3-18　回灌井点布置

1—降水井点；2—回灌井点；3—原水位线；4—基坑内降低后的水位线；5—回灌后水位线

为了防止降水和回灌两井相通，回灌井点与降水井点之间应保持一定的距离，一般不宜小于6 m，否则基坑内水位无法下降，失去降水的作用。回灌井点的深度一般应控制在长期降水曲线下1 m为宜，并应设置在渗透性较好的土层里。

为了观测降水及回灌后四周的建筑物、管线的沉降情况及地下水位的变化情况，必须设置沉降观测点及水位观测井，并定时测量记录，以便及时调节灌、抽量，使灌、抽基本达到平衡，确保周围建筑物或者管线等的安全。

3. 其他井点简介

1）喷射井点

当基坑开挖较深，采用多级轻型井点不经济时，宜采用喷射井点，其降水深度可达20 m。特别适用于降水深度超过6 m，土层渗透系数为0.1～0.2 m/d的弱透水层。

喷射井点根据其工作时使用液体和气体的不同，分为喷水井点和喷气井点两种。其设备主要由喷射井管、高压水泵（或空气压缩机）和管路系统组成（如图3-19所示）。喷射井管由内管和外管组成，在内管下端装有喷射扬水器与滤管相连。当高压水（0.7~0.8 MPa）经内外管之间的环形空间通过扬水器侧孔向喷嘴喷出时，在喷嘴处过水断面突然收缩变小，使工作水流具有极高的流速（30~60 m/s），在喷口附近造成负压形成一定真空，因而将地下水经滤管吸入混合室与高压水汇合；流经扩散管时，由于截面扩大，水流速度相应减小，使水的压力逐渐升高，沿内管上升经排水总管排出。

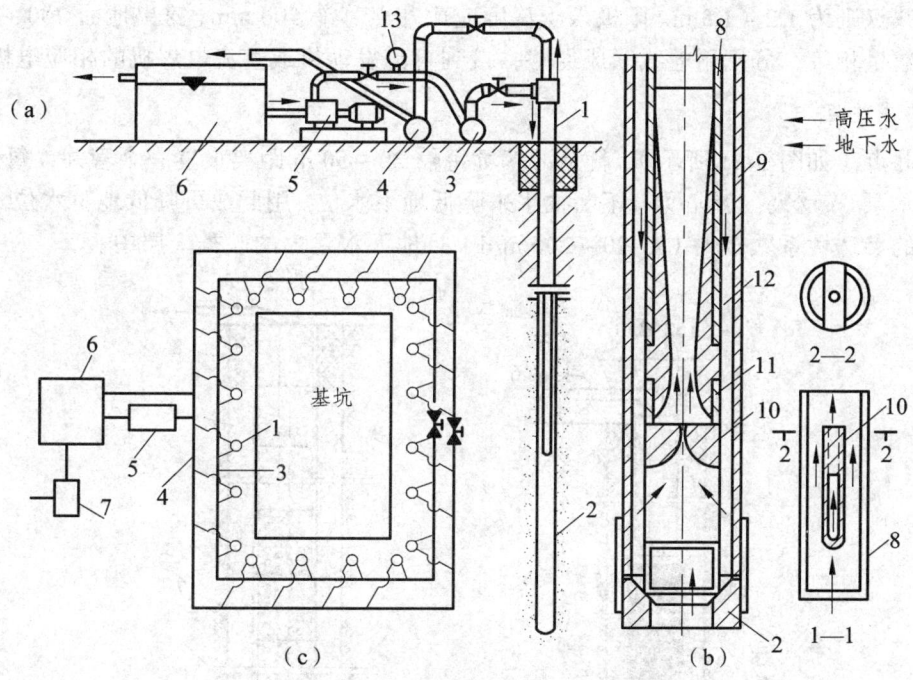

图 3-19 喷射井点设备及平面布置简图

1—喷射井管；2—滤管；3—进水总管；4—排水总管；5—高压水泵；6—集水池；7—水泵；
8—内管；9—外管；10—喷嘴；11—混合室；12—扩散管；13—压力表

2）电渗井点

电渗井点适用于土的渗透系数小于 0.1 m/d，用一般井点不可能降低地下水位的含水层中，尤其宜用于淤泥排水。

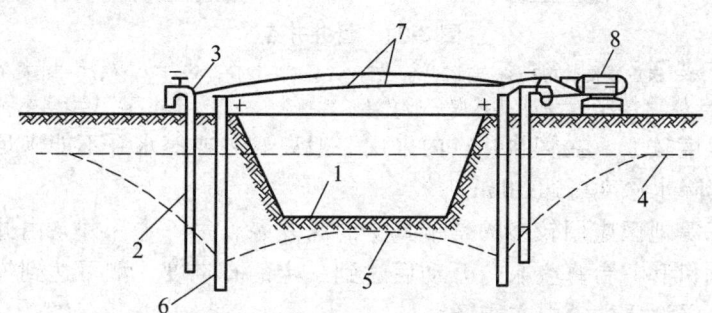

图 3-20 电渗井点降水示意图

1—基坑；2—井点管；3—集水总管；4—原地下水位；5—降低后地下水位；
6—钢管或钢筋；7—线路；8—直流发电机或电焊机

电渗井点（如图 3-20 所示）的原理是在降水井点管的内侧打入金属棒（钢筋或钢管），连以导线，当通以直流电后，土颗粒会发生从井点管（阴极）向金属棒（阳极）移动的电泳现象，而地下水则会出现从金属棒（阳极）向井点管（阴极）流动的电渗现象，从而达到软土地基易于排水的目的。

电渗井点是以轻型井点管或喷射井点管作阴极，Φ20～Φ25的钢筋或Φ50～Φ75的钢管为阳极，埋没在井点管内测，与阴极并列或交错排列。当用轻型井点时，两者的距离为0.8～1.0 m；当用喷射井点则为1.2～1.5 m。阳极入土深度应比井点管深500 mm，露出地面200～400 mm。阴、阳极数量相等，分别用电线联成通路，接到直流发动机或直流电焊机的相应电极上。

3）管井井点

管井井点（如图3-21所示），就是沿基坑每隔20～50 m距离设置一个管井，每个管井单独用一台水泵（潜水泵、离心泵）不断抽水来降低地下水位。用此法可降低地下水位5～10 m，适用于土的渗透性系数较大（K=20～200 m/d）且地下水量大的砂类土层中。

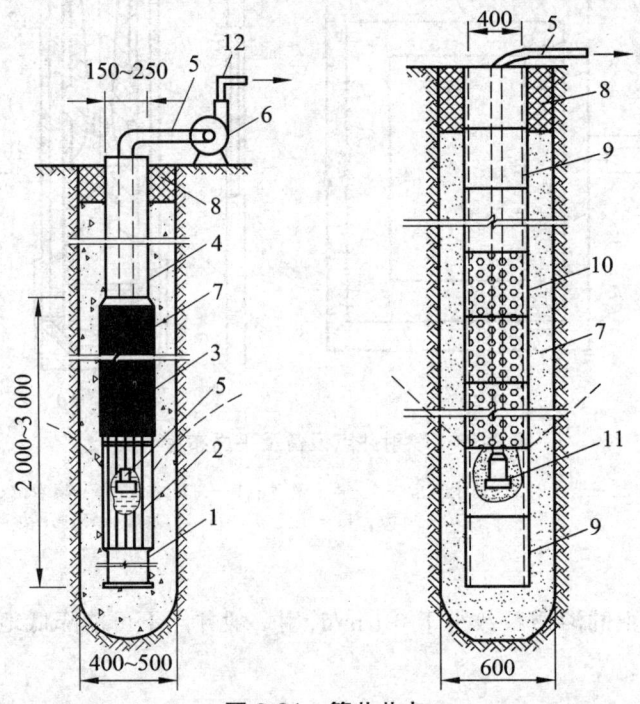

图3-21　管井井点

1—沉砂管；2—钢筋焊接骨架；3—滤网；4—管身；5—吸水管；6—离心泵；7—小砾石过滤层；8—黏土封口；9—混凝土实管；10—混凝土过滤管；11—潜水泵；12—出水管

如果求降水深度较大，在管井井点内采用一般离心泵或潜水泵不能满足要求时，可采用特制的深井泵，其降水深度可达50 m。

近年来在上海等地区应用较多的是带真空的深井泵，每一个深井泵由井管和滤管组成，单独配备一台电动机和一台真空泵，开动后达到一定的真空度，测可达到深度降水的目的，在渗透系数较小的淤泥质黏土中亦能降水。

3.2.2　深基坑支护

基坑开挖过程中，基坑土体的稳定，主要依靠土体内摩擦阻力和黏结力来保持平衡。一旦土体失去平衡，土体就会塌方，这不仅会造成人身安全事故。同时亦会影响工期，有时还会危及附近的建筑物。

造成土壁塌方的原因主要有：

（1）边坡过陡，使土体的稳定性不足导致塌方，尤其是在土质差、开挖深度大的坑槽中。

（2）雨水、地下水渗入土中泡软土体，从而增加土的自重同时降低土的抗剪强度，这就造成塌方的常见原因。

（3）基坑上口边缘附近大量堆土或停放机具、材料，由于行车等动荷载，土体中的剪应力超过土体的抗剪强度。

（4）土壁支撑强度破坏失效或刚度不足导致塌方。

对于筏板基础施工在基坑开挖过程中大部分碰到的是深基坑问题，工程上采用以下几种方法，见表3-10。

表3-10　一般深基坑的支护方法

支护（撑）方法	简　图	支护（撑）方法及适用条件
型钢桩横挡板支撑	（型钢桩、挡土板、楔子示意图）	沿挡土位置预先打入钢轨、工字钢或H型钢桩，间距1～1.5 m，然后边挖方，边将3～6 cm厚的挡土板塞进钢桩之间挡土，并在横向挡板与型钢桩之间打入楔子，使横板与土体紧密接触适于地下水位较低，深度不是很大的一般黏土性或砂土层中应用
钢板桩支撑	（钢板桩、横撑、水平支撑示意图）	在开挖基坑的周围打钢板桩或钢筋混凝土板桩，板桩入土深度及悬臂长度应经计算确定，如基坑宽度很大，可加水平支撑适用于一般地下水、深度和宽度不很大的黏性砂土层中应用
钢板桩与钢构架结合支撑	（钢板桩、钢横撑、钢支撑、钢柱示意图）	在开挖的基坑周围打钢板桩，在柱位置上打入暂设的钢柱，在基坑中挖土，每下3～4 m，装上一层构架支撑体系，挖土在钢构架网格中进行，亦可不预先打入钢桩，随挖随接长支柱。适于在饱和软弱土层中开挖较大、较深基坑，钢板桩钢度不够时采用

续表

支护（撑）方法	简图	支护（撑）方法及适用条件
挡土灌注桩支撑	（锚桩、钢横撑、拉杆、钻孔灌注桩示意图）	在开挖基坑的周围，用钻机钻孔，现场灌注钢筋混凝土桩，达到强度后，在基坑中间用机械或人工挖土，下挖 1 m 左右装上横撑，在桩背面装上拉杆与已设锚桩拉紧，然后继续挖土至要求深度。在桩间上方挖成外拱形，使之起土拱作用。如基坑深度小于 6 m，或邻进有建筑物，亦可不设锚拉杆，采取加密桩距或加大桩径处理适于开挖较大、较深（>6 m）基坑，临近有建筑物，不允许支护，背面地基有下沉、位移时采用
挡土灌注桩与土层锚杆结合支撑	（钢横撑、钻孔灌注桩、土层锚桩示意图）	同挡土灌注桩支撑，但在桩顶不设锚桩锚杆，而是挖至一定深度每隔一定距离向桩背面斜下方用锚桩钻机打孔，安放钢筋锚杆，用水泥压力灌浆，达到强度后，安上横撑，拉紧固定，在桩中间进行挖土，直至设计深度。如设 2~3 层锚杆，可挖一层土，装饰一次锚杆，适于大型较深基坑，施工期较长，邻近有高层建筑，不允许支护，邻近地基不允许有任何下沉位移时采用
挡土灌注桩与旋喷桩组合支护	（挡土灌注桩、旋喷桩、1—1剖面示意图）	系在深基坑内侧设置直径 0.6~1.0 m 混凝土灌注桩，间距 1.2~1.5 m；在紧靠混凝土灌注桩的外侧设置直径 0.8~1.5 m 的旋喷桩，以旋喷水泥浆方式使形成水泥土桩与混凝土灌注桩紧密结合，组成一道防渗帷幕，既可起抵抗土压力、水压力作用，又起挡水抗渗作用；挡土灌注桩与旋喷桩采取分段间隔施工。当基坑为於泥质土层，有可能在基坑底部产生管涌、涌泥现象，亦可在基坑底部以下用旋喷桩封闭。在混凝土灌注桩外侧设旋喷桩，有利于支护结构的稳定，防止边坡坍塌、渗水和管涌等现象发生适于土质条件差、地下水位较高，要求既挡土又挡水防渗的支护工程
双层挡土灌注桩支护	（圈梁、前排桩、后排桩，$H \geq 7.5$ m，2000，1200 示意图）	系将挡土灌注桩在平面布置上由单排桩改为双排桩，呈对应或梅花式排列，桩数保持不变，双排桩的桩径 d 一般为 400~600 mm，排距 L 为 $(1.5~3)d$，在双排桩顶部设圈梁使其成为整体刚架结构。亦可在基坑每侧中段设双排桩，而在四角仍采用单排桩。采用双排桩支护可使支护整体刚度增大，桩的内力和水平位移减小，提高护坡效果适于基坑较深，采用单排混凝土灌注桩挡土，强度和刚度均不能胜任时使用

续表

支护（撑）方法	简图	支护（撑）方法及适用条件
地下连续墙支护	（地下连续墙、地下室梁板示意图）	在开挖的基坑周围，先建造混凝土或钢筋混凝土地下连续墙，达到强度后，在墙中间用机械或人工挖土，直至要求深度。对跨度、深度很大时，可在内部加设水平支撑及支柱。用于逆作法施工，每下挖一层，把下一层梁、板、柱浇注完成，以此作为地下连续墙的水平框架支撑，如此循环作业，直到地下室的底层全部挖完土，浇注完成适于开挖较大、较深（>10 m）、有地下水、周围有建筑物、公路的基坑，作为地下结构的外墙一部分，或用于高层建筑的逆作法施工，作为地下室结构的部分外墙
地下连续墙与土层锚杆结合支护	（锚头垫座、地下连续墙、土层锚杆示意图）	在开挖基坑的周围先建造地下连续墙支护，在墙中部用机械配合人工开挖土方至锚杆部位，用锚杆钻机在要求位置钻孔，放入锚杆，进行灌浆，待达到强度，装上锚杆横梁，或锚头垫座，然后继续下挖至要求深度，如设2~3层锚杆，每挖一层装一层，采用快凝砂浆适于开挖较大、较深（>10 m）、有地下水的大型基坑，周围有高层建筑，不允许支护有变形，采用机械挖方、要求有较大空间、不允许内部支撑时采用
土层锚杆支护	（破碎岩体、土层锚杆、混凝土板或钢横撑示意图）	沿开挖基坑，边坡每2~4 m设置一层水平土层锚杆，直到挖土至要求深度适于较硬土层或破碎岩石中开挖较大、较深基坑、邻近有建筑物必须保证边坡稳定时采用
板桩（灌注桩）中央横顶支撑	（后施工结构、钢顶梁、钢板桩或灌注桩、钢横撑、后挖土方、先施工地下框架示意图）	在基坑周围打板或挡土灌注桩，在内侧放坡挖中间部分土方到坑底，先施工中间部分结构至地面，然后再利用此结构作支承向板桩（灌注桩）支水平横顶撑，挖除放坡部分土方，每挖一层支一层水平横顶撑，直到设计深度，最后再建该部分结构适于开挖较大、较深的基坑。支护桩刚度不够，又不允许设置过多支撑时用
板桩（灌注桩）中央斜顶支撑	（钢板桩或灌注桩、坡面、斜撑、先施工基础示意图）	在基坑周围打板桩或设挡土灌注桩，在内侧放坡挖中间部分土方到坑底，并先施工好中间部分基础，再从基础向桩上方支斜顶撑，然后再把放坡的土方挖除，每挖一层，支一层斜撑，直至坑底，最后建该部分结构适于开挖较大、较深基坑、支护桩刚度不够、坑内不允许设置过多支撑时用

续表

支护（撑）方法	简图	支护（撑）方法及适用条件
分层板桩支撑	一级混凝土板桩、拉杆、二级混凝土板桩、锚桩	在开挖厂房群基础，周围先打支护板桩，然后在内侧挖土方至群基础底标高，再在中部主体深基坑基础四周打二级支护板桩，挖主体深基础土方，施工主体结构至地面，最后施工外围群基础。适于开挖较大、较深基坑，当中部主体与周围群基础标高不等，而又无重型板桩时采用

深基坑支护结构由挡墙、冠梁和撑锚体系三部分组成。

1. 挡　墙

挡墙主要起挡土和止水作用，其种类很多，下面主要介绍常用的几种。

1）钢板桩

钢板桩是带锁口的热轧型钢制成。常用的截面类型有平板型、波浪型板桩等。钢板桩通过锁口连接、相互咬合而形成连续的钢板桩挡墙。

钢板桩在软土层施工方便，在砂砾层及密实砂土中则施工困难。打设后可立即组织土方开挖和基础施工，除可起挡土作用外，还有一定的止水作用。但一次性投资较大，若施工完成后拔出重复使用，可节省成本。另外钢板桩的刚度较低，一般深基坑开挖就需设置支撑（或拉锚）体系。它适用于基坑深度不太大的软土层的基坑支护。

2）混凝土灌注桩挡墙

混凝土灌注桩作为支护结构的挡墙，其布置方式有连续式排列、间隔式排列和交错相接排列等类型（如图3-22所示）。该挡墙平面布置灵活，施工工艺简单，成本低，无噪声，无挤土，有利于保护周围的环境。在桩顶设置一道钢筋混凝土圈梁（冠梁）以增强单桩的整体性和刚度。在工程中常采用钻孔灌注桩和沉管灌注桩。

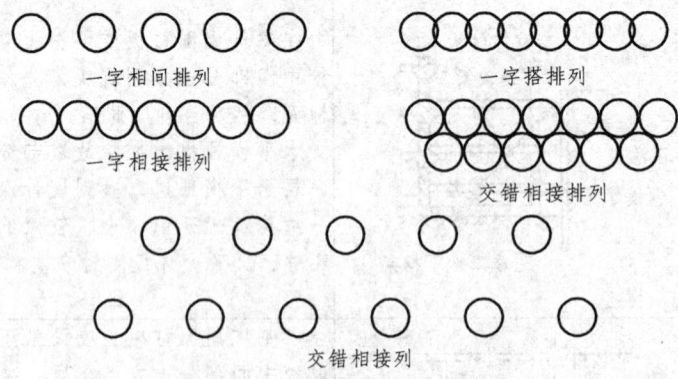

图3-22　钢筋混凝土灌注桩排列

3）地下连续墙

地下连续墙是沿拟建工程基坑周边，利用专门的挖槽设备，在泥浆护壁的条件下，每次开挖一定长度（一个单元槽段）的沟槽，在槽内放置钢筋笼，利用导管法浇筑水下混凝土。

施工时，每个单位槽段之间，通过接头管等方法处理后，形成一道连续的地下钢筋混凝土封闭墙体，简称地下连续墙。它既可挡土，又可挡水，也可以作为建筑物的承重结构。地下连续墙整体性好，刚度大，变形小，能承受较大的竖向荷载及水平荷载。但施工复杂，工程造价高，但适用于深、大基坑和邻近建筑物净距较近的基坑开挖。

2. 冠　梁

在钢筋混凝土灌注桩挡墙、水泥土墙和连续墙顶部设置的一道钢筋混凝土圈梁，称为冠梁，亦称压顶梁。

施工时应先将桩顶或地下连续墙顶上的浮浆凿除，清理干净，并将外露的钢筋伸入冠梁内，与冠梁混凝土浇注成一体，有效地将单独的挡土构件联系起来，以提高挡墙的整体性和刚度，减少基坑开挖后挡墙顶部的位移。冠梁宽度不小于桩径或墙厚，高度不小于 400 mm，冠梁可按构造配筋，混凝土强度等级宜大于 C20。

3. 撑锚体系

深基坑的支护结构，为改善挡墙的受力状况，减少挡墙的变形和位移，应设置撑锚体系，撑锚体系按其工作特点和设置部位，可分为坑内支撑体系和坑外拉锚体系。

1）坑内支撑体系

坑内支撑体系由支撑、腰梁和立柱等构架组成，根据不同的基坑宽度和开挖深度，可采用无中间立柱的对撑，有中间立柱的单层或多层水平支撑和斜撑（如图 3-23 所示）。支撑结构体系必须具有足够的强度、刚度和稳定性，节点构造合理，安全可靠，能满足支护结构变形控制要求，同时要方便土方开挖和地下结构施工。

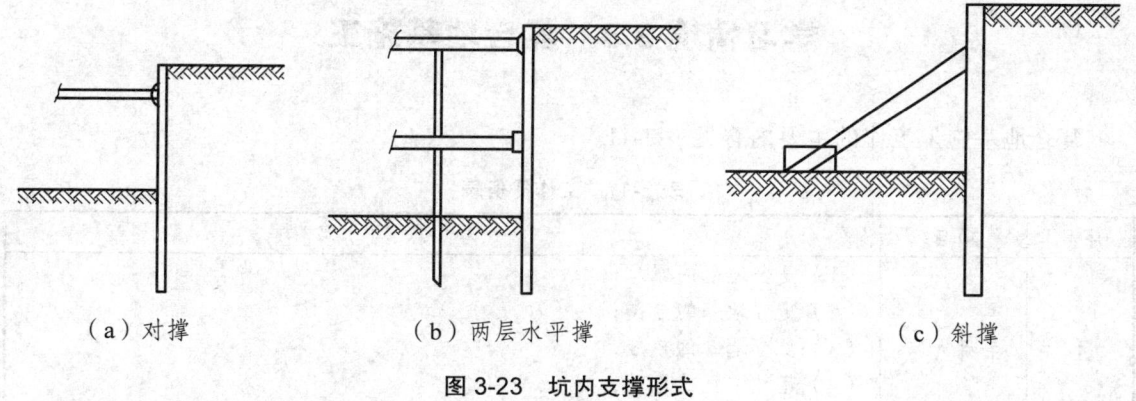

（a）对撑　　　　　　　（b）两层水平撑　　　　　　　（c）斜撑

图 3-23　坑内支撑形式

2）坑外拉锚体系

坑外拉锚体系由杆件与锚固体组成。根据拉锚体系的设置方式及位置不同可分为两类：水平拉杆沿基坑外表水平设置（如图 3-24 所示）和土层锚杆在坑外土层中设置（如图 3-25 所示）。

水平拉杆沿基坑外表水平设置，一端与挡墙顶部连接，另一端锚固在锚碇上，用于承受挡墙所传递的土压力、水压力和附加荷载等产生的侧压力。拉杆通过开挖浅埋于地表下，以免影响地面交通，锚碇位置应处于地层滑动面之外以防坑壁土体整体滑动引起支护结构整体失稳。拉杆通常采用粗钢筋或钢绞线。根据使用时间长短和周围环境情况，事先应对拉杆采取相应的防腐措施，拉杆中间设置紧固器，将挡墙拉紧之后即可进行土方开挖作业。

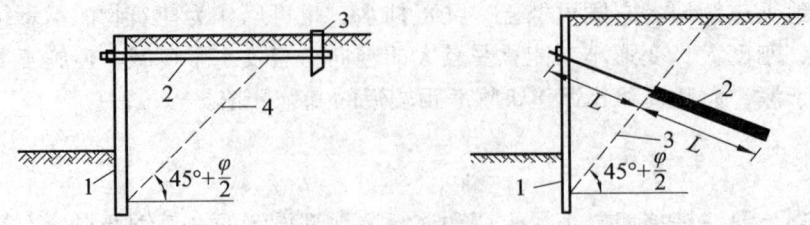

图 3-24 锚碇式支护结构

1—挡墙；2—拉杆；3—锚碇桩；4—主动滑动面

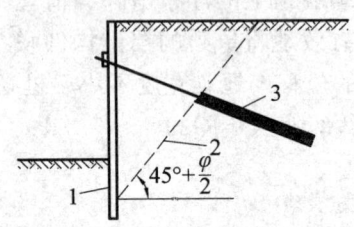

图 3-25 锚杆式支护结构

1—挡墙；2—主动滑动面；3—土层锚杆

土层锚杆在坑外土层中设置，锚杆的一端与挡墙联结，另一端锚固在土层中，利用土层的锚固力承受挡墙所传递的土压力、水压力等侧压力。锚杆通常采用粗钢筋和钢绞线，成孔后放入锚杆并注浆，在锚固段长度范围内形成抗拔力，只要抗拔力大于挡墙侧压力产生的锚杆轴向力，支护结构就能保持稳定。

学习情境 3.3　复合地基施工

复合地基施工工作的主要内容见表 3-11。

表 3-11　工作任务表

序号	项目	内　　容
1	主讲内容	（1）复合地基的概念； （2）复合地基的分类； （3）复合地基的效应； （4）几种常见的地基； （5）CFG桩桩复合地基
2	学生任务	根据本项目的特点和条件，了解复合地基的几种施工方法，熟悉CFG桩复合地基的方法
3	教学评价	（1）能合理地选择复合的处理方法——合格； （2）能合理的选择复合地基的处理方法，能熟练地进行CFG桩的复合地基的施工——良好； （3）能合理地选择复合地基的处理方法，能熟练地进行CFG桩的复合地基的施工，且精度满足质量控制要求——优秀

如果天然地基不能满足强度和变形要求时，要对地基土进行人工处理才能建造基础。地基处理的目的是对地基土进行必要的加固和改良以提高其承载力，改善其压缩性能和透水特性，防止地基土的液化，保证地基的稳定。在选择地基处理方案时，应根据工程的具体情况综合考虑各种因素，如地基土的类型、处理后土的加固深度、上部结构的影响、材料的来源、机械设备的状况、周围环境的因素、施工工期的要求、施工队伍的技术素质、经济指标等。对几种处理方法进行比较，选择出安全适用、经济合理、技术先进、质量高，同时又能保护环境的方案。

在本章节中介绍复合地基的概念及工程常采用的几种复合地基的处理方法。

3.3.1 复合地基的概念

复合地基是在天然地基中设置一定比例的增强体，并由原土和增强体共同承担由基础传来的建筑物荷载。增强体是由强度和模量相对原土高的材料组成，一般称为桩。例如：由碎石组成的纵向增强体叫碎石桩；由水泥和土搅拌形成的纵向增强体叫水泥土桩，还是强度和模量很大的水泥粉煤灰碎石桩，都是天然的增强体，它和原土一起形成复合土体，属于地基，与桩基础中的桩是有区别的。

3.3.2 复合地基的分类

复合地基中桩间土的性状不同。桩体材料不同、成桩工艺不同，复合地基的效应也就不同。综合各种桩型的复合地基效应有几个方面。

1. 置换作用（桩体效应）

复合地基中桩体的强度和模量比桩间土大，在荷载作用下，桩顶应力比桩间表面应力是大。桩可将承受的荷载向较深的土层中传递并相应减少了桩间土承载的荷载。由于桩的作用使符合地基承载力提高、变形减小，工程中称之为置换作用或桩体效应。

2. 挤密、振密作用

对松散填土、松散粉细砂和粉土，采用非挤土和振动成桩工艺，可使桩间土孔隙比减小，密实度增加，提高桩间土的强度和模量。如振动沉管挤密碎石桩、振冲碎石桩、振动沉管CFG桩，对上述类型的土具有挤密、振密效果。如石灰桩，即使采用了排土成桩工艺，由于石灰吸水膨胀，使桩间土局部产生挤密作用。桩间土挤密、振密是使复合地基承载力提高的一个组成部分。但是对于饱和软黏土、硬的黏性土、粉土、密实砂土，振动沉桩工艺不仅不能使桩间土挤密、振密，反而使土体结构强度丧失，孔隙比增大、密实度减小、承载力降低。

3. 排水作用

复合地基中的桩体，很多具有良好的透水性。例如：碎石桩、砂桩是良好的排水通道；由生石灰和粉煤灰组成的石灰桩，也具有良好的透水性；振动沉管CFG桩在桩体初凝以前也具有很大的渗透性，可使振动产生的超孔隙水压力通过桩体得以消散。孔隙水压力消散，有效应力就会增加，桩间土强度和复合地基承载力提高。

4. 减载作用

对排土成桩工艺，用轻质材料取代原土成桩，在加固土层范围内，复合土层的有效重度将比原土有明显的降低，这称之为减载作用。

3.3.3 几种常见的复合地基

1. 碎石桩复合地基

其桩体材料由碎石组成，桩体本身没有黏结强度，围压越大，桩体传递垂直荷载的能力越强。根据成桩工艺可分为：振冲碎石桩、振动沉管挤密碎石桩和干法振动挤密碎石桩。施工一般采用振动成桩工艺，主要靠施工设备产生的振动力，使桩间土挤密、振密，提高桩间土地承载力和模量。

碎石桩主要用于加固松散粉细砂、粉土、可液化土及挤密效果好的填土。由于施工时产生振动和噪声污染，碎石桩在居民区和城区施工受到限制。

2. 石灰桩复合地基

当下沉钢管成孔后，灌入生石灰碎块或在生石灰中加入 20%～30%（体积比）的粉煤灰或火山灰（有利于离子交换作用），就形成了生石灰桩。生石灰的水化膨胀、放热、离子交换、胶凝反应等作用及成孔时的挤压等对桩间土可能产生的副作用，即引起地面隆起，使桩间土强度降低。石灰桩既是一种挤密桩，同时它与桩周土又构成了复合地基。石灰桩的直径 d 一般不宜大于 500 mm，桩距一般不宜超过 $3.5d$。

石灰桩适用于处理软弱黏性土、淤泥质土、素填土及填土地基。如果采用人工洛阳铲成孔，则不宜超过 6 m，机械成孔不宜超过 8 m。

采用排土成桩工艺，不产生振动和噪声污染，但需对石灰粉和粉煤灰作适当处理，防止污染环境，特别要防止夯实桩体时偶尔可能发生的冒顶产生的高温对工人造成的烫伤。

3. 水泥土桩复合地基

水泥土桩系指由固化剂水泥和土形成的桩体，桩、桩间土和褥垫层一起形成复合地基。根据施工工艺可分为浆喷水泥土桩（深层搅拌桩）、粉喷水泥土桩（粉喷桩）、高压喷射注浆形成的旋喷水泥土桩。

水泥土桩是通过搅拌装置和喷射头，将水泥固化剂与现场原土强制搅拌形成水泥土桩桩体。

搅拌水泥土桩适用于处理正常固结的淤泥、淤泥质土、粉土、饱和黄土、素填土、黏性土等地基，对塑性指数 $I_p > 25$ 的黏土，须通过现场试验确定其适用性。该复合地基的施工，对周围环境没有不利影响，对桩间土也没有扰动和挤密。复合地基承载力的提高主要依据桩的置换作用。

3.3.4 CFG 桩复合地基

1. 基本概念

CFG 桩是水泥粉煤灰碎石桩的简称。它是由水泥、粉煤灰、碎石、石屑或砂加水拌和形成的高黏结强度桩，和桩间土、褥垫层一起形成复合地基。

CFG 桩属于高粘结强度桩，它与素混凝土桩的区别仅在于桩体材料的构成不同，而在其受力和变形特性方面没有什么区别。按照施工工艺不同分为振动沉管 CFG 桩和长螺旋钻管内泵压 CFG 桩。振动沉管成桩工艺桩材料有碎石是粗骨料，石屑为中等颗粒骨料。当桩体材料小于 5MPa 时，石屑的掺入可使桩体级配良好，对桩体强度起重要作用。相同的碎石和水泥掺量，掺入石屑可比不掺石屑的强度增加 50%左右。粉煤灰既是细骨料又有低等级水泥作用，可使桩体具有明显的后期强度。长螺旋钻管内泵压灌注成桩工艺桩体材料由水泥、卵石（或碎石）、砂、三级及三级以上粉煤灰（必要时加适量泵送剂），加水在搅拌机中强制搅拌而成。

2. CFG 桩复合地基的基本原理

CFG 桩、桩间土的褥垫层一起形成复合地基，在荷载作用下，桩和桩间土都要发生变形。桩的模量远比土的模量大，桩比土的变形小，由于基础下面设置了一定厚度的褥垫层，桩可以向上刺入，伴随这一变化过程，垫层材料不断调整补充到桩间土上，以保证在任一荷载下桩和桩间土始终参与工作。

桩体是由机械成孔后将搅拌好的混凝土利用泵机打入孔中，在拔管的过程中利用高差产生的重力将混凝土振捣，这样在成桩的过程中不仅挤密桩间土还挤密桩身，使其具有水硬性，使处理后的复合地基的强度和抗变形的能力明显提高。

在复合地基中，基础和桩间土之间设有一定厚度的散粒状组成的褥垫层，是地基的核心部分，基础下是否有褥垫层对地基的承载能力难以发挥，不能称作复合地基。基础下只有设置了褥垫层，桩间土承载能力才能发挥出其潜在的作用。

3. CFG 桩复合地基的设计计算

CFG 桩复合地基设计同其他地基基础设计一样，必须同时满足强度和变形两个条件，但除了这两个条件外还要考虑结合综合因素确定设计参数。

1）CFG 桩复合地基承载力计算

结合工程实践经验，CFG 桩复合地基承载力可用下面的公式进行估算：

$$f_{sp,k} = m\frac{R_k}{A_p} + a\beta(1-m)f k \quad (3-3)$$

$$f_{sp,k} = [1+m(n-1)]a\beta f k \quad (3-4)$$

式中 $f_{sp,k}$ ——复合地基承载力标准值（kPa）；

F_b ——天然地基承载力标准值（kPa）；

m ——面积置换率；

n ——桩土应比力；

A_p——CFG 单桩截面面积（m²）；

a——桩间土强度提高系数，$a=f_{sk}/f_k$，f_{sk} 为加固后间土承载力标准值；

β——桩间土强度发挥系数，宜按地区经验取值，无经验时可取 $\beta=0.75\sim0.95$，天然地基承载力高时可取最大值；

R_k——CFG 单桩承载力标准值（kN）。

经 CFG 桩处理后的地基，当考虑基础宽度和深度对地基承载力标准值进行修正时，一般宽度不作修正，即基础宽度地基承载力修正系数取零，基础埋深地基承载力修正系数取 1.0，经深度修正后 CFG 桩复合地基承载力标准值 $f_a=f_{sp,k}+\gamma_0(d-1.5)$，CFG 桩复合地基承载力计算时需满足建筑物荷载要求：

当承受轴心荷载时 $P_k \leqslant f_a$

承受偏心荷载时除满足上式外，尚应满足下式要求：

$P_{k,max} \leqslant 1.2 f_a$

2) CFG 桩复合地基的沉降计算

在工程中应用较多且计算结果与实际符合较好的变形计算方法是复合模量法。复合地基最终变形量可按下式计算：

$$S_C = \psi \left[\sum_{i=1}^{n} \frac{p_0}{\xi E_m}(z_i \bar{a}_i - z_{i-1}\bar{a}_{i-1}) + \sum_{i=m}^{n} \frac{p_0}{E_m}(z_i \bar{a}_i - z_{i-1}\bar{a}_{i-1}) \right] \quad (3-5)$$

式中　n——加固区范围区土层分层数；

n_2——沉降计算深度范围内土层总的分层数；

p_0——对应于荷载效应准永久组合时的基础地面处的附加应力；

E_m——基础底面下第 i 层土的压缩模量；

z_i，z_{i-1}——基础底面至第 i 层土、第 $i-1$ 层土底面的距离；

a_i，a_{i-1}——基础底面计算点至第 i 层土、第 $i-1$ 层土底面范围内平均附加应力系数；

ξ——加固区土的模量提高系数；

$\xi=(f_{sp,k})/f_{k\psi}$——沉降计算修正系数。

3) CFG 桩复合地基设计主要 5 个参数的确定

CFG 桩复合地基设计主要确定 5 个设计参数，分别为桩长、桩径、桩间距、桩体强度、褥垫层厚度及材料。

桩长：桩长是 CFG 桩复合地基设计时首先要确定的参数，它取决于建筑物对承载力和变形的要求、土质条件和设备能力等因素。

桩径 d：桩径取决于所采用的成桩设备，一般设计桩径为 350～600 mm。本工程桩径 410 mm。

桩间距：一般桩间距 $s=(3\sim5)d$，桩间距的大小取决于设计要求的复合地基承载力和变形、土性与施工机具。本工程采用桩间距 1.446 m×1.455 m。

桩体强度：原则上桩体配比按桩体强度控制，本工程桩体强度采用 C25。

褥垫层厚度：褥垫层厚度一般取 10～30 cm 为宜，本工程采用 25 cm，材料为粒径不大于 16 mm 碎石，夯填度不大于 0.9。

4. CFG桩复合地基的施工

1）振动沉管CFG桩施工工艺

施工设备：图3-26是振动沉管机示意图。

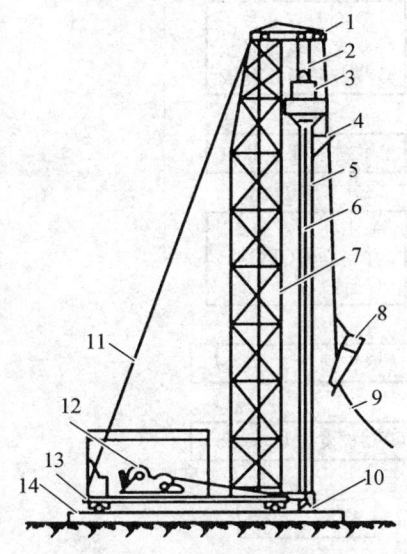

图3-26 振动沉管机示意图

1—导向滑轮；2—滑轮组；3—激振器；4—混凝土漏斗；5—桩管；6—加压钢丝绳；
7—桩架；8—混凝土吊斗；9—回绳；10—活瓣桩尖；11—缆风绳；
12—卷扬机；13—行驶用钢管；14—枕木

施工程序：施工准备、CFG桩施工（桩机进入现场、桩机就位、启动马达、沉管过程中记录、停机投料、启动马达拔管、沉管拔出地面、抽样试块）。

2）长螺旋钻管内泵压CFG桩施工工艺

施工设备：如图3-27所示。

施工程序：施工准备、CFG桩施工（钻机就位、混合料搅拌、钻进成孔、灌注机拔管、移机），如图3-28所示。

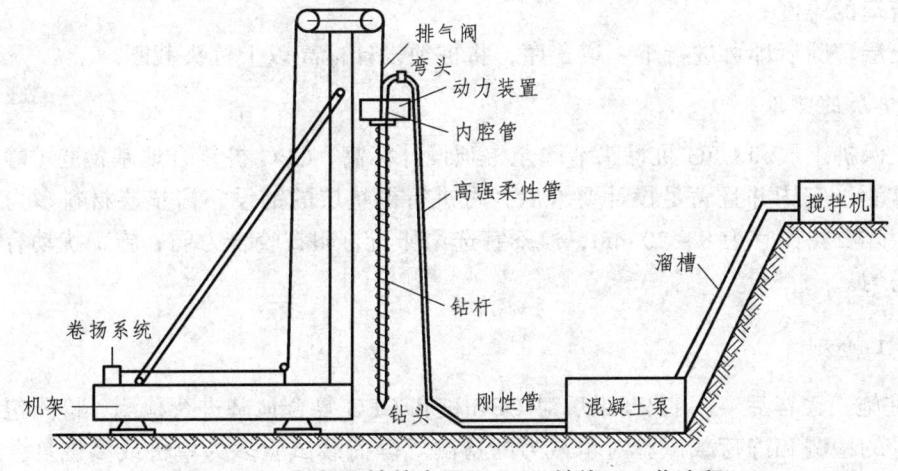

图3-27 长螺旋钻管内泵压CFG桩施工工艺流程

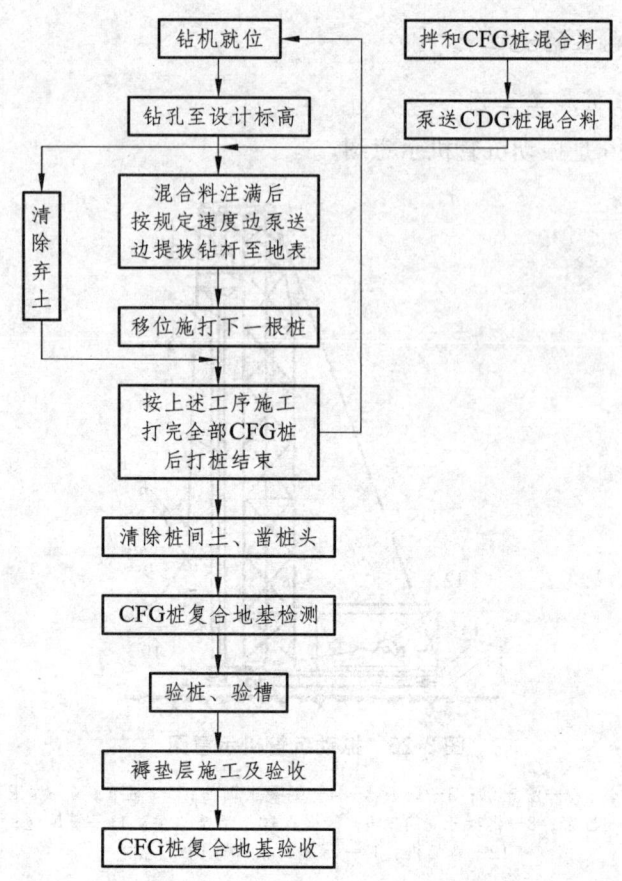

图 3-28 长螺旋钻管内泵压 CFG 桩复合地基施工流程图

3）清土及 CFG 桩桩头处理

在 CFG 桩施工中，由于采用排土或桩工艺，其排出的土量取决于桩长和桩间距，在施工中及时清运打桩弃土是保证 CFG 桩正常施工的一个重要环节，它可以减少施工中找桩位点设备就位的时间，提高工作效率。当场地质图在施工中存在蹿孔可能时，及时清理便于施工监测，容易发现蹿孔桩和采取措施。另外，及时清运打桩弃土，场地内废弃的混合料强度较低，亦可减轻清运的难度。

保护土层清除后即可进行下一道工序，将桩顶设计标高以上桩头截断。

4）褥垫层的铺设

桩间土保护土层和 CFG 桩桩头清除至桩顶设计标高，CFG 桩复合地基检验（静荷载检验和低应变监测）完毕并且满足设计要求后，可进行褥垫层的铺设。褥垫层材料多为粗砂、中砂或碎石，碎石粒径宜为 8~20 mm，但不宜选用卵石，卵石咬合力弱，施工扰动容易使褥垫层厚度不均匀。

5．施工检测

CFG 桩施工完毕后，一般 28 天后对 CFG 桩和 CFG 复合地基进行检测，检测包括低应变对桩身质量的检测和静荷载试验对承载力的检测。静荷载试验多为单桩或多桩复合地基，根据试验结果评价复合地基的承载力,也可采用单桩荷载试验通过计算评价复合地基承载力。

学习情境 3.4 筏板基础施工

筏板基础施工工作的主要内容见表 3-12。

表 3-12 工作任务表

序号	项目	内　　容
1	主讲类容	(1)基底验槽; (2)基础模板施工; (3)钢筋绑扎; (4)混凝土浇筑
2	学习任务	根据本项目特点和条件,熟悉筏板基础的施工工艺
3	教学评价	(1)能合理地进行筏板基础的施工——合格; (2)能合理地进行筏板基础的施工,能熟练各工艺流程——良好; (3)能合理地进行筏板基础的施工,能熟练各工艺流程,且精度满足质量控制要求——优秀

筏板基础的施工工艺流程为:基础验槽—基础模板施工—钢筋绑扎—混凝土浇筑。

3.4.1 基底验槽

1. 验槽的目的

验槽是一般工程地质勘察工作中的最后一个环节,当施工单位开挖完基槽并普遍钎探后,由甲方约请勘察、设计、监理和施工单位技术负责人共同到工地上验槽。

验槽的目的是检验岩土工程勘察成果及结论建议是否正确,是否与基槽开挖后的实际情况相一致;根据挖槽后的直接揭露,设计人员可以掌握第一手工程地质和水文地质资料,对出现的异常情况及时提出分析处理意见;解决勘察报告中未解决的遗留问题,必要时布置施工勘察项目,以便进一步完善设计,确保施工质量。

2. 验槽的内容

验槽以观察为主,以钎探、夯声配合,内容有:
(1)校验基槽开挖的平面位置与槽底标高是否符合勘察设计要求。
(2)校验槽底持力层土质与勘察报告是否相同。
(3)档发现基槽平面土质显著不均匀,或局部有古井、菜窖、坟穴、河沟等不良地基,可用钎探查明平面范围与深度。
(4)检查基槽钎探情况。

3. 验槽注意事项

（1）验槽前应完成合格钎探，提供验槽数据。
（2）验槽时间要抓紧，基槽挖好后立即组织验槽，避免雨水浸泡和冬季冰冻。
（3）槽底设计标高位于地下水位以下较深时，必须做好基槽排水，保证槽底不泡水。
（4）验槽时，应验新鲜土面，清除加填虚土。

3.4.2 基础模板施工

基础底板的集水坑、电梯井坑的模板需要在现场进行制作，现场保证模板制作的精度和质量，是模板工程施工重点之一；基础底板侧模采用 15 mm 厚木胶合板，周围钢管支撑加固，基础梁及承台基础因为在地板以下，其模板采用砌筑砖模，周围用灰土分层夯实。上面导墙模板采用 15 mm 厚木胶合板，模板分块制作，边框采用 50×100 木方，竖向边框面板做成企口型，竖肋采用 50×100 木方，间距 300 mm，内侧模通过在底板焊接钢筋头支撑。

3.4.3 基础钢筋绑扎

1. 接头形式

地板钢筋的接头形式采用等强剥肋滚压直螺纹链接、闪光对焊、电渣压力焊和搭接绑扎四种链接方法。纵向钢筋直径 $d \geq 22$，采用直螺旋套筒连接，直径 $d=18$、20 采用搭接电弧焊（单面帮条焊）和闪光对焊、电渣压力焊（墙柱纵筋），直径 $d \leq 16$ 采用绑扎连接。

2. 钢筋绑扎接头要求

（1）绑扎接头中钢筋横向净距大于或等于钢筋直径且不小于 25 mm。
（2）从任意绑扎接头中心至搭接长度的 1.3 倍区段范围内，有接头的受力钢筋截面面积占受力钢筋总截面面积的允许百分率应符合以下规定：受拉区不超过 25%；受压区不超过 50%。

3. 钢筋搭接及锚固长度

钢筋的搭接、锚固长度按 01G101-1 受拉钢筋最小锚固长度及要求执行。

4. 钢筋的绑扎

筏板基础底板钢筋绑扎的重点在于筏板基础底板钢筋网的绑扎、定位以及墙柱插筋的固定。

（1）作业条件：防水保护层已施工完毕并满足上述条件；轴线、墙线、柱线、门位置线、后浇带位置、暗梁位置、楼梯位置已弹好并经过预检验收。
（2）工艺流程：清理弹线—绑电梯井及积水坑钢筋—地板下筋绑扎及垫垫块—摆放马凳—底板上筋绑扎—墙、柱、楼梯插筋—清理、验收—隐蔽记录并进入下道工序。

3.4.4 混凝土浇筑

1. 浇筑方向

混凝土浇筑方向应平行于次梁长度方向，对于平板式筏板基础则应平行于基础长边方向。

2. 施工缝的留设

混凝土应一次浇筑完成，若不能整体浇筑完成，则应留设施工缝。施工缝留设位置：当平行于次梁长度方向浇筑时，应留在次梁中部 1/3 跨度范围内；对平板式筏板基础可留设在任何位置，但施工缝应平行于底板短边且不应在柱脚范围内，如图 3-29 所示。在施工缝处继续浇筑混凝土时，应将施工缝表面松动石子等清扫干净，并浇水湿润，铺上一层水泥浆或与混凝土成分相同的水泥砂浆，在浇筑混凝土。对于梁板式筏板基础，梁高出底板部分应分层浇筑，每层浇筑厚度不宜超过 200 mm。混凝土应浇筑到柱脚页面，留设水平施工缝。

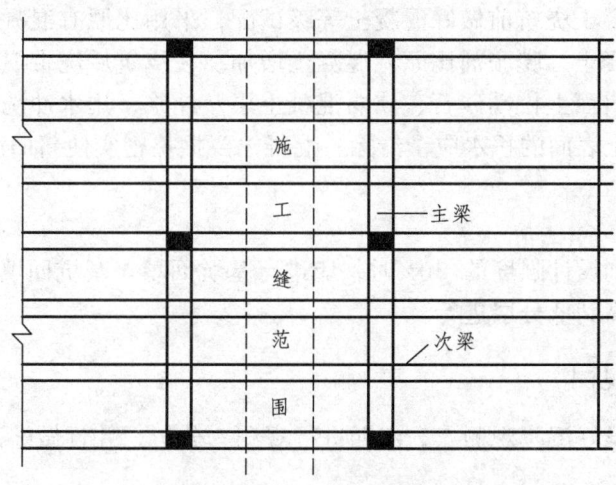

图 3-29　筏板基础施工缝位置

3. 混凝土的振捣

混凝土浇筑好应振捣密实，对于插入式振捣棒应快插慢拔，插点要均匀排列，逐点移动，顺序进行，不得遗漏，做到均匀振实。振捣拌移动方式采用"行列式"移动，移动间距不大于有效振捣作用半径的 1.5 倍（300～400 mm）。分层的厚度决定于振动棒的棒长和振动力大小，也要考虑混凝土的供应量大小和可能浇筑量的大小。每层厚度 400 mm 左右。

4. 表面处理

按标高控制线，刮杠刮平后，木抹子压实抹面，用铁滚子碾压数遍，然后用木抹压实收光。及时覆盖塑料布，防止混凝土表面失水开裂。

5. 混凝土的养护

基础浇筑完毕，表面应覆盖和洒水养护，并防止浸泡地基。待混凝土强度达到设计强度的 25%以上时，即可拆除梁的侧模。

6. 大体积混凝土的浇筑

对于筏板基础大都属于大体积混凝土浇筑，要及时做好大体积混凝土的测温和养护。大体积混凝土的表面处理和养护工艺的实施是保证混凝土质量的重要环节。掺加膨胀剂的混凝土需要更充分的水化，对大体积混凝土更应注意防止升温和降温的影响，防止过大的内部及表面与大气的温差，温差控制在 25 ℃ 之内。在混凝土浇筑两小时后按标高用长刮尺初步刮平后，木抹子压实抹面，用铁滚子碾压数遍，然后用木抹压实收光。之后立即覆盖一层塑料布，塑料布的搭接不少于 100 mm，在钢筋头周围再覆盖一层塑料布，将混凝土表面盖严，以减少水分的损失，保温保湿。

7. 后浇带的处理

筏板基础底板上设置后浇带。混凝土浇筑前在后浇带及变形缝处采用快易收口网。该产品热浸镀锌钢板制成，自重轻，安装方便，具有先进的科学性和广泛实用性。底板后浇带两侧设钢板止水带。混凝土浇筑前做好混凝土等级试配，采用比原有混凝土抗压强度和抗渗要求提高一个等级的混凝土，膨胀剂比原有混凝土增加。在浇筑后浇带混凝土之前，应清楚垃圾、水泥薄膜，剔除表面上松动砂石、软弱混凝土层及浮浆，用水冲洗干净并充分湿润不少于 24 h，残留在混凝土表面的积水应予清除。混凝土要振捣密实使新旧混凝土紧密结合。

8. 基坑回填

当筏板混凝土达到设计强度的 30%时，应进行基坑回填。基坑回填应在四周同时进行，并按基底排水方向由高到低分层进行。

9. 基础底板的观测

在基础底板上埋设好沉降观测点，定期进行观测、分析，并且做好记录。

学习情境 3.5 基础验收、回填

基础验收、回填工作的主要内容见表 3-13。

表 3-13 工作任务表

序号	项目	内容
1	主讲内容	（1）基础验收； （2）土方回填
2	学生任务	根据本项目特点和条件，熟悉基础的验收和土方回填
3	教学评价	（1）能合理地进行基础验收和土方回填——合格； （2）能合理地进行基础验收和土方回填，能熟练验收的内容和回填的质量控制——良好； （3）能合理地进行基础验收和土方回填，能熟练验收的内容和回填的质量控制，且精度满足质量控制要求——优秀

3.5.1 基础验收

筏板基础的验收分为基础模板、基础钢筋、基础混凝土、现浇结构外观及尺寸偏差的分项工程的验收。这4项全部验收合格，筏板基础的验收才能合格。

1. 基础模板验收

分为模板安装和模板拆除。

1）模板安装

主控项目为模板支撑、立柱位置和垫板、避免隔离剂污染。

一般项目为模板安装的一般要求、用作模板地坪、胎膜质量、模板起拱高度、预埋件预留孔的允许偏差、模板安装允许偏差。

2）模板拆除

主控项目为底模及其支架拆除时的混凝土强度、后张法预应力构件侧模和底模的拆模时间、后浇带拆模和支顶。

一般项目为避免拆模损伤、模板拆除、堆放和清运。

2. 基础钢筋验收

分为钢筋加工和钢筋安装。

1）钢筋加工

主控项目为力学性能检验、抗震用钢筋强度实测值、化学成分等专项检验、受力钢筋的弯钩和弯折、箍筋弯钩形式。

一般项目为外观质量、钢筋调直、钢筋加工的形状和尺寸（受力钢筋顺长度方向全长的净尺寸、弯起钢筋的弯折位置、箍筋内净尺寸）。

2）钢筋安装

主控项目为纵向受力钢筋的连接方式、机械连接和焊接接头的力学性能、受力钢筋的品种级别规格和数量。

一般项目为接头位置和数量、机械连接和焊接的外观质量、机械连接和焊接的接头面积百分率、绑扎搭接接头面积百分率和搭接长、搭接长度范围内箍筋、钢筋安装允许偏差。

3. 基础混凝土验收

分为混凝土原材料及配合比和混凝土施工。

1）混凝土原材料及配合比

主控项目为水泥进场检验、外加剂质量及应用、混凝土中氯化物、碱的总含量控制、配合比设计。

一般项目为矿物掺合料质量及掺量、粗细骨料的质量、拌制混凝土用水、开盘鉴定、依砂石含水率调整配合比。

2）混凝土施工

主控项目为混凝土强度等级及试件的取样和留置、混凝土抗渗及时间取样和留置、原材料每盘称量的偏差、初凝时间控制。

一般项目为施工缝的位置和处理、后浇带的位置和浇筑、混凝土养护。

4. 现浇结构外观及尺寸偏差

主控项目为外观质量、过大尺寸偏差处理及验收。

一般项目为外观质量一般缺陷、轴线位移、垂直度（层高、全高）、标高（层高、全高）、截面尺寸、电梯井（进筒长宽对定位中心线、井筒全高垂直度）、表面平整度、预埋设施中心线位置（预埋件、预埋螺栓、预埋管）、预留洞中心位置。

3.5.2 土方回填

在土方回填中为保证填方工程满足强度、变形和稳定性方面的要求，既要正确选择填土的土料，又要合理选择填筑和压实方法。土方回填前应清楚基地的垃圾、树根等杂物，抽除坑穴积水、淤泥，验收基底标高。如在耕植土或松土上填方，应在基底压实后再进行。

1. 工艺流程（如图3-30所示）

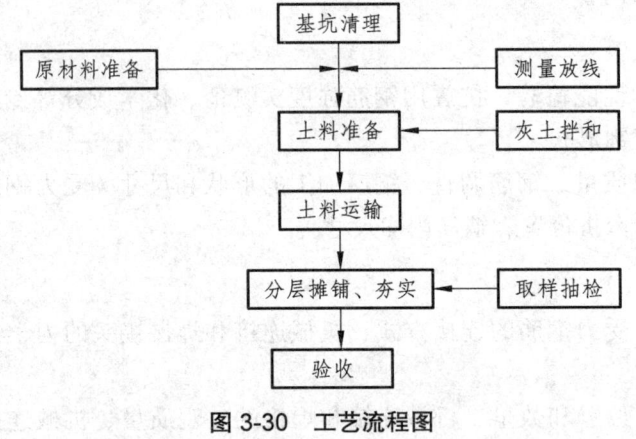

图 3-30 工艺流程图

2. 土料选择

对填方土料应按设计要求验收后方可填入。

3. 铺土方式

大面积回填土，采用汽车运输土方直接倒回填部位，采用铲运机二次倒运、平铺，人工表面整平方式；基坑肥槽回填，采用人工推土人工平铺的回填方式。

4. 施工要求

根据工程特点、填料种类、设计压实系数、施工条件等合理选择压实机具，并确定填料含水量控制范围、铺路厚度和压实遍数等参数。对于重要的填方工程或采用新型压实机具时，压实参数应通过压实试验确定。如无试验依据应符合表 3-14。

表 3-14 填方施工时的分层厚度及压实遍数

压实机具	分层厚度/mm	每层压实遍数
平碾	250~300	6~8
振动压实机	250~350	3~4
柴油打夯机	200~250	3~4
人工打夯	<200	3~4

5. 填土工程质量检验

填方施工结束后，应检查标高、边坡坡度、压实程度等，检验标准应符合"学习项目1"表 1-22 的规定。

在大面积压实前，先进行局部试压，试压期间根据虚铺厚度及其他综合因素，确定符合规定压实系数的碾压遍数；打夯应一夯压半夯，夯夯相接，行行相连，纵横交叉。

回填最上层土时，室外部分应充分考虑表面地面做法厚度、设计排水坡度、散水坡度及做法厚度、管线、管沟等；室内部分应充分考虑地面做法厚度、整体排水坡向及坡度等后续施工内容；避免出现回填标高达不到要求，过高或过低。

修整找平：填土全部完成后，应进行表面拉线找平，凡超过标准高程的地方，及时依线铲平；凡低于标准高程的地方，应补土夯实。

6. 取样抽检

回填土每层填土夯实后，应按规范规定进行环刀取样，取样应有代表性；见证取样后，将样土装入塑料袋密封，及时送实验室进行压实系数或质量干密度等试验，对取样部位做记录，以便与试验结果进行校核，达到要求后，再进行上一层的铺土。

7. 验 收

验收项目：基底处理，必须符合设计要求或施工规范的规定；回填的土料，必须符合施工方案或施工规范的规定；回填土必须按规定分层夯实。取样测定夯实后的干土质量密度，其合格率不应小于 90%，不合格的干土质量密度的最低值与设计值的差，不应大于 0.08g/cm³，且不应集中；环刀取样的方法及数量应符合规定。

允许偏差：表面平整度（用 2 m 靠尺和楔形尺量检查）为 20 mm。

学习情境 3.6 筏板基础施工案例

3.6.1 概况及主要工程量

本工程基础设计为钢筋混凝土有梁式筏板基础。筏板平面呈"L"形，筏板厚 550 mm，宽度 22.16 m，东西向长度 44.36 m，南北向长度 82.78 m。基础梁截面尺寸为 400 mm×600 mm。

混凝土强度等级为 C25，总含量为 1310 m³，所用钢筋量 150 T。在 16～18 轴向靠近 18 轴处留有 1 m 宽的贯通后浇带，后浇带混凝土待主体完工后再浇筑。

3.6.2 施工部署及主要施工方案

模板工程工作量小，施工简便，所以不考虑划分施工段，整体为一个施工段；钢筋及混凝土浇筑工程，以后浇带为界分为两个工程段，组织简单流水施工。钢筋工程先施工 1～16 轴（Ⅰ段），自检，隐检验收合格后浇筑混凝土。在浇筑Ⅰ段混凝土同时继续绑扎 18～58 轴（Ⅱ段）钢筋，自检，隐检验收合格后连续浇筑Ⅱ段混凝土。Ⅰ段混凝土量约为 660 m³，Ⅱ段混凝土约为 650 m³。主要施工方法如下：

1. 模板工程

（1）模板采用定型组合钢模板，U 型环连接。垫层面清理干净后，先分段拼装，模板拼装前先刷好隔离剂。（隔离剂主要用机油。）外围侧模板的主要规格为 1 500 mm×300 mm、1 200 mm×300 mm、900 mm×300 mm、600 mm×300 mm。模板支撑在下部的混凝土垫层上，水平支撑用钢管及圆木短柱，木楔等支在四周基坑侧壁上。基础梁上部比筏板面高出的 50 mm 侧模用 100 mm 宽组合钢模板拼装，用铁丝拧紧，中间用垫块或钢筋支撑，以保证梁的截面尺寸。模板边的顺直拉线校正，轴线、截面尺寸根据垫层上的弹线检查校正。模板加固检验完成后，用水准仪定标高，在模板面上弹出混凝土上表面平线，作为控制混凝土标高的依据。

（2）模的顺序为先拆模板的支撑管、木楔等，松连接件，再拆模板，清理，分类归堆拆模前混凝土要达到一定强度，保证拆模时不损坏棱角。

2. 钢筋工程

（1）钢筋按型号、规格分类加垫木堆放，覆盖塑料布防雨雪。

（2）盘条Ⅰ级钢筋采用冷拉的方法调直，冷拉率控制在 4% 以内。

（3）对于受力钢筋，Ⅰ级钢筋末端（包括用作分布钢筋的Ⅰ级钢筋）做 180 度弯钩，弯弧内直径不小于 2.5d，弯后的平直段长度不小于 3d。Ⅱ级钢筋当设计要求做 90 度或 135 度弯钩时，弯弧内直径不小于 5d。对于非焊接封闭筋末端作 135 度弯钩，弯弧内直径除不小于 2.5d 外还不应小于箍径内受力纵筋直径，弯后的平直段长度不小于 10d。

（4）钢筋绑扎施工前，在基坑内搭设高约 4 m 的简易暖棚，以遮挡雨雪及保持基坑气温，避免垫层混凝土在钢筋绑扎期间遭受冻害。立柱用 Φ50 钢管，间距为 3.0 m，顶部纵横向平杆均为 Φ50 钢管，组成的管网孔尺寸为 1.5 m×1.5 m，其上铺木板、方钢管等，在木板上覆彩条布，然后满铺草帘。棚内照明用普通白纸灯泡，设两排，间距 5 m。

（5）基础梁及筏板筋的绑扎流程：

基础梁及筏板筋的绑扎、就位→筏板纵向下层筋布置→梁筋绑扎、就位→筏板横向下层筋布置→筏板下层网片绑扎→支撑马凳筋布置→筏板横向上层筋布置→筏板纵向上层筋布置→筏板上层网片绑扎。钢筋绑扎前，对模板及基层作全面检查，作业面内的杂物、浮土、木屑等应清理干净。钢筋网片筋弹位置线时用不同于轴线及模板线的颜色以区分开。梁筋骨架绑扎时用简易马凳作支架。具体操步骤为：按计算好的数量摆放箍筋→穿主筋→画箍筋位置线→绑扎骨架→撤支架就位骨架。骨架上部纵筋与箍筋宜用套扣绑扎，绑扎应牢固、到位，使骨架不发生倾斜、松动。纵横向梁筋骨架就位前要垫好梁筋及筏板下层筋的保护层垫块，数量要足够。筏板网片采用八字扣绑式，相交点全部绑扎，相邻交点的绑扎方向不宜相同。上下层网片中间用马凳筋支撑，保证上层网片位置准确，绑扎牢固，无松动。

（6）钢筋的接头形式，筏板内受力筋及分布筋采用绑扎搭接，搭接位置及搭接长度按设计要求。基础架纵筋采用单面（双面）搭接电弧焊，焊接接头位置及焊缝长度按设计及规范要求，焊接试件按规范要求留置、试验。

3. 混凝土工程

（1）采用现场机械搅拌、混凝土输送泵泵送的方案。考虑冬期施工，并要能有效防止连续降雪对混凝土浇筑施工的影响，混凝土冬期施工采用综合蓄热、混凝土掺外加剂，铺以暖棚施工法。

（2）配合比的试配按泵送的要求，坍落度达到 150~180 mm，水泥选用普通硅酸盐水泥32.5号，砂为中砂，石子为 5~25 mm 粒径碎石，外加剂选混凝土泵送防冻剂，早强减水型。据测定的粗细骨料实际含水量，对实验室配合比单作以调整。

（3）浇筑的顺序是先浇筑Ⅰ段，后浇筑Ⅱ段。浇筑Ⅰ段混凝土时的施工流向是先自 A30 轴至 A1 轴，再拐至 16 轴处后浇带边；浇筑Ⅱ段混凝土时的施工流向是自 58 轴至 18 轴处后浇带边。

（4）浇混凝土前应做到：

① 钢筋已作完隐检验收，符合设计要求。

② 混凝土输送泵管支架已搭设完成，支架牢固可靠，并保证支撑件及其上的泵管不压钢筋及模板。支架支撑构件应独立设置，不能与模板支架或钢管连接。

③ 混凝土搅拌机负荷试验运转正常。

④ 混凝土输送泵调试完毕，加水试压正常，泵管已连接，密封完好。

⑤ 计量器具如磅秤、台秤等经检验核实无误，混凝土搅拌机上的加水量计量器试运行准确。

⑥ 混凝土振捣经检验试运转正。

⑦ 水泥、砂、石、外加剂等材料现场已有足够的储存量，并已落实好供应渠道，可保证连续浇筑施工时的后续供应。

⑧ 现场粗细骨料实际含水量已经测定并已调整好施工配合比。

⑨ 根据施工方案及技术措施要求已对班组进行全面的施工技术交底。

⑩ 冬期施工的各项保证措施，如水的加热温度是否达到要求，保温覆盖物资是否齐备等等已经落实完备。

（5）混凝土搅拌采用两台 350 型自落式搅拌机同时工作，根据搅拌机的出料能力选择适合的混凝土输送泵，即在单位时间内搅拌机总的实际喂料量要与混凝土输送泵的吞料量相适应，保证泵机的正常连续运行及不超负荷工作。

（6）绑筋期间基坑内所搭的暖棚，根据实际气候条件可考虑作为混凝土浇筑及养护期间的遮雪、保温棚。在棚内均匀设置三处测温点记录棚内气温，掌握棚内与室外气温温差情况，以采取相应的措施。

（7）浇筑施工前模板内的泥土、木屑等杂物清除干净，钢筋或模板上粘有冰雪及时清除。

（8）混凝土拌和用水的加热。在搅拌机旁架一水箱，下边用煤生火加热，水温至 60~80 ℃ 即可，不宜超过 80 ℃。但根据实际气温条件可加水至 100 ℃，但水泥不能与热水直接接触。

（9）粗细骨料中若含冰雪冻块等及时清除，拌和混凝土的各项原材计量须准确。粗细骨料用手推车上料，磅秤称量，水泥以每袋 50 kg 计量，泵送防冻剂用台秤称量，水用混凝土搅拌机上的计量器计量。

（10）搅拌时采用石子→水泥→砂或砂→水泥→石子的投料顺序，避免 80 ℃ 左右的热水与水泥直接接触，发生瞬凝现象，泵送防冻剂与骨料一同加入。搅拌时间不少于 90 s，保证拌和物搅拌均匀。

（11）混凝土输送泵的泵管用草帘包裹保温。混凝土自搅拌机出料后及时输送至浇筑点，保证混凝土在入模时的温度不低于 5 ℃（温度计实测）。若浇筑时实测混凝土的入模温度达不到 5 ℃，可采取下列措施：

① 继续提高拌和水的温度。

② 在现场暖棚内靠近浇筑点的区域均匀设火炉生火加温。

（12）开始泵送时，混凝土泵应处于慢速、匀速，并随时可反泵的状态。泵送速度应先慢后快，逐步加速。泵送混凝土应连续进行，当输送泵管被堵塞时，立即采取下列措施排除：

① 重复进行反泵和正泵，逐步吸出混凝土至料斗中，重新搅拌后泵送。

② 用木槌敲击等方法，查明堵塞部位将混凝土击松后，进行反泵和正泵，排除堵塞。

③ 当上述两种方法无效时，应在混凝土卸压后，拆除堵塞部位的输送管，排除混凝土堵塞物后再接管输送。

（13）混凝土振捣采用插入法式振捣棒。振捣时振动棒要快插慢拔，插点均匀排列，逐点移动，顺序进行，以防漏振。差点间距约 40 cm。振捣至混凝土表面出浆，不再泛气泡时即可。

（14）浇筑筏板混凝土时不需分层，一次浇筑成型，虚摊混凝土时比设计标高先稍高一些，待振捣均匀密实后用木抹子按标高线搓平即可。

（15）浇筑混凝土连续进行，若因非正常原因造成浇筑暂停，当停歇时间超过水泥初凝时间时，接槎处按施工缝处理。施工缝应留直槎，继续浇筑混凝土前对施工缝处理方法为：先剔除接槎处的浮动石子，再摊少量高标号水泥砂浆均匀撒开，然后浇筑混凝土，振捣密实。

（16）浇筑完的混凝土按标高线抹平（木抹子收面不少于二遍），混凝土初凝后立即用塑料薄膜覆盖表面，然后再覆盖双层草帘保温，在草帘上再覆一层彩条布保护，养护期间根据测温情况再考虑是否在棚内生火炉加温。

（17）混凝土测温孔留设。测温孔的平面布置方案：基础梁沿长度方向每隔 5 m 设一处，筏板按间距 7 m 平行布置测温孔，孔深 200 mm，浇筑混凝土时在应设测温孔的位置每处埋置一根直径 200 mm 的 pvc 管，管上口略高于混凝土面，用软纸或棉纱塞实即可。

3.6.3 质量控制措施

（1）相关工程还应符合本工程《冬期施工措施》的要求。

（2）各种原材料，如钢筋、水泥、外加剂等应有合格的产品质量证明资料，进场后取样试验，复试合格后再使用。杜绝不合格产品用于工程。砂、石要做骨料分析，选择合适的级配。石子含泥量不大于2%，砂含泥量不大于5%。

（3）框架柱插筋在浇混凝土前应固定好位置，上口加固定钢筋与纵筋绑扎牢固，防止浇混凝土时柱主筋位移。

（4）浇混凝土时严禁随意踩踏、移动已绑好的板筋，钢筋工要派人随时检查钢筋的位置、保护层、骨架顺直、柱主筋位置，发现问题及时修理。

（5）混凝土开盘浇筑时，先组织技术人员对出盘混凝土的坍落度、和易性进行鉴定，调整至符合要求后再正式搅拌。以后随时检查混凝土的坍落度须符合要求。

（6）振捣混凝土时振捣棒严禁碰模板和钢筋。严禁使用振捣棒摊开混凝土。振捣应细致，密实。在纵、横梁交错处钢筋较密不易振捣时可使用小直径的振捣棒，分层铺料：可先松开部分筏板上层附加筋，拨开，待混凝土振捣完成后再恢复移动过的钢筋位置。

（7）浇混凝土时经常观察模板及钢筋，看模板有无异常，支撑是否松动，钢筋保护层、插筋位置有无变化。发现问题通知有关班组及时修正。

（8）混凝土表面标高的控制。浇混凝土前在模板边弹出混凝土表面标高平线，在柱插筋上标出高于混凝土上表面500 mm的平线。混凝土摊料、抹面时据此拉线作为标高控制线。

（9）混凝土试块的留置。连续浇筑每超过200 m³混凝土留置一组标准养护试块和一组同条件养护试块。同条件养护试块采取与现场相同的条件养护。标养试块的28 d抗压强度值及同条件养护试块的等效28 d抗压强度值均作为评定分析混凝土抗压强度的资料。

（10）混凝土养护期间的测温工作。混凝土内的养护温度每隔4 h测一次。测时温度计在测温孔内留置的时间应不少于2 min，测温孔上口密封严实，取出温度计后立即读数。暖棚内气温每天记录4次。考虑到所用防冻剂的适用温度为-50～-100 ℃，计划混凝土内的养护温度在前3 d不低于-100 ℃，以后至28 d前不低于-30 ℃。当实测出现稳定低于上述限值的养护温度时，立即在暖棚内均匀布置火炉加热，升高棚内气温至混凝土内的养护温度达到预计要求。

【训练内容】

1. 筏板基础施工准备工作有哪些？
2. 基坑降水方法有哪些？它们的作用是什么？
3. 造成土壁塌方的原因有哪些？
4. 深基坑支护结构的形式有哪些？工程中应如何选择？
5. 什么是复合地基？
6. 简述复合地基的效应是什么。
7. CFG桩复合地基的基本原理是什么？
8. 筏板基础的施工过程是什么？
9. 筏板基础的验收有哪些？
10. 土方回填的施工过程及质量检验是什么？

项目 4 粉喷桩复合基础施工

学习目标

通过本项目的学习,要求学生:
1. 了解粉喷桩复合基础施工的机具设备种类、型号,以及配套使用。
2. 了解粉喷桩原材料的选择、储备要求。
3. 熟悉粉喷桩体的施工工艺和注意事项。
4. 掌握粉喷桩的质量检测、验收标准。

表 4-1 土层主要特征

成因年代	土层名称	土层特征描述	工程地质性质	厚度
新近	耕植土	灰黄—灰褐色,松软,以软塑状黏性土为主,夹植物根茎	低强度,高压缩性	0.3~0.6 m
新近沉积土	黏土	灰黄,灰褐色,硬塑—软塑,见少量铁锰质浸染斑,呈上硬下软状,非均质	低强度,高压缩性,为本地硬壳层	1.1~1.3 m
	淤泥-淤泥质亚黏土	灰色,饱和,流塑,见少量贝壳碎屑,局部下部夹薄层亚砂土,粉砂	极低强度,极高压缩性	8.6~8.9 m
	亚黏土	灰黄—灰褐色,硬塑,局部软塑,见少量铁锰结核,含砂礓石,局部夹亚砂石,欠均质	中等—中高强度,中等压缩性	3.9~5.3 m

学习情境 4.1 施工准备

粉喷桩体施工准备工作的主要内容见表 4-2。

表 4-2 工作任务表

序号	项目	内容
1	主讲内容	(1)粉喷桩的加固原理; (2)粉喷桩施工前期准备工作; (3)粉喷桩施工机具准备
2	学生任务	(1)根据本项目特点和条件,了解粉喷桩的加固原理; (2)掌握粉喷桩施工准备工作任务; (3)根据施工教学现场熟悉粉喷桩施工机具
3	教学评价	(1)能了解粉喷桩的地基加固原理——合格; (2)能熟悉粉喷桩的发展过程,了解粉喷桩的地基处理原理——良好; (3)能掌握粉喷桩地基处理原理,并能选择粉喷桩施工机具,做好施工准备工作——优秀

4.1.1 粉喷桩处理地基的基本原理

4.1.1.1 粉喷桩的发展

我国地域广大，有各种成因的软土层，其分布范围广、土层厚度大。这类软土的特点是含水量高、孔隙比大、抗剪强度低、压缩性高、渗透性差、受力后沉降稳定时间长。近年来，由于工业布局与城市发展规划，经常需要在软土地基上进行建筑施工。由于软土地基不良的物理力学性能，因此需要进行人工加固。软土就地加固是基础最大限度地利用原土，经过适当的改性后作为地基，以承受相应的外力地基处理方法。

水泥土搅拌法是适用于加固饱和黏性土和粉土等软土地基的一种方法。它是利用水泥（或石灰）等材料作为固化剂通过特制的搅拌机械，就地将软土和固化剂（浆液或粉体）强制搅拌，使软土硬结成具有整体性、水稳性和一定的水泥加固土，从而提高地基土强度和增大变形模量。根据固化剂渗入状态的不同，它可分为浆液搅拌和粉体喷射搅拌两种。前者是用浆液和地基土搅拌，后者是用粉体和地基土搅拌。根据行业习惯，将用水泥浆与软土搅拌形成的柱状固结体称为喷浆桩（又称"湿法"搅拌桩，简称 MIP 法）；将用水泥粉体与软土搅拌形成的柱状固结体称为粉体喷射搅拌桩，简称"粉喷桩"（又称"干法"搅拌桩，简称 DJM 法）。

水泥搅拌法最早在美国研制成功，称为 Mixed-in-Place Pile（简称 MIP 法），国内 1977 年由冶金部建筑研究总院和交通部水运规划设计院进行了室内试验和机械研制工作，于 1978 年制造出国内第一台 SJB-1 型双搅拌轴中心管输浆的搅拌机械，并由江阴市江阴振冲器厂成批生产（目前 SJB-2 型加固深度可达 18m）。1980 年初在上海宝钢三座卷管设备基础的软土地基加固工程中首次获得成功。1980 初天津市机械施工公司与交通部一航局科研所利用日本进口螺旋钻孔机械进行改装，制成单搅拌轴和叶片输浆型搅拌机，1981 年在天津造纸厂蒸煮锅改造扩建工程中获得成功。

粉体喷射搅拌法最早由瑞典人 Kjeld Paus 于 1967 年提出使用石灰搅拌桩加固 15 m 深度范围内软土地基的设想，并于 1971 年瑞典 Linden-Ailmat 公司在现场制成第一根用石灰粉和软土搅拌成的桩，1974 年获得粉喷技术专利，生产出的专用机械其桩径 500 mm，加固深度 15 m。我国由铁道部第四勘测设计院 1983 年用 DPP-100 型汽车钻改装成国内第一台粉体喷射搅拌机，并使用石灰作为固化剂，应用于铁路涵洞加固。1986 年开始使用水泥作为固化剂，应用于房屋建筑的软土地基加固。1987 年铁四院和上海探矿机械厂制成 GPP-5 型步履式粉喷机，成桩直径一般在 500～700 mm 范围，深度可达 15 m。

水泥土根据桩根据工程地质特点和上部结构要求可采用柱状、壁状、格栅状、块状，以及长短桩相结合等不同加固形式。

柱状：每隔一定距离打设一根水泥土桩，形成柱状加固类型，适用于单层工业厂房独立柱基础和多层房屋条形基础下的地基加固，它可充分发挥桩身强度与桩周侧阻力。

壁状：将相邻桩体部分重叠搭接成为壁状加固类型。适用于深基坑开挖时的边坡加固以及建筑物长高比大、刚度小、对不均匀沉降比较敏感的多层房屋条形基础下的地基加固。

格栅状：它是纵横两个方向的相邻桩体搭接而形成的加固类型。适用于对上部结构单位面积荷载大和对不均匀沉降要求控制严格的建（构）筑物的地基加固。

长短桩相结合：当地质条件复杂，同一建筑物坐落于在两类不同性质的地基土上时，可用3m左右的短桩将相邻长桩连成壁状或格栅状，借以调整和减小不均匀沉降量。

水泥土桩的强度和刚度是介于柔性桩（沙桩、碎石桩等）和刚性桩（钢管桩、混凝土桩等）间的一种半刚性桩，它所形成的桩体在无侧限情况下可保持直立，在轴向力作用下又有一定的压缩性，但其承载性能又与刚性桩相似，因此在设计时可仅在上部结构基础范围内布桩，不必像柔性桩一样需在基础外设置护桩。

4.1.1.2 喷粉桩的加固原理

粉体喷搅法（干法）是通过专用的施工机械，将搅拌钻头下沉到预计孔底，用压缩空气将固化剂（生石灰或水泥粉体材料）以雾状喷入加固部位的地基土中，凭借钻头和叶片旋转使粉体加固料与原位软土搅拌混合，自下而上边搅拌边喷粉，直到设计高程。为保证质量，可再次将搅拌头下沉至孔底，重复搅拌，使其充分吸收地下水并与土层发生物理、化学反应，形成具有水稳定性、整体性和一定强度的柱状体，同时桩间土得到改善，从而满足建筑基础的设计要求。其桩径一般为500 mm、600 m和700 mm。

软土与水泥采用机械深层搅拌加固的基本原理是基于水泥加固土（简称水泥土）的物理化学反应，它与混凝土的硬化机理有所不同。混凝土的硬化主要是水泥在粗填充料（比表面不大，活性很弱的介质）中进行水解和水化作用，所以凝结速度较快。在水泥加固土中，由于水泥掺量很小（仅占被加固土重的7%～20%），水泥的水解和水化反应完全是在具有一定活性的介质——土的围绕下进行，将水泥拌入软土后，水泥颗粒表面的矿物很快与软土中的水发生水解和水化反应，生成氢氧化钙、水化硅酸钙、水化铝酸钙及水化铁酸钙等化合物。在反应过程中所生成的氢氧化钙、水化硅酸钙能迅速溶于水中，使水泥颗粒表面重新暴露出来，再与水发生反应，这样周围的水溶液就逐渐达到饱和，当溶液达到饱和后，水分子虽然即系深入颗粒内部，但新生成物已不能再溶解，只能以细分散状态的胶体析出，悬浮于溶液中，形成胶体。土质条件对于搅拌桩身质量的影响主要有两个方面：一是土体的物理力学性质对搅拌桩桩身水泥土搅拌均匀性的影响；二是土体的物理力学性质对搅拌桩桩身水泥土强度增加的影响。因此水泥土硬化速度缓慢且作用复杂。所以水泥土强度增长的过程也比混凝土缓慢。

石灰固化剂一般适用于黏土颗粒含量大于20%、粉粒及黏粒含量之和大于35%，黏土的塑性指数大于10，液性指数大于0.7，土的pH值为4～8，有机质含量小于11%，土的天然含水量大于30%的偏酸性的土质加固。水泥固化剂一般适用于正常固结的淤泥与淤泥质土（避免产生负摩擦力）、黏性土、粉土、素填土（包括冲填土）、饱和黄土、粉砂以及中粗砂、砂砾（当加固粗粒土时，应注意有无明显的流动地下水，以防固化剂尚未硬结而遭到地下水冲洗掉）等地基加固。

根据室内试验，一般认为用水泥作为固料，对含有高岭石、多睡高岭石、蒙脱石等黏土矿物的软土加固效果较好，；而对含有伊利石、氯化物和水铝石英等矿物的粘性土以及有机质含量高，pH值较低的黏性土加固效果较差。

在黏粒含量不足的情况下，可以添加粉煤灰。而当黏土的塑性指数I_p大于25时，容易在搅拌头叶片上形成泥团，无法完成水泥土的拌和。当pH值小于4时，掺入百分之几的石灰，通常pH值就会大于12。当地基土的天然含水量小于30%时，由于不能保证水泥充分水化，固不宜采用干法；但是土的含水量大于70%，也不宜采用干法。

在某些地区的地下水中含有大量硫酸盐（海水渗入地区），因硫酸盐与水泥发生反应时，对水泥具有结晶性侵蚀，会出现开裂、崩解而丧失强度。为此应选用抗硫酸盐水泥，使水泥土中产生的结晶膨胀物质控制在一定的数量范围内，借以提高水泥土的抗侵蚀性能。

在我国北纬45°以南的冬季负温条件下，冰冻对水泥土的结构损害甚微。在负温时，由于水泥与黏土矿物的各种反应减弱，水泥土的强度增长缓慢（甚至停止）；但正温后，随着水泥水化等反应的继续深入，水泥土的强度可接近标准强度。

对拟采用水泥土搅拌法的工程，应收集处理区域内详尽的岩土工程资料。尤其是填土层的厚度和组成，软土层的分布范围、分层情况，地下水位及pH值，土的含水量、塑性指数和有机质含量等，应注意查明。

（1）填土层的组成：特别是大块物质（石块和树根等）的尺寸和含水量。含大块石对水泥土搅拌法施工速度有很大的影响，所以必须清除大块石等再予施工。

（2）土的含水量：当水泥配比相同时，其强度随土样的天然含水量的降低而增大。实验表明，当土的含水量在50%~85%范围内变化时，含水量每降低10%，水泥土强度可提高30%。

（3）有机质含量：有机质含量较高会阻碍水泥水化反应，影响水泥的强度增长。故对有机质含量较高的明、暗滨填土及吹填土应予慎重考虑，许多设计单位往往采用在滨域内加大桩长的设计方案，从而得不到理想的效果。应从提高置换率和增加水泥参入量角度，来保证滨域内的水泥土达到一定的桩身强度。工程实践表明，采用在滨内提高置换率（长、段桩结合）往往能得到理想的加固效果。对生活垃圾的填土不应采用水泥土搅拌法加固。

采用干法加固砂土应进行颗粒级配分析。特别注意土的粘粒含量及对加固料有害的土中离子种类及数量，如SO_4^{2-}、Cl^-等。

水泥土的强度随年龄期的增长而增大，在年龄期超过28 d后，强度仍有明显增长，为了降低造价，对称重搅拌桩试块国内外都取90 d龄期为标准龄期。对起支挡作用承受水平荷载的搅拌桩，为了缩短养护期，水泥强度标准取28 d龄期为标准龄期。

从抗压强度试验得知，在其他条件相同时，不同龄期的水泥土抗压强度间关系大致呈线性关系，其经验关系式如下：

$$f_{cu7}=(0.47~0.63)f_{cu28}$$

$$f_{cu14}=(0.62~0.80)f_{cu28}$$

$$f_{cu60}=(1.15~1.46)f_{cu28}$$

$$f_{cu90}=(1.43~1.80)f_{cu28}$$

$$f_{cu90}=(2.37~3.73)f_{cu7}$$

$$f_{cu90}=(1.73~2.82)f_{cu14}$$

其中f_{cu7}、f_{cu14}、f_{cu28}、f_{cu60}、f_{cu90}分别为7 d、14 d、28 d、60 d、90 d龄期的水泥土抗压强度。

当龄期超过3个月后，水泥土强度增长缓慢。180 d的水泥土强度为90 d的1.25倍，而180 d后水泥强度增长仍未终止。

当拟加固的软弱地基为层土时，应选择最弱的一层进行室内配比试验。

当地基土的含水量小于30%时由于不能保证水泥充分水化，不宜采用干法。施工时不需要高压设备，安全可靠，如能严格遵守操作规程，可避免对周围环境造成污染、震动等不良影响。

4.1.1.3 水泥土搅拌法加固软土技术优点

（1）最大限度地利用了原土。

（2）搅拌时无振动、无噪声和无污染，可在密集建筑群中进行施工，对周围原有建筑物及地下沟管影响很小。

（3）使用的固化材料（干燥状态）可更多地吸收软土地基中的水分，对加固含水量高的软土、极软土加固效果更为显著。

（4）固化材料全面地被喷射到靠搅拌叶旋转过程中产生的空隙中，同时又靠土的水分把他粘附到空隙内部，随着搅拌叶片的搅拌使固化剂较均匀地分布在土中。

（5）粪土喷射搅拌施工可以根据需要形成不同形状的群桩，也可以交替搭接成壁状、格栅状或块状。固化材料可以掺入矿石碎渣、干燥砂和粉煤灰等，材料来源广泛并可使用两种以上的混合材料。因此，对地基土加固适应性强。

（6）与钢筋混凝土桩基相比，可节约钢材并降低造价。

4.1.2 场地准备

1. 清 表

按《软基处理施工规范》，在地基施工范围清除原地面的种植土以及地上和地下的障碍物，遇有明滨、池塘及洼地时应抽水和清淤，场地低洼处应回填黏性土和黏性土料，并予以压实，不得回填杂填土或生活垃圾。地表过软处应采取防止机械失稳或沉陷的措施，并初压平整，测定平整后的地面标高。

2. 施工放样

在喷粉桩施工前，根据导线点定出基轴线，按等间距平格网平差放样，布置出所有桩位。

本工程根据路基宽度和设计参数在施工平面图画布桩图。依布桩图放出施工区域大样，在每区域按设计桩距进行桩位放样。桥台位置布桩时，要保证灌注桩和粉喷桩有一定的网距，以确保灌注桩施工不出现坍孔。

4.1.3 材料准备

4.1.3.1 原材料准备

采用水泥作为固化剂材料，在其他条件相同时，在同一土层中水泥掺入比不同时，水泥土强度将不同。由于块状加固属于大体积处理，对于水泥土的强度要求不高，因此为了节约水泥，降低成本，可选用 7%～12% 的水泥掺量。水泥掺入比大于 10% 时，水泥土强度可达 0.3～2 MPa 以上。一般水泥掺入比 a_w 采用 12%～20%。水泥土的抗压强度随其相应的水泥掺入比的增加而增大，但因场地土质与施工条件的差异，掺入比的提高与水泥土强度增加的百分比是不完全一致的。水泥进入建筑场地，注意结块、失效，混入纺织带、水泥纸的原料不准入库。

水泥标号直接影响水泥土强度，水泥土强度等级提高 10 级，水泥土强度 f_{cu} 约增大 20%～30%。如果要达到相同强度，水泥强度等级提高 10 级可降低水泥掺入比 2%～3%。

本工程粉喷桩加固材料选用业主指定的 32.5 级普通硅酸盐袋装水泥，项目部队水泥的采购、储存及使用统一管理。水泥进入工地后存放在水泥棚中，为了避免水泥在棚中受潮，在地面上搁置模板支架作支垫。水泥入库、出库后严格登记水泥台账，以便在施工时能及时核对每天完成的喷粉桩数量和水泥用量是否相符。每批水泥进场后，项目部实验室及时按频率抽检，检测水泥各种物理性能。

4.1.3.2 掺灰量配比确定

1. 土样物理性质实验

试桩前，项目部试验室将分别选取有代表性位置进行钻孔取不同层面的天然土样。对取出的土样进行物理性质的实验。本工程土样实验结果见表 4-3。

表 4-3 土样物理性质实验结果

各项指标		深度	天然含水量	天然孔隙比	压缩模量/MPa	压缩系数/MPa^{-1}
土类别	第一层	0～2.3 m	36.4%	1.031	3.47	0.59
	第二层	2.3～7 m	37.6%	1.052	3.13	0.63
	第三层	7～14 m	55.5%	1.615	1.89	1.382

2. 掺灰量的确定

本工程通过室内 45 kg/m、50 kg/m、55 kg/m 三种灰剂量的配比和试件抗压强度试验发现，随着水泥掺量的增加，试件的无侧限抗压强度明显增加；且不同掺灰量的水泥随着龄期的增长，其无侧限抗压强度明显增加。项目部在保证质量、节约成本的前提下，选用 50 kg/m 的掺灰量。

3. 通过室内配合比进行试桩

粉喷桩施工前应根据设计进行工艺性试桩，数量不得少于 2 根。当桩周位成层土时，应对相对软弱土层增加搅拌次数或增加水泥掺量。通过试桩来确定搅拌次数、喷灰量、下钻的速度、提升速度及水泥泵中水泥粉压力等参数。

工艺性试桩目的是：

（1）提供满住设计固化剂掺入量的各种操作参数。
（2）验证搅拌均与程度及成桩直径。
（3）了解下钻及提升的阻力情况，并采取相应的措施。

本项目试桩共 10 根，且必须呆试桩成功后方可进行大规模的粉喷桩施工，试桩后芯样的无侧限抗压强度作为桩身的标准强度。

4.1.4 粉喷桩施工准备

粉体喷搅法（干法）粉喷施工机械必须配置经国家计量部门确认的具有能瞬时检测并记录出粉量计量装置及搅拌深度自动记录仪。一般由搅拌主机、粉体固化材料供给机（包括材料储存罐、输送机）、空气压缩机、搅拌翼和动力部分组成。

1. 搅拌主机

搅拌主机是粉体喷搅法施工的主要成桩机械。国产水泥搅拌机的搅拌头大都采用双层（或多层）十字杆形或叶片螺旋形。这类搅拌机头切削和搅拌加固软土十分合适但对径大于100 mm 的石块，树根和生活垃圾等大块物体的切割能力较差，即使将拌头作了加强处理后已能穿过块石层，但施工效率较低，机械磨损严重。因此，施工时应予以挖出后再填素土为宜，增加的工程量不大。但施工效率却可大大提高。钻机及桅杆架可以安装在汽车上，也可运至工地后移至于地面上进行操作。

2. 粉体固化材料供给机

粉体固化材料供给机工作原理：由空压机输送进来的压缩空气，通过节流阀调节风量的大小，进入气水分离器，时压缩空气里气水分离。然后干风到达气体发送喉管，与转鼓定量输出的分体材料混合，成为气粉混合体，进入钻机的旋转龙头，通过空心钻杆喷入地下。粉体的定量输出，由控制转鼓的转速来实现。施工前必须加固工程的地质条件，通过室内实验室，找出最佳粉体掺入量，选用合理的粉体发送量。

3. 空气压缩机

空气压缩机作为粉体喷射风源，其选型主要受加固工程地质条件和加固深度所控制。粉体喷射搅拌法是以机械强制搅拌。气粉混合体只需克服喷灰口处土及地下水的阻力雨喷入土中，通过控制搅拌叶的机械搅拌作用，使灰土混合，形成加固柱体。因此所用空压机的压力不需要很高，风量也不宜太大。

本工程采用国产 SJB-Ⅰ型 2×30 kW，SJB-Ⅱ型 2×40 kW，GPP/7 型 37 kW 深层搅拌机，包括：气控制装置；发电机组功率大于 75 kW，集料斗容量 $V>400$ L；空气压缩机 $Q>1$ m^3/min。

学习情境 4.2　粉喷桩施工

粉喷桩体施工工艺主要内容见表 4-4。

表 4-4　工作任务表

序号	项目	内　　容
1	主讲内容	（1）粉喷桩的施工一般要求； （2）粉喷桩施工工艺； （3）粉喷桩一般注意事项

续表

序号	项目	内 容
2	学生任务	（1）根据本项目特点和条件，了解粉喷桩施工的一般要求； （2）掌握粉喷桩的施工工艺； （3）根据施工教学现场了解施工过程中注意事项
3	教学评价	（1）能了解粉喷桩的施工工艺——合格； （2）能熟悉粉喷桩的施工工艺，并了解粉喷桩施工注意事项——良好； （3）能掌握粉喷桩施工工艺，并根据现场事故选择相应处理措施——优秀

4.2.1 粉喷桩施工的一般要求

（1）粉喷桩搅拌机翼片的枚数、宽度应与搅拌头的回转数、提升速度相互匹配，以确保加固深度范围内土体的任何一点均能经过20次以上的搅拌。

深层搅拌机施工时，搅拌次数越多，则搅拌和越均匀，水泥土强度也越高，但施工效率就降低。实验证明，当加固范围内土体任何一点的水泥土每遍经过20次的拌和，其强度即可达到较高值，每遍搅拌次数 N 由下式计算：

$$N = \frac{h\cos\beta \sum Z}{V} n \tag{4-1}$$

式中　h——搅拌叶片的宽度（m）；

　　　β——搅拌叶片与搅拌轴的垂直夹角（°）；

　　　$\sum Z$——搅拌叶片的总枚数；

　　　V——搅拌头的提升速度（m/min）。

（2）竖向承载搅喷柱桩施工时，停灰面应高于桩顶设计标高 300~500 mm。搅拌法在施工到顶端 0.3~0.5 m 范围时，因上覆盖压力较小，搅拌质量较差，因此，其场地整平标高再高 0.3~0.5 m，桩制作时仍施工到地面，待开挖基坑时，再将上部 0.3~0.5 m 的桩身质量较差的挖去，当搅拌桩作为承重桩进行基坑开挖时，桩身水泥已有一定的强度，若有机械开挖基坑，往往容易碰坏桩顶，因此基底标高以上采用 0.3 m，宜采用人工开挖，以保护桩头质量。

（3）施工中应保持搅拌桩的底盘的水平和导向架的竖直，搅拌桩的垂直偏差不得超过1%；桩位的偏差不得大于 50 mm；成桩直径和桩长不得小于设计值。桩位偏差是指桩后的偏差，因此对于桩位放线的偏差不得大于 20 mm。

（4）水泥土搅拌法施工步骤应为：

① 搅拌机就位、调平。

② 搅拌下沉至设计加固深度。

③ 边喷粉、边搅拌提升至要预定的停灰面。

④ 重复搅拌下沉至设计加固深度。

⑤ 根据设计要求，喷粉或仅搅拌提升至预定的停灰面。

⑥ 关闭搅拌机械。

在预（复）搅下沉时，也可采用喷粉施工工艺。按此施工步骤进行，就能达到搅拌均匀、施工速度较快的目的，其关键点是必须确保全桩上下至少再重复搅拌一次。

4.2.2 粉喷桩施工工艺

深层搅拌水泥粉喷桩施工工艺分为就位、钻入、预览、搅拌、成桩等过程。

1. 深沉搅拌机就位

钻机移至桩位,调整钻机平台、导向架,分别以经纬仪、水平尺在钻杆及转盘的两正交方向校正垂直度和水平度。使钻机倾斜小于1.5%,检查钻头直径,使钻头对中桩位误差不大于于5 cm,测定钻杆长度,记录储存罐初使读数及钻杆初始标高。

2. 储 料

打开粉喷机料罐上盖,按(设计有效桩长+余桩长)×每米用料计算出水泥用量。将水泥过筛,加料入罐,第一罐应多加一袋水泥。关闭粉喷机灰路蝶阀、球阀,打开气路蝶阀。

3. 预搅下沉

开动钻机,启动空气压缩机比缓慢打开气路调节阀,对钻机供气,视地质及地下障碍物情况采用不同转速正转下钻,宜用慢挡先试钻。观察压力表读数,随钻杆下钻压力增大而调节压差,使后阀较前阀大 0.02~0.05 MPa。下钻过程主要搅拌软土,为了避免堵塞喷射口,要求边旋转边喷高压气,有利于钻进,减少负扭矩。

4. 提升喷粉

钻头钻到设计桩长底标高,关闭气路蝶阀,反转提升,打开调速电机,视地质情况调整转速,旋转提升同时开启灰路蝶阀开始喷粉。钻机正转下钻复搅,反转提钻复喷。根据地质情况及余灰情况重复数次,保证桩体水泥土搅拌均匀。大提升到设计停灰标高后,应慢速在原地搅拌 1~2 min。

5. 复搅下沉

为保证桩体中水泥粉更均匀,须再次将钻头下钻到设计深度,提升复搅时,速度仍控制在 1.08 m/min,复搅深度一般为桩长的 1/3,且不小于 5 m。桩长不足 5 m 的要调桩复搅。

6. 成 桩

钻头提至桩顶标高下 0.5 m 时,关闭调速电机,停止供灰,充分利用管内余灰喷搅。原位旋转钻具 2 min,脱开减速箱、离合器,将钻头提离地面 0.2 m。打开球阀,减压放气,打开料罐上盖,检查管内余灰。

钻机移位,进入下一个成桩位。

4.2.3 现场施工应注意事项

(1)每个场地开工前的成桩工艺试提必不可少,由于制桩的喷灰量与土性、孔深、气流量等有关，故粉喷桩施工前应仔细检查搅拌机械、供粉泵、送气（粉）管路、接头和阀门的密封性、可靠性。送气（粉）管路长度不宜大于 60 m，减少送粉阻力，保证送粉量恒定，满足设计要求。

（2）搅拌头每旋转一周，其提升高度不得超过 16 mm，保证搅拌的均匀性。但每次搅拌时，桩体将出现极薄软弱结构面，对承受水平剪力不利，一般可通过复搅的方法来提高桩体的均匀性，消除软弱结构面，提高桩体抗剪力强度。

（3）当搅拌达到设计桩底以上 1.5 m 时，应即开启喷粉机提前进行喷粉作业。搅拌头提升到地面下 500 mm 时，喷粉机应停止喷粉。

（4）每根桩完成后，及时检查电脑小票中的各种技术参数，如出现桩体中喷粉量不足时，应及时整桩复打，复打的喷灰量应不小于设计喷灰量，如果出现机械故障喷粉中断时，必须复打，复打重叠应超过 1 m，防止断桩。

（5）固化剂从料罐到喷灰口有一点的时间延迟，要严格控制喷粉提升时的速度和复搅速度，严禁尚未喷粉的情况下提升钻杆作业。

（6）贮灰罐容量应超过一根桩的灰量加 50 kg，当贮灰量不足时，不得对下一根桩进行施工。

（7）施工过程中复搅时可能会出现卡钻头现象，因为经喷过粉的黏土与钻头的摩擦阻力增大从而出现卡钻现象。可以采用复搅时沿钻杆加水减少摩擦阻力，以满足整桩复搅的需要。

（8）钻头经过一段时间施工后，应卸下来检查其尺寸，定期复核检查，其磨耗量不得大于 10 mm。保证打出来的桩体尺寸能满足规范要求，否则将予以更换。

（9）粉喷桩进口处设滤网，防止结块的水泥或杂物进入储灰罐。需要在地基天然含水量小于 30%的土层喷粉成桩时应才用地面注水搅拌工艺，保证地下水位以上区段的水泥土水化完全，保证桩身强度。

学习情境 4.3　粉喷桩检测、验收

粉喷桩体检测主要学习内容有见表 4-5。

表 4-5　工作任务表

序号	项目	内容
1	主讲内容	（1）粉喷桩的检测、验收标准； （2）粉喷桩完成桩体的质量检验； （3）粉喷桩桩体强度及地基承载力检验方法
2	学生任务	（1）根据本项目特点和条件，了解粉喷桩的检测验收具体标准； （2）掌握粉喷桩检测验收内容、方法； （3）根据施工现场了解施工过程中复合地基承载力检测
3	教学评价	（1）能了解粉喷桩的验收标准——合格； （2）能熟悉粉喷桩的验收标准和方法——良好； （3）能掌握粉喷桩检测的标准，并根据具体工程选择检测方法——优秀

4.3.1 粉喷桩检测、验收的基本规定

4.3.1.1 验收阶段

粉喷桩地基检测验收分3个阶段。
（1）施工前应检查水泥及外掺剂的质量、桩位、搅拌机工作性能及各种计量设备完好程度。
（2）施工中应检查机头提升速度、水泥注入量、搅拌柱的长度及标高。
（3）施工结束后，应检查桩体强度、桩体直径及地基承载力。进行强度检测时，对承载粉喷桩应取90 d后的试件。

4.3.1.2 粉喷桩地基质量检验标准

粉喷桩地基质量检验标准应符合表4-6的规定。

表4-6 粉喷桩地基质量检验标准

项目	序号	检查项目	允许偏差或允许值		检查方法
			单位	数值	
主控项目	1	水泥及外掺剂质量		设计要求	查产品合格证书或抽样送检
	2	水泥用量		参数指标	查看流量计
	3	桩体墙体		设计要求	按规定办法
	4	地基承载力		设计要求	按规定办法
一般项目	1	机头提升速度	m/min	≤0.5	量机头上升距离及时间
	2	桩底标高	mm	±200	测机头速度
	3	桩顶标高	mm	+100 / -50	水准仪（最上部50 mm不计入）
	4	桩位偏差	mm	<50	用钢尺量
	5	桩径		<0.04D	用钢尺量，D为桩径
	6	垂直度	%	≤1.5	经纬仪
	7	搭接	mm	>200	用钢尺量

4.3.2 完成桩体的质量检验

4.3.2.1 施工过程中的质量检验

搅拌桩的施工质量控制应贯穿在施工的全过程，并应坚持全程的施工监理。施工过程中必须随时检查施工记录和计量记录，并对照规定的施工工艺对每根桩进行质量评定。施工记录应反映每根桩施工全过程的真实情况，应按规范规定的内容填写，应做到详尽、完善、真实并及时汇总分析，凡是需要了解的施工问题，应都能从施工记录中找到答案，检查的重点

是：水泥用量、桩长、搅拌头转速和提升速度、复搅次数和复搅深度、停浆处理方法等。

对每根制成的粉喷桩须随时进行检查；施工人员和监理人员签字后作为施工档案。除进行上述的施工质量检查外，还需进行如下的施工质量检验：

（1）桩位。通常定位偏差不应超过 50 mm。施工前在桩中心插桩位标复原，以便验收。

（2）桩顶、桩底高程。均不应低于设计值。桩底一般应超过 100~200 mm，桩顶应超过 0.5 m。

（3）桩身垂直度。每根桩施工时均应用水准尺或其他方法检查导向架和搅拌轴的垂直度，间接测定桩身垂直度。通常垂直度误差不应超过 1.5%。当设计对垂直度有严格要求时，应按设计标准检验。

（4）桩身水泥掺量。按设计要求检查每根桩的水泥用量。通常考虑到按整包水泥计量的方便，允许每根桩的水泥用量在±25 kg（半包水泥）范围内调整。

（5）水泥强度等级。水泥品种按设计要求选用。对无质保书或有质保书的小水泥厂的产品，应先做试块强度试验，试验合格后方可使用。对有质保书（非乡办企业）的水泥产品，可在搅拌施工时，进行抽查试验。

（6）搅拌头上提喷粉速度。一般均在上提时喷粉，提升速度不超过 0.5 m/min。通常采用二次搅拌。当第二次搅拌时不允许出现搅拌头未到桩顶，水泥粉已拌完的现象。有剩余时可在桩身上部第三次搅拌。

（7）外掺剂的选用。采用的外掺剂应按设计要求配置。常用的外掺剂有氯化钙、碳酸钠、三乙醇胺、木质素磺酸钙、水玻璃等。

（8）喷粉搅拌的均匀性。应有水泥自动计量装置，随时指示喷粉过程中的各种参数，包括压力、喷粉速度和喷粉量等。

（9）喷粉到距地面 1~2 m 时，应无大量粉末飞扬，通常需适当减小压力，在孔口加防护罩。

（10）对基坑开挖工程中的侧向围护桩，相邻桩体要搭接施工，施工应连续，其施工间歇时间不宜超过 8~10 h。

4.3.2.2 成桩的质量检验

1. 对成桩 7 d 的粉喷桩检测

随机按规定频率进行以下几项检测：

（1）浅部开挖：属自检范围。成桩 7 d 后，采用浅部开挖桩头（深度不宜超过停灰面以下 0.5m），目测检查外观是否圆顺，水泥土是否密实，搅拌是否均匀，量测成桩直径，检测量为总桩数的 5%。

（2）成桩 3 d 后，用 N 轻型动力触探仪检测每米桩身的均匀性。检验数量为施工总桩数的 1%，且不少于 3 根。触探部位距桩头标高以下 10 cm、150 cm、270 cm 开始触探，每 10 cm 触探击数应大于 30 击，连续触探 30 cm，累计不少于 100 cm；对达不到触探击数要求的粉喷桩，待 28 d 龄期进行钻芯取样检测。

2. 28 d 龄期的粉喷桩检测

（1）通过钻取的芯样检测桩体喷粉和搅拌是否均匀、桩体有没有断粉现象，桩长是否达到设计要求。

（2）对芯样进行加工、磨制成等高试件做无侧限抗压强度试验，尽可能在芯样上、中、下3个部位各磨制一组，一组3个试件，根据3个试件的代表值评定桩体强度。

检验数量为桩总数的0.5%~1%，且每项单体工程不少于3点。

3. 单桩和复合地基承载力检验

竖向承载水泥土搅拌桩地基竣工验收时，承载力检验应采用复合地基荷载试验和单桩荷载试验。通过28 d钻芯取样检测评估不合格的施工面，将采用静荷载试验，检验复合地基承载力或单桩承载力。静荷载试验每施工面不小于3点，取3点的代表值确定其是否满足设计要求。

4.3.3 桩体强度及地基承载力检测方法

1. 挖桩检查法

挖桩检查法是目前软基础设计规范规定的方法，要求按桩总数2%的取样，挖桩检查桩的成型情况，然后分别在桩顶以下50 cm、150 cm等部位截取足尺桩头，进行无侧限抗压强度试验。该方法对于粉喷桩易于出问题的下部则无法检测。不仅挖桩、截桩头工程量大，而且破坏了天然地层，回填困难。据此，该方法弊大于利，不应作为规范推广的方法。

2. 轻便触探仪触探法

该方法也是规范规定的方法。轻便触探需在早期进行，一般龄期不能超过5~7 d。且轻便触探探测深度不超过4 m，故对粉喷桩深层质量无法测定，和前一种方法一样，测定结果无代表性。

3. 钻孔取芯法

采用地质钻机对粉喷桩进行全程钻孔取芯样（龄期一般为28 d），这是目前粉喷桩质量检测中常用的方法，测定结果能较好地反映粉喷桩的整体质量。但该方法也存在检测时间长、钻孔费用高，钻孔取芯时间一般需在28 d以后，难以对粉喷桩质量实施动态控制等问题。

4. 静载试验法

该方法能根据桩承载力的大小定性地确定桩体质量，但由于测试费用较高，每个工程只能抽检很少数量，故测试结果也无代表性。

5. 动测法

主要是指低应变动测法，它是基于一维波动理论，利用弹性波的传播规律来分析桩身完整性。检测速度快，检测简单，但国内大量资料表明，粉喷桩桩体强度与波速之间关系离散，桩端阻抗与周围介质没有明显变化，桩底反射不明显，因而难以用动测法评价桩身质量。

本工程经检测做28 d的取芯检测，芯样光洁、连续、无断桩现象，桩长均能满足设计要求,芯样磨制出的试件做抗压试验均能满足设计要求,现场强度检测数据见表 4-7。

表 4-7 现场强度检测数据表   kPa

桩号龄期	7 d	14 d	28 d
K36+	490,470,440	630,650,660	1320,1280,1340
K36+	460,420,430	630,620,650	1280,1260,1220
K36+	410,430,460	610,600,640	1240,1270,1310
芜屯立交桥桥台	470,510,490	630,710,680	1350,1290,1310
青弋江特大桥桥台	500,480,470	670,700,660	1320,1340,1290
备注	触探仪检测	触探仪检测	芯样抗压试验

路基施工完成后,经 6 个月时间的加载预压,安徽省质检部门对路基桥涵作最后的沉降观察,实际的工后沉降量均少于原理论计算的沉降量,从而达到减少工后沉降的目的。

学习情境 4.4 粉喷桩工程施工案例

4.4.1 编制依据

(1)XX 省交通规划设计院有限公司关于 XXX 扩建工程 XX 特大桥工程施工图设计。
(2)交通部《公路工程质量检验评定标准》JTG80|1—2012。
(3)其他相关设计标准。

4.4.2 工程概况

XX 特大桥建设工程师 XXX 扩建工程的一部分,项目起点为老 204 国道与 324 省道相交的十字路口,终点为大桥跨越南大堤纵断面落地处,全长为 6.1 km,其中,新祈河特大桥桥长约 3.72 km,新祈河北侧接线长约 2.0 km,南侧约 0.4 km。

桥头及过渡段路基基地采用粉喷桩施工,桩直径为 50 cm,呈梅花形布置,根数 4 862 根,粉喷桩总工程量为 62 667 m。水泥搅拌桩打入持力层 50 cm。

4.4.3 地质情况

本地区依据岩土层分布,组合情况,自上而下可概括为:全新统上部松散层类(第 1 大层,厚度 12.00~12.80);上更新统黏性土,砂性土及亚黏性土与粉砂互层类(第 2、3、4 大层,厚度>60 m)。各土层工程特性如下:

1-1(亚)黏土。
1-2 淤泥:层厚 8.90~11.5 m。

1-3 亚黏土：层厚 1.80～2.60 m。

2-1 亚黏土：层厚 4.60～11.70 m，全线连续分布。

2C 亚黏土（或亚砂土、粉砂）：层厚 4.10～12.20 m，全线连续分布。

2-2 亚黏土：层厚 1.70～2.60 m，桥址区后半段连续分布。

2-3 黏土：层厚 6.10～11.50 m，全线连续分布。

3-2 黏土：层厚 1.70～10.5 m，局部分布。

3c 粉砂或细砂：层厚 2.50～11.30 m，沿线连续分布。

4-1（亚）黏土夹砂浆：连续分布，未揭穿。

4c 中细砂：层厚 4.70～6.60 m。

4.4.4 特殊路基施工

粉喷桩主要工程量：粉喷桩根数 4 862 根，粉喷桩总工程量 62 667 m，粉喷桩超载土方 29 504 m³，卸载土方 21 814 m³，土方增量 9 868 m³。

特殊路基分布及处理方法见表 4-8。

表 4-8 特殊路基分布及处理方法

起讫桩号	处理路段	处理方法
K0+000～K0+669	一般路段	等载预压（h=1.0 m）
K0+669～K0+681	圆管涵	粉喷桩（桩长 11 m，桩径 50 cm，桩距 1.1 m）
K0+681～K0+992	一般路段	等载预压（h=1.0 m）
K0+992～K0+004	圆管涵	粉喷桩（桩长 10.5 m，桩径 50 cm，桩距 1.1 m）
K1+004～K1+325.50	一般路段	等载预压（h=1.0 m）
K1+325.50～K1+337.50	盖板涵	粉喷桩（桩长 10m，桩径 50 cm，桩距 1.1 m）
K1+337.50～K1+724	一般路段	等载预压（h=1.0 m）
K1+724～K1+736	圆管涵	粉喷桩（桩长 10.5 m，桩径 50 cm，桩距 1.1 m）
K1+736～K1+960	一般路段	等载预压（h=1.0 m）
K1+900～K1+960	挡墙	粉喷桩（桩长 13.5 m，桩径 50 cm，桩距 1.2 m）
K1+960～K2+010	桥头过渡段（挡墙）	粉喷桩（桩长 13.5 m，桩径 50 cm，桩距 1.2 m）
K2+010～K2+041	桥头（挡墙）	粉喷桩（桩长 13.5 m，桩径 50 cm，桩距 1.0 m）
K5+749～K5+783	桥头（挡墙）	粉喷桩（桩长 13.5 m，桩径 50 cm，桩距 1.0 m）
K5+783～K5+833	挡墙	粉喷桩（桩长 13.5 m，桩径 50 cm，桩距 1.2 m）
K5+833～K5+870	挡墙	粉喷桩（桩长 13.5 m，桩径 50 cm，桩距 1.2 m）
K5+833～k6+100	一般路段	等载预压（h=1.0 m）

4.4.5 施工方案及技术措施

4.4.5.1 粉喷桩施工前的准备工作

（1）现场踏勘，熟悉地情、施工条件及研究施工图纸，组织协调图纸会审工作。

（2）施工进场后进行合理的现场平面布置，其中包括临时办公用房及相应的生活设施、临时道路、材料堆场、施工及生活用水、电的布设，确保施工现场及周边环境的文明、卫生符合业主、监理及工地文明施工要求。

（3）机械设备安装调试。粉喷桩施工机械型号为 HP-5A 型粉喷桩机 2 台，配备 PJ4-1 型电脑喷粉记录仪 2 台，配套发电机功率为 120 kW，每台桩机配备储灰罐 2 个，空压机 2 台，储气罐 2 个，电脑喷粉记录仪 2 台，施工桩机摆布应利于连续施工，灰罐要求安装在离钻机 50 m 范围内。

（4）原材料检验及室内配合比试验。施工用水泥为等级为 32.5 需经检验合格方可进场使用。现场取原状土进行室内配合比试验，对桩身设计强度及水泥用量进行检测。每米粉喷桩掺灰量为 50 kg。

（5）编制实施阶段施工组织设计，经审批后方可施工。正式施工前进行成桩工艺试验桩数为 5 根，每台桩机正式施工前必须进行试打（不少于 2 根）。通过试桩来确定钻进速度、提升速度、搅拌速度、喷气压力、单位时间喷粉量等。

（6）准备好粉喷桩设计桩位图，原地面高程数据表，加固深度与停灰面高程以及测量资料等。

（7）场地平整、清除障碍。如场地低洼，应回填黏性土；施工场地不能满足机械行走要求时，应铺设砂土或碎石垫层。若地表过软，则应采取防止机械失稳措施。

4.4.5.2 粉喷桩施工工艺流程

（1）清表、原地面平整，根据设计要求，先挖除耕植土，整平原地面至粉喷桩施工高程 1.50 m 处，清除施工区域内空中、地面、地下的一切障碍物。

（2）布设桩位。根据设计图纸及有关要求绘制桩位点状网格图报监理工程师批准后，依据布桩图及路线中桩、控制桩，现场用钢卷尺定出每一根桩的桩位，用竹签插入土层标定位置，并用石灰加以突出（桩位误差不得超过 5 cm，桩间距误差不得超过 10 cm）。

（3）桩机就位，校正桩架垂直度≤1%；丈量钻杆长度，使之满足设计要求并保证 3 m 左右的预留长度。

（4）水泥过筛后加入灰罐，防止水泥块或其他块状物体进入灰罐。

（5）关闭粉喷桩机灰路阀门，打开气路阀门。

（6）开始钻机，揿下电脑喷粉记录仪按钮开始记录，启动空压机并缓慢打开气路压阀，对钻机供气。

（7）观察压力表读数，随钻杆下钻压力增大而调节压差，使后阀较前阀大 0.02~0.05 MPa 压差。

（8）钻头钻到持力层后，停钻，通知送灰人员送灰，空钻 1 min，待水泥灰送到桩底部后反转提升（或直接提钻，待水泥灰送达钻头处后再往下打至桩底部）。视地质或其他情况调整转速，喷灰成桩，钻头提至地面下 0.5 m 时停止供灰。

（9）关闭送灰阀，打开供气阀，钻机正转下钻复搅，复搅深度为桩长的 1/3。钻头边旋转边钻进，直至设计深度处，在边提升边反向旋转，使土体和粉体充分拌和，土体被充分粉碎，水泥浆被均匀地分散在桩土中，复拌是保证成桩均匀和提高桩体强度的有效措施。

（10）提升至停灰面顶旋转 1 min，将钻头提离地面 0.2 m。

（11）打开阀门，减压放气。

（12）施工中应注意电流表读数，粉喷桩钻机钻到桩底标高时，电流表读数要≥65A，但千万不要>75A。

（13）钻机移位，进行下一根桩施工。施工完毕，整平场地，测量标高，整理施工记录。

喷灰过程中，随时注意观察计量表，保持喷灰量每平方米用量 50 kg。每根桩保持连续作业，桩体喷灰要求一气呵成，不中断，每根桩装一次灰，一次成桩；喷灰深度在钻杆上标线控制，喷灰压力控制在 0.5~0.88 MPa。

粉喷桩应自然养护 14 天以上，禁止一切机械在其上行驶，以免将桩头压碎或水平推力作用造成断桩。人工挖出桩头，在周边凿槽，用锤击破碎。

4.4.6 施工人员组织

粉喷桩施工在项目经理和项目经理部的领导下施工。具体人员组织参见表 4-9。

表 4-9 施工人员组织

序号	岗位	人员	主要职责
1	项目经理	XXX	全面领导工程施工，是工程质量、进度、安全、效益的第一责任人
2	项目总工	XXX	全面负责工程的技术及质量管理工作
3	技术组	XXX	协助技术负责人及技术工作，收集汇总技术资料
4	施工员	XXX XXX	负责施工生产管理，负责桩位放线等有关工作，是质量保证的重要管理人
5	质检员	XXX	负责各项目质量检查监督工作
6	测量工程师	XXX	负责整个工程测量工作，确保桩位正确，桩身垂直
7	安全员	XX	负责施工安全教育，使职工树立安全意识，监督劳动保护，建立文明施工
8	材料员	XXX	做好材料供应，计划和消耗统计工作，对进场材料进行有关验收和认真保管
9	喷粉桩机台	14 人	按规范设计质量要求，负责粉喷桩施工
10	电工机修	XXX	负责设备的修理、保养

4.4.7 主要机具设备

本工程投入 HP-5A 型粉喷桩机 2 台，其他设备见表 4-10。

表 4-10 主要机具设备

序号	设备名称	数量	单机功率/kW	备注
1	HP-5A 钻机	2	37	
2	空压机	2	15	
3	发电机	2 台	120	
4	其他小型设备	6 套	7.5	
5	生产照明	4	1.5	
6	双轮手推车	8 辆		
7	全站仪	1 台		
8	水准仪	1 台		

4.4.8 材料进场计划

本工程主要材料为普通硅酸盐 32.5 水泥,总用量为 3 133 t,为了保证工程施工,先进 100 t,以后每天根据进度情况合理安排,保证水泥用量计划。

4.4.9 工程进度计划

本工程粉喷桩计划开工日期:2XX 年 6 月 1 日,计划竣工日期 2XX 年 11 月 30 日,施工总工期 183 天(详见施工进度计划表 4-11)。

表 4-11 施工进度计划表

段落	日期	6月						7月						8月					
		1-5	6-10	10-15	16-20	21-25	26-30	1-5	6-10	10-15	16-20	21-25	26-30	1-5	6-10	10-15	16-20	21-25	26-30
1	K0+000~K2+041 北																		
2	K5+749~K6+100 南																		

段落	日期	9月						10月						11月					
		6-10	11-15	16-20	21-25	26-30	1-5	6-10	11-15	16-20	21-25	26-30	1-5	6-10	11-15	16-20	21-25	26-30	
1	K0+000~K2+041 北																		
2	K5+749~K6+100 南																		

4.4.10 质量保证体系

4.4.10.1 施工质量保证体系

建立质量保证体系管理网络,推行全面质量管理,实行以项目经理负责的质量安全管理体系和总工程师负责的质检、试验、测量三个质量保证体系,确保工程质量达标,争创优质工程;加强质量思想教育,树立"质量第一"的观念,加强技术业务培训工作;建立工地试验室,各类检测设备齐全,工程质检人员做好检测、检验工作。

施工质量保证体系如图 4-1 所示。

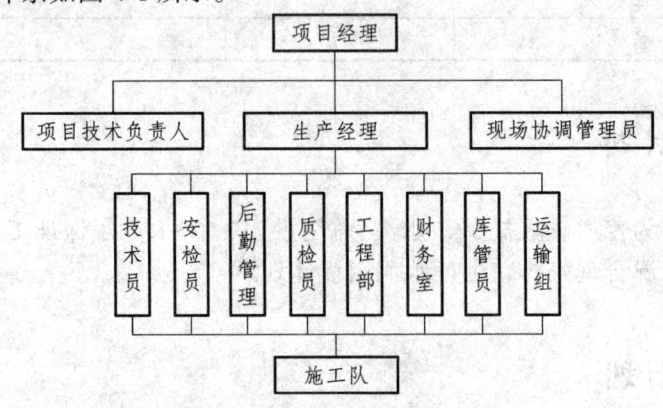

图 4-1 施工质量保证体系

4.4.10.2 施工准备阶段的质量管理

要做好设计图纸的技术交底工作,做好交底记录,进行测量放线,验收原材料的质量。

4.4.10.3 生产阶段的质量管理

严格执行按照《建筑地基处理规范》GJ79—91、中华人民共和国行业标准《粉体喷搅法加固软弱层技术规范》(TB10113—96)及设计图纸的各项规定。粉喷桩施工质量检验标准见表 4-12。

表 4-12 粉喷桩质量标准

项次	检查项目	规定值或允许偏差	检查方法和频率
1	桩距/mm	±100	抽查 2%
2	桩径/mm	不小于设计	抽查 2%
3	桩长/m	不小于设计	查施工记录
4	竖直度/%	1.5	查施工记录
5	单桩喷粉量	符合设计要求	查施工记录
6	强度/MPa	不小于设计	抽查 5%

4.4.10.4 保证质量的具体措施

(1)输灰泵送灰经输灰管达到搅拌机喷灰口的时间,应在施工前作好测定,预搅下沉和粉喷搅拌提升速度均为 0.45～0.50 m/min，重复搅拌提升速度均为 0.8～1.47 m/min，空气压力 0.2～0.3 MPa。

（2）施工工艺应根据设计要求和施工规程进行。

（3）搅拌机喷粉搅拌深度误差不得大于 5 cm，时间误差不得大于 5 s，搅拌机每次下沉或提升的时间及喷粉量与泵送水泥时间应有专人记录。施工中如发现问题。应及时处理。

（4）喷粉所用的水泥材料必须是新鲜水泥，严禁使用受潮不合格及无保证书的水泥。

（5）喷粉阶段不允许发生断灰现象，输粉管道不能发生堵塞，如遇停电，机械故障造成停灰，应采取复打措施，复打深度重叠 1 m 以上，成桩后开盖检查，如发现用灰量不够，立即补喷。

（6）为保证粉体桩的垂直度偏差不超过 1.0%，应注意起吊设备的平整度和导向对地面的垂直度，机上配水平尺，随时检查机架的垂直度，发现倾斜或位移，及时调整。

（7）做好施工记录，做到认真、准确、真实，成桩过程中如有异常情况影响桩身质量，必须如实记录并及时与设计部门联系，以便及时处理。

（8）机械安全措施，严格执行岗位责任制和安全操作规程。

（9）对钻头定期检查，直径磨耗量≤1 cm，钻头直径≤3 cm。

4.4.10.5　工程结束后的质量管理

（1）工程结束后要做好全部原始资料的汇总计算，土方开挖桩头要人工开挖，严禁用大锤直接夯击桩头。要陪合做好检测工作。

（2）本粉喷桩工程的质量等级要满足设计要求，符合规范标准，成桩 7 天内科用轻便探进行桩质量抽检，触探点应在桩径方向 1/4 处，抽检频率为 2%，对不符合要求的桩进行桩头补强。

（3）成桩 28 后在桩体上部（桩顶以下 0.5 m、1.0 m、1.5 m）截取三段桩体进行现场桩身无侧限抗压强度试验。检查频率为 2%，每一工点不得少于 2 根。

（4）在取得粉喷桩材料与波速关系的前提下，可采取小应变动测法进行桩长及成桩均匀性的定性检查。

4.4.11　雨季施工措施

（1）在工程场地包括生活区和施工区（特别是水泥库）做好排水工作，设置排水坡和排水沟，配备合适流量的水泵，用以排除地表积水和防止水泥受潮。

（2）加强与当地气象部门的联系，在确保质量与安全的前提下，做好雨天施工生产安排，尽量减少预计对施工工期的影响。

（3）对施工材料要做好防雨准备，对作业现场的电器、开关箱以及通信线路采取必要的措施，以免发生触电、漏电等安全事故。

总之，考虑到雨季的特点，合理安排工程项目，确保工程流水作业的步骤总体推进，尽量减少对工程进度的影响。

4.4.12 安全生产措施

（1）贯彻"安全第一，预防为主"的方针，以项目经理为第一安全责任人。

（2）设专职安全员，负责工地安全管理工作，各班组设兼职安全员、项目经理、施工负责兼职安全员组成项目安全委员会，督促项目的安全生产。

（3）工人进场由安全员进行安全教育，进场后施工人员必须认真执行"安全管理制度"，"安全生产责任制"，遵守"安全生产纪律"，定期召开安全工作会议，进行安全检查活动，杜绝安全隐患。

（4）施工现场设置安全警示牌，施工人员必须穿工作劳动鞋、戴安全帽上班。

（5）机电设备必须专人操作，认真执行规程，杜绝责任机械设备，电器、电路必须断电维修，并挂上警示牌，定期检查电器、电路的安全性。

（6）要经常检查机台和钢丝绳，发现损伤，要及时更换，防止脱落伤人，外露传动系统必须有防护罩。

4.4.13 文明施工措施

（1）从项目经理到各级管理人员必须将文明施工及环境卫生列为重要的工作职责，协调好与外界各有关单位的关系，共同做好工地文明施工。

（2）施工现场场地施工工人员经常清理，保证场地清洁，材料堆放应整齐有序。

（3）经常保养、清洁施工设备的清洁和完好。

（4）注意环境卫生，对灰罐中排出的水泥灰（气）应进行处理，防止污染附近的农作物和环境。

（5）生活区周围应保持卫生，不随便乱倒污物、污水和生活垃圾。办公室、职工宿舍、食堂保持整洁、卫生、有序。提供简易的文化娱乐设施，提倡并积极组织职工进行有益的文体活动，制止各种不健康、违法行为。

（6）职工要注意个人形象，衣着整洁，言谈举止文明，在内外交往中讲文明礼貌；实行岗位挂牌，明确职责范围，促进联系，方便监督，搞好现场文明施工。

思考题

1. 简述粉喷桩的发展过程。
2. 简述粉喷桩的地基加固原理、使用条件及作用是什么？
3. 简述粉喷桩的施工机具的选取及工作原理。
4. 简述粉喷桩的施工工艺及注意事项。
5. 简述粉喷桩复合地基竣工检测验收标准、方法。
6. 简述粉喷桩的施工工艺及注意事项。
7. 简述粉喷桩复合地基竣工检测提前验收标准、方法。
8. 简述粉喷桩施工方案编写程序。
9. 粉喷桩或桩检测内容有哪些？
10. 粉喷桩施工质量保证措施有哪些？

项目 5 预制钢筋混凝土柱基础施工

学习目标

通过本项目的学习,要求学生:
1. 了解预制钢筋混凝土柱施工的机具设备的种类、型号,以及各类机器的配套使用。
2. 了解桩的制作、运输与堆放。
3. 熟悉沉桩工艺。
4. 掌握桩基检测与验收标准。

项目描述

某工程为框架结构,根据勘察资料,该场地下部土层分为:第①层填土层;第②层粉土;第③层粉质黏土;第④层中砂层;第⑤层粉土层;第⑥层中砂层;第⑦层卵石层。施工范围内的工程主要为独立基础和混凝土预制方桩基础,桩长一般为 20 ~ 22 m,以第⑦层卵石层为桩端持力层。基础设计等级为丙级,基础材料垫层混凝土采用 C10,基础混凝土采用 C30,钢筋采用 HPB235、HRB335。本工程基础平面布置如图 5-1 所示,桩顶承台与基桩有三桩、四桩、五桩等连接方式。

本工程预制方桩施工采用锤击沉桩法,施工工艺如图 5-2 所示。

学习情境 5.1 施工准备

钢筋混凝土预制桩施工准备工作的主要内容见表 5-1。

表 5-1 工作任务表

序号	项目	内容
1	主讲内容	(1)桩基础类型; (2)预制桩施工场地准备; (3)预制桩的制作、运输
2	学生任务	(1)了解桩基础类型及作用; (2)掌握预制桩的制作、运输方法; (3)根据施工教学现场了解预制桩施工前的准备工作
3	教学评价	(1)能了解桩的类型及特点——合格; (2)能熟悉预制桩的制作、运输方式及堆放要求——良好; (3)能掌握预制桩施工前的场地准备、桩位放样及桩的制作、运输要求——优秀

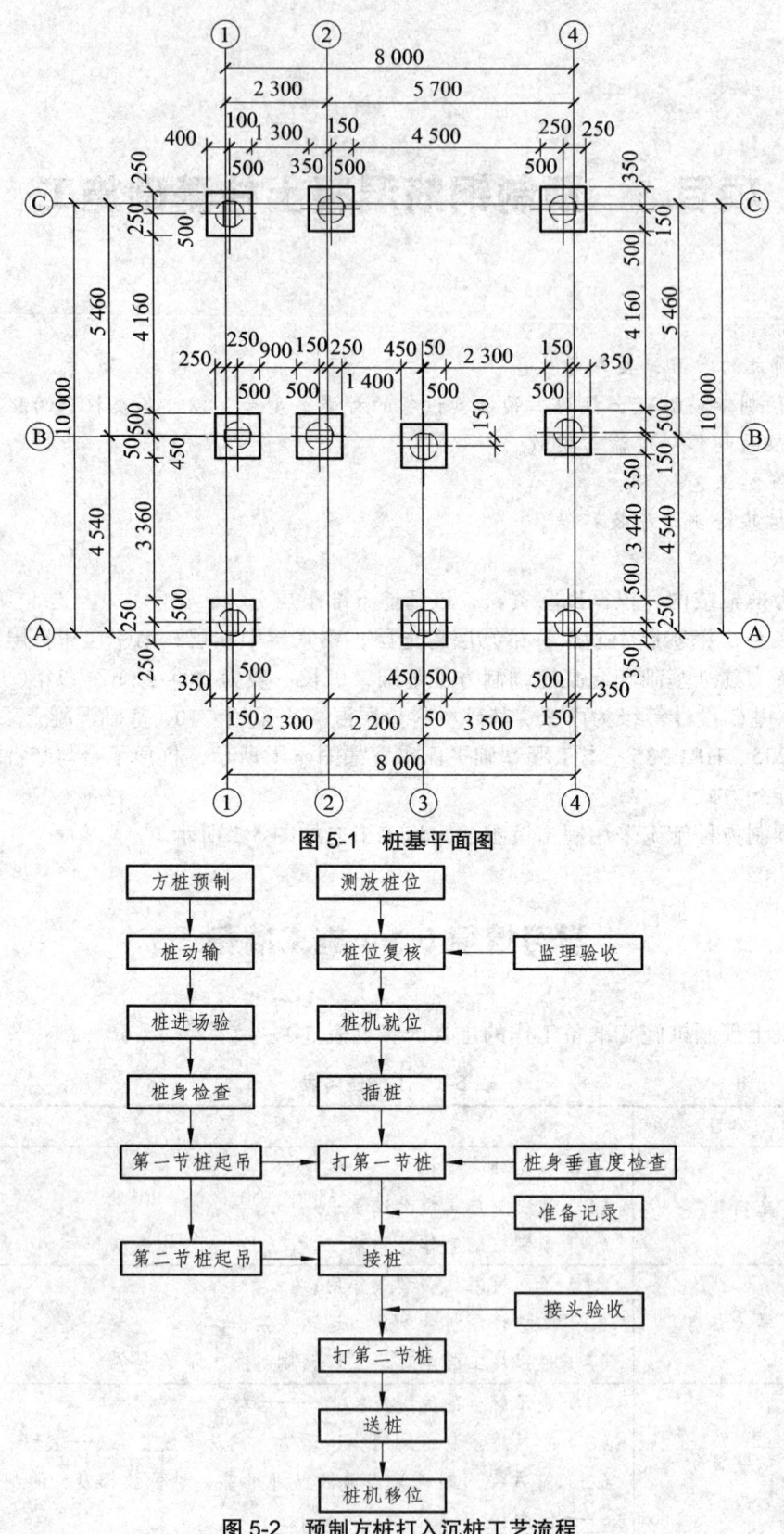

图 5-1 桩基平面图

图 5-2 预制方桩打入沉桩工艺流程

5.1.1 桩基础类型

桩是指深入土层的柱型构件，称基础。由基桩与连接桩顶的承台组成桩基础，简称桩基。桩基础的主要作用是将上部结构的荷载传递到深层较坚硬、压缩性小的土层或岩层。桩基由于具有承载力高、稳定性好、沉降及差异变形小、沉降稳定快、抗震性能强及能适应各种复杂地质条件等特点而得到广泛应用。

5.1.1.1 按承载性状分类

根据桩在极限承载状态下，总侧阻力和总端阻力所占份额分为两个大类和四个亚类。

1. 摩擦型桩

（1）摩擦桩：在承载能力极限状态下，桩顶竖向荷载由桩侧阻力承受，桩端阻力小到可忽略不计。

（2）端承摩擦桩：在承载能力极限状态下，桩顶竖向荷载主要由桩侧阻力承受。

2. 端承型桩

（1）端承桩：在承载能力极限状态下，桩顶竖向荷载由桩端阻力承受，桩侧阻力小到可忽略不计。

（2）摩擦端承桩：在承载能力极限状态下，桩顶竖向荷载主要由桩端阻力承受。

5.1.1.2 按成桩方法分类

按成桩挤土效应分为三类。

1. 挤土桩

沉管灌注桩、沉管夯（挤）扩灌注桩、打入（静压）预制桩、闭口预应力混凝土空心桩和闭口钢管桩。

成桩过程的挤土效应在饱和黏性土中是负面的，会引发灌注桩断桩、缩颈等质量事故，对于挤土预制混凝土桩和钢桩会导致桩体上浮，降低承载力，增大沉降；挤土效应还会造成周边房屋、市政设施受损、在松散土和非饱和填土中则是正面，会起到加密、提高承载力的作用。

2. 部分挤土桩

包括冲孔灌注桩、钻孔挤扩灌注桩、搅拌劲芯桩、预钻孔打入（静压）预制桩、打入（静压）式敞口钢管桩、敞口预应力混凝土和H型钢桩。

3. 非挤土桩

分为干作业法钻（挖）孔灌注桩、泥浆护壁钻（挖）孔灌注桩、套管护壁法钻（挖）孔灌注桩。对于非挤土桩，由于其既不存在挤土负面效应，又具有穿越各种硬基层、嵌岩和进入类硬持力层的能力，桩的几何尺寸和单桩的承载力可调空间大。因此钻、挖孔灌注桩适用范围大，尤其高重建筑更为合适。

5.1.1.3 按桩径（设计直径 d）大小分类

（1）小直径桩：$d \leqslant 250$ mm。
（2）中等直径桩：250 mm $< d <$ 800 mm。
（3）大直径桩：$d \geqslant 800$ mm。

桩径大小影响桩的承载力性状，大直径钻（挖、冲）孔桩成孔过程中，孔壁的松弛变形导致侧阻力降低的效应随桩径增大而增大，桩端阻力则随直径增大而减小。这种尺寸效应与土的性质有关，黏性土、粉土与砂土、碎石类土相比，尺寸效应相对较弱。另外侧阻和端阻的尺寸效应与桩身直径 d、桩底直径 D 呈双曲线函数关系。

桩型与成桩工艺应根据建筑结果类型、荷载性质、桩的使用功能、穿越土层、桩端持力层、地下水位、施工设备、施工环境、施工经验、制桩材料供应条件等，按安全适用、经济合理的原则选择。选择时可按《建筑桩基技术规范》JGJ 附录 A 进行。

按成桩工艺不同桩还可分为预制桩和灌注桩两种。灌注桩施工工艺见下一学习项目内容。预制桩由材料不同有：木桩、混凝土桩、钢桩等。按沉桩方法有打入法（锤击法和振动法）及静压法等。按桩的形状有方桩、圆柱桩、管桩、螺旋形桩等。本项目主要介绍钢筋混凝土预制桩施工工艺。

钢筋混凝土预制桩是目前工程上应用最广的工程桩之一。钢筋混凝土预制桩有实心桩和空心桩。实心桩可以现场制作，也可以在构件厂生产。实心桩由桩尖、桩身和桩头组成，断面一般呈方形。桩身截面一般沿桩长不变，截面尺寸一般边长为 200~600 mm，桩身长度一般为 25~30 mm。工厂预制桩限于运输条件桩长一般不超过 12 m，否则分节预制。

空心桩一般为先张法预应力管桩，一般在预制厂用离心法生产。现在常用的管桩有 PC 桩和 PHC 桩。PC 桩的混凝土等级可达 C50，使用时需满 14 d 龄期；PHC 桩的混凝土等级可达 C80，使用时只需混凝土达到设计强度即可。管桩的长度为定制，以米为单位。

本学习项目主要介绍钢筋混凝土预制桩方桩的施工，识读某工程预制桩基础施工图纸，了解钢筋混凝土预制桩方桩施工前的准备工作。

5.1.2 场地准备

5.1.2.1 障碍物处理

沉桩前，应向城市管理、供水、供电、煤气、电信、房管等有关单位提供要求，认真处理高空、地上、地下的障碍物。然后对现场周边的建筑物、地下管道线等作全面检查，如有危房或危险构筑物，必须予以加固或采取隔振措施或拆除。

5.1.2.2 场地平整

打桩场地必须平整坚实，必要时应布设道路，经压路机压实，场地四周应挖排水沟排水。

制桩材料的进场与成桩运往打桩地点的路线不应互相受于干扰。

5.1.2.3 抄平放线

在打桩现场设置水准点，其位置应不受打桩影响，数量不少于两个，用于抄平场地和检查桩的入土深度。要根据建筑物的轴线控制桩定出桩基础的每个桩位。

5.1.3 桩的制作、运输和堆放

5.1.3.1 桩的制作

预制混凝土实心方桩是最常见的桩型之一。截面尺寸一般为 200 mm×200 mm ~ 600 mm×600 mm（如图 5-3 所示）。单节桩的最大长度，依打桩架的高度而定，一般在 27 m 以内，如需打设 30m 以上的桩，则将桩预制成几段，在打桩过程中逐段接长。但应避免桩尖接近硬持力层或桩尖处于硬持力层中接桩。较短桩多在预制厂生产，较长桩一般在现场附近或打桩现场就地预制。

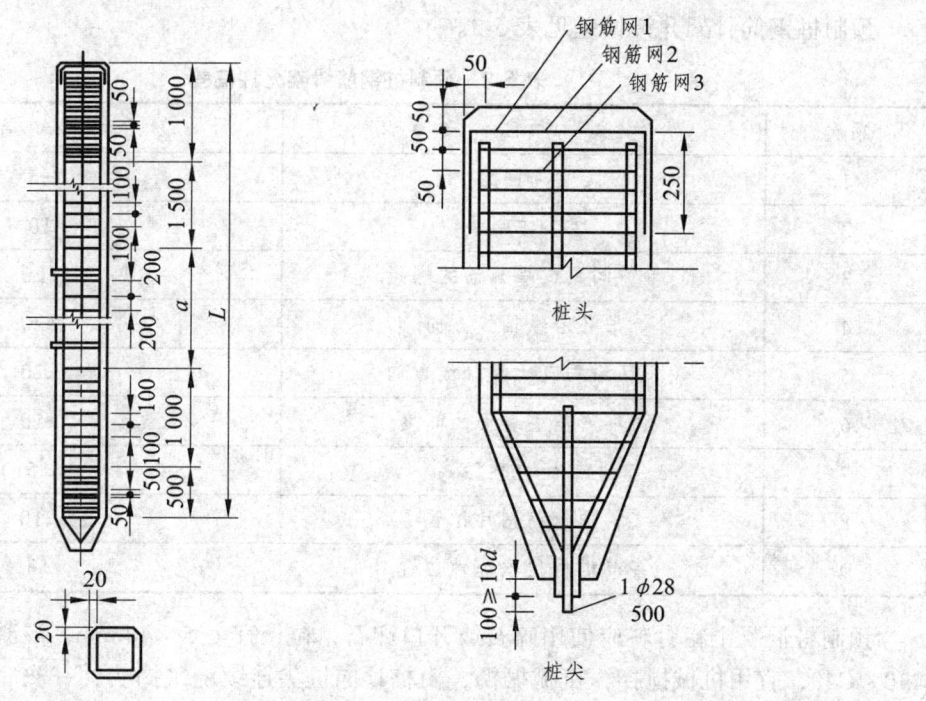

图 5-3 混凝土预制桩

制桩模板宜采用钢模板，模板具有足够刚度，并应平整，尺寸准确。

制作方桩的方法有并列法、间隔法和重叠法等。现场制作由于现场限制，采用叠加法比较多，如图 5-4 所示。重叠层数根据地面允许荷载和施工条件确定，但不宜超过四层。桩与桩之间应做好隔离层（如油毡、牛皮纸、塑料纸、纸筋灰等）。上层桩或邻桩的浇筑，应在下层桩或邻桩混凝土达到设计强度的 30%以后方可进行。由于重叠法施工需待上层桩混凝土到龄期后，整堆桩才能起吊使用，故也可将桩制成阶梯状。

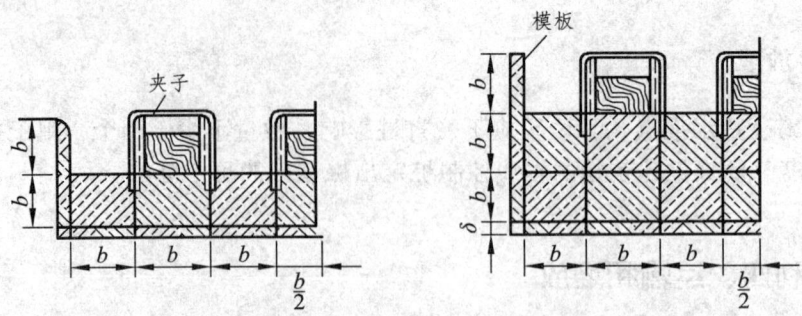

图 5-4　重叠间隔支模示意图

预制桩钢筋骨架的主筋连接宜采用对焊或电弧焊。当钢筋直径不小于 20 mm 时，宜采用机械接头连接。预制桩在锤击沉桩过程中要出现拉应力，对于受水平、上拔荷载桩桩身拉应力是不可避免的，按现行《混凝土结构工程施工质量验收规范》GB50204 的规定，同一截面的主筋接头数量的 50%，相邻主筋接头截面的距离应大于 $35d$，且不小于 500 mm，钢筋骨架的制作还必须符合现行行业标准《钢筋焊接及验收规程》JGJ18 和《钢筋机械连接通用技术规程》JGJ107 的规定。

预制桩钢筋骨架允许偏差见表 5-2。

表 5-2　预制桩钢筋骨架允许偏差

项次	项目	允许偏差/mm
1	主筋间距	±5
2	桩尖中心线	10
3	箍筋间距或螺旋筋的螺距	±20
4	吊环沿纵轴线方向	±20
5	吊环沿垂直于纵轴线方向	±20
6	吊环露出桩表面的高度	±10
7	主筋距桩顶距离	±5
8	桩顶钢筋网片位置	±10
9	多节桩桩顶预埋件位置	±3

预制桩混凝土粗骨料应使用碎石或开口卵石，粒径宜为 5 ~ 40 mm。混凝土强度等级常用 C30 ~ C40，宜用机械搅拌，机械振捣，由桩顶向桩尖连续浇筑捣实，一次完成。制作后应洒水养护不少于 7 d。

5.1.3.2　桩的起吊、运输和堆放

钢筋混凝土预制桩应在混凝土达到设计强度的 70% 方可起吊，达到设计强度的 100% 才能运输和打桩。如提前吊运，必须采取措施并经过验算合格后才能进行。起吊时，必须合理选择吊点，防止在起吊过程中过弯而损坏。如无吊环，设计又未做规定时，绑扎点的数量及位

置按桩长而定，应符合起吊弯距最小的原则，可按图 5-5 所示的位置捆绑。

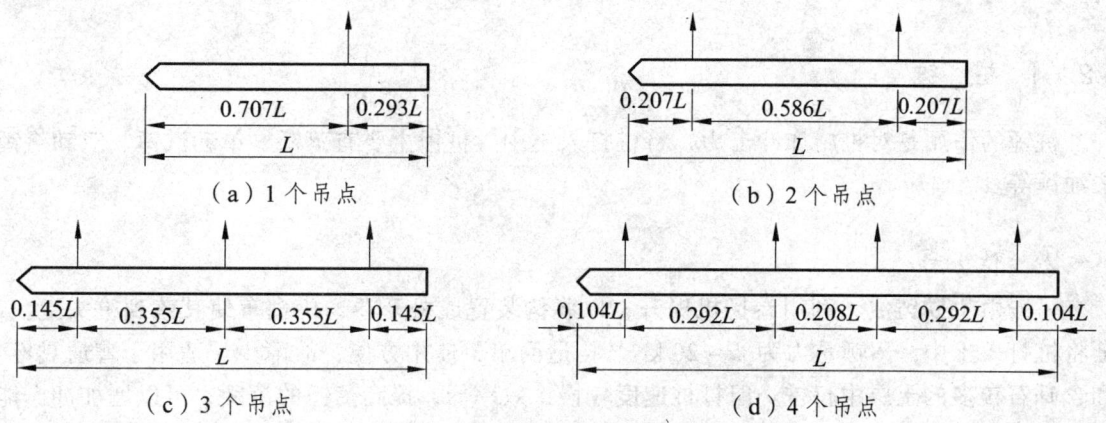

图 5-5　吊点合理位置示意图

运输是桩身的混凝土强度应达到设计强度的 100%。可以用平板车进行运输，运输中应保持平稳。桩的堆放场地应平整、坚实，不得产生不均匀沉降。垫木位置应与吊点位置相同并保持在同一平面上。各层垫木应上下对齐。桩的堆放应按打桩的要求分规格依次进行，堆放层数不宜超过 4 层。运到打桩位置堆放，应布置在打桩架附近的起重钩工作半径范围内，并考虑到起吊方向，避免转向。

学习情境 5.2　沉桩设备选用

预制桩沉桩设备主要内容见表 5-3。

表 5-3　预制桩沉桩设备主要内容

序号	项目	内　　容
1	主讲内容	（1）沉桩设备选择原理； （2）锤击法沉桩设备； （3）静力压桩沉桩设备
2	学生任务	（1）了解沉桩原理； （2）掌握锤击法、静力压桩法施工机具类型； （3）根据施工教学现场认识相应沉桩设备
3	教学评价	（1）能了解沉桩常用设备——合格； （2）能熟悉锤击法，静压桩法沉桩机具类型及工作原理——良好； （3）能掌握预制桩沉桩设备类型，并能根据工程特点选择沉桩机具——优秀

钢筋混凝土预制桩的沉桩方法一般有锤击法、静力压桩法、振动沉桩和射水沉桩法。

5.2.1　锤击沉桩施工机具

锤击法是利用桩锤的冲击力克服土对桩的阻力将桩尖送到设计深度。打桩设备包括桩锤、桩架和动力设装置。

5.2.1.1 桩锤

桩锤的作用是对桩施加冲击力，将桩打入土中。桩锤主要有落锤、单动汽锤、双动汽锤、柴油锤等。

1. 落锤

一般由生铁铸成，利用卷扬机提升，以脱钩装置或松开卷扬机刹车使其落到桩头上，逐渐将桩打入土中。落锤重力为 5～20 kN，构造简单，使用方便，故障少。适用于普通黏性土和含砾石较多的土层中打桩。但打桩速度较慢，效率低，提高落锤的落距，可以增加冲击能，但落距太高又会击坏桩头，故落距一般以 1～2 m 为宜。只有当使用其他锤型不经济或小型工程才使用。

2. 单动汽锤（如图 5-6 所示）

单动汽锤的冲击部分为气缸，活塞是固定于桩顶上的，动力为蒸汽。其工作过程和原理是：将锤固定于桩顶上，用软管连接锅炉阀门，引蒸汽入气缸活塞上部空间，因蒸汽压力推动而升起气缸。当升到顶端位置时，停止供气并排出气体，汽锤则借自重下落到桩顶上击桩。如此反复循环进行，逐渐把桩打入土中。气缸只在上升时耗用动力，下落完全靠自重。单动汽锤的落锤重力为 30～150 kN，具有落距小、冲击大的优点，其打桩速度较自由落锤快，适用于打各种桩。但存在蒸汽没有被充分利用、软管磨损较快、软管与汽阀连接处易脱开等缺点。

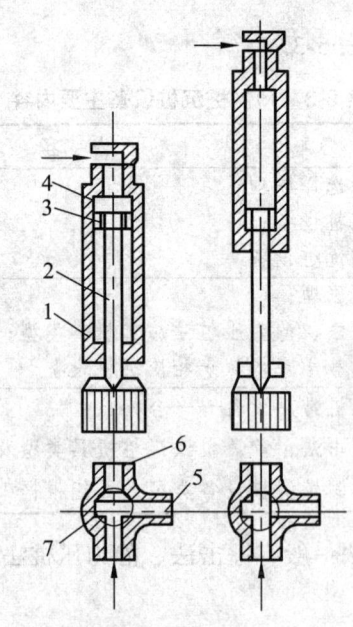

图 5-6 单动汽锤

1—汽缸；2—活塞杆；3—活塞；4—活塞提升室；
5—进汽口；6—排汽口；7—换向阀门

3. 双动汽锤（如图 5-7 所示）

双动汽锤的冲击部分为活塞，动力是蒸汽。汽缸是固定在桩顶上不动的，而汽锤是在汽缸内，由蒸汽推动而上下运动。其工作过程和原理是：先将桩锤固定在桩顶上，然后将蒸汽由汽锤的气缸调节阀引入活塞下部，由蒸汽的推动而升起活塞，当升到最上部时调节阀在压差的作用下自动改变位置，蒸汽即改变方向而进入活塞上部，下部气体则同时排出。如此反复循环进行而逐渐把桩打入土中。双动汽锤的桩锤升降均由蒸汽推动，当活塞向下冲时，不仅有其自身重力，而且受到上部气体向下的压力，因此冲击力较大。双动汽锤的质量为 0.6~6t，具有活塞冲程短、冲击力大、打桩速度快、工作效率高等优点。适用于打各种桩，也可以用于拔桩和水下打桩。

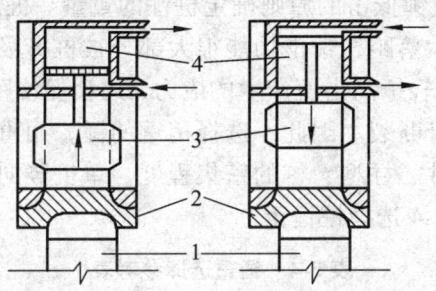

图 5-7 双动汽锤

1—桩；2—垫座；3—冲击部分；4—蒸汽缸

4. 柴油锤

柴油锤是以柴油为燃料，利用柴油点燃爆炸时膨胀产生的压力，将锤抬起，然后自由落地下冲击桩顶，同时汽缸中空气压缩，温度骤增，喷嘴喷油，柴油在汽缸内自行燃烧爆发，使汽缸上抛，落下时又击桩进入下一循环。如此不断落下、上抛，反复循环进行，把桩打入土中。根据冲击部分的不同，柴油锤可分为导杆式、活塞式和筒式三大类。导杆式柴油锤的冲击部分是沿导杆上下运动的汽缸，筒式柴油锤的冲击部分则是往返运动的活塞。柴油锤类型如图 5-8 所示。

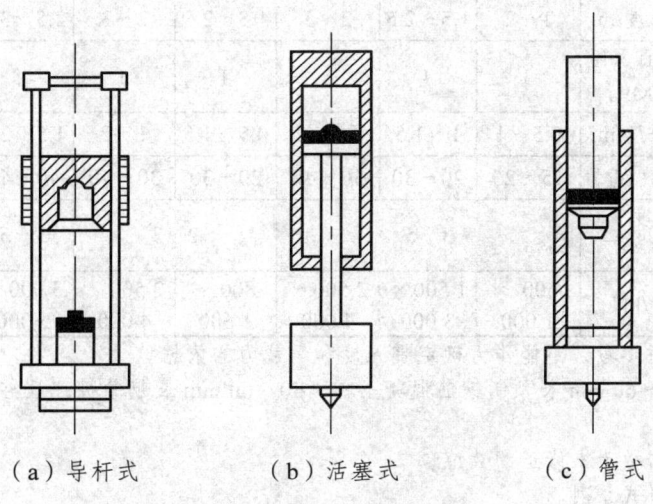

(a) 导杆式　　(b) 活塞式　　(c) 管式

图 5-8 柴油锤类型示意图

柴油锤打桩具有功效高，结构简单，移动灵活，使用方便，不需沉重的辅助设备，也不需从外部供给能源等优点，但也有施工噪声大、油滴飞散、排出的废气污染环境等缺点。不适用于在过硬或过软的土层中打桩。因为土很松软时，对于桩的下沉没有多大的阻力，以致汽缸向上抛起的距离很小，当汽缸再次降落时，不能保证燃料室中的气体压缩到发火燃烧的程度，柴油锤停止工作。柴油锤多用于打木桩、钢板桩及长度在12 m以内的钢筋混凝土桩。

液压锤是在城市环境保护要求日益提高的情况下研制出的新型、低噪声、无油烟、能耗省的打桩锤。它是由液压推动密闭在锤壳体内的芯锤活塞柱，令其往返实现夯实作用，将桩沉入土中。

桩锤的类型，应根据施工现场情况、机具设备条件及工作方式和工作效率进行选择。桩锤类型选定之后，还要根据重锤低击的原则确定桩锤的重量。桩锤过重，所需动力设备也大，不经济；桩锤过轻，必将加大落距，锤击功能很大部分被桩身吸收，桩不易打入，且桩头容易被打坏，保护层可能震掉。轻锤高击所产生的应力，还会促使距桩顶1/3桩长范围内的薄弱处产生水平裂缝，甚至使桩身断裂。因此，选择稍重的锤，用重锤低击和重锤快击的方法效果较好。一般可根据地质条件、柱型、桩的密集程度、单桩竖向承载力及现有施工条件等决定。按重锤低击原则参考表5-4选择桩锤重。

表5-4 锤重选择参考表

锤　型		单动蒸汽锤/kN			柴油锤/kN				
		30～40	70	100	25	35	45	60	72
锤的动力性能	冲击部分重/kN	20～40	55	90	25	35	45	60	72
	总重/kN	35～45	67	110	65	72	96	150	180
	冲击力/kN	-2 300	-3 000	3 500～4 000	2 000～2 500	2 500～4 000	4 000～5 000	5 000～7 000	7 000～10 000
	常用冲程/m	0.6～0.8	0.5～0.7	0.4～0.6	1.8～2.3				
适用的桩规格	预制方桩、预应力管桩的边长或直径/cm	35～40	40～45	40～50	35～40	40～45	45～50	50～55	55～60
	钢管桩直/mm				400		600	900	900～1 000
持力层	黏性土 一般进入深度/m	1～2	1.5～2.5	2～3	1.5～2.5	2～3	2.5～3.5	3～4	3～5
	黏性土 静力触探比贯入阻力平均值/MPa	3	4	5	4	5	>5	>5	>5
	砂土 一般进入深度/m	0.5～1	1～1.5	1.5～2	0.5～1.5	1～2	1.5～2.5	2～3	2.5～3.5
	砂土 标准贯入击数N_a值	15～25	20～30	30～40	20～30	30～40	40～45	45～50	50
锤的常用控制贯入度（cm/10击）		3～5			2～3		3～5	4～8	
设计单桩极限承载力/kN		600～1 000	1 500～3 000	2 500～4 000	800～1 600	2 500～4 000	3 000～5 000	5 000～7 000	7 000～10 000

注：① 本表仅供锤参考，不能作为确定贯入度和承载力的依据。
② 适用于20～60 mm长预制钢筋混凝土桩，40～60 mm长钢管桩；且桩端进入硬土层一定深度。
③ 标准贯入击数为未修正的数值。
④ 锤型根据日式系列。
⑤ 钢管桩按Ⅰ级钢考虑。

5.2.1.2 桩 架

桩架的作用是支持桩身和桩锤，将桩吊到打桩位置，并在打桩过程中引导桩的方向，保证桩锤沿着所要求的方向冲击。选择桩架时，应考虑桩锤的类型、桩的长度和施工条件等因素。桩架的高度由桩的长度、桩锤高度、桩帽厚度及所用滑轮组的高度来决定。此外，还应留 1~2 m 的高度作为桩锤的伸缩余地。

桩架的形式一般有滚筒式桩架、多功能桩架和履带式桩架。

（1）滚筒式桩架：行走靠两根钢混筒在垫木上滚动，优点是结构比较简单、制作容易，但平面转弯调头不灵活，须人工与动力装置配合，如图 5-9 所示。

（2）多功能桩架：由立柱、斜撑、回转工作台、底盘及传动机构等组成。它的机动性和适应性较大，在水平方向可作 360°回转，导架可伸缩和前后倾斜。底盘下装有铁轮，可在轨道上行走。这种桩架可用于各种预制桩和灌注桩施工。缺点是机构较庞大，现场组装和拆卸、转动较困难。如图 5-10 所示。

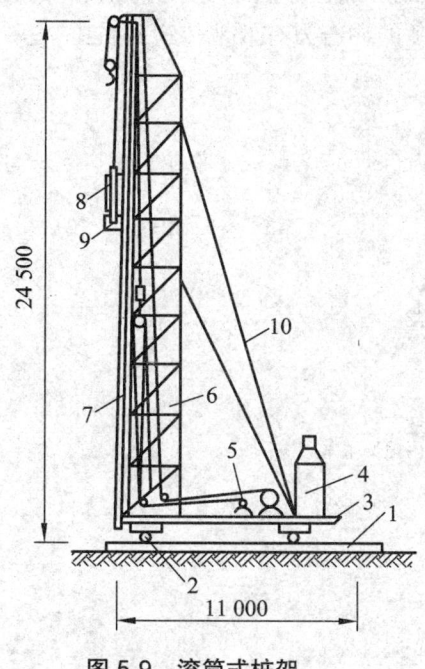

图 5-9 滚筒式桩架

1—枕木；2—滚筒；3—底座；4—锅炉；
5—卷扬机；6—桩架；7—龙门；
8—蒸汽锤；9—桩帽；10—缆绳

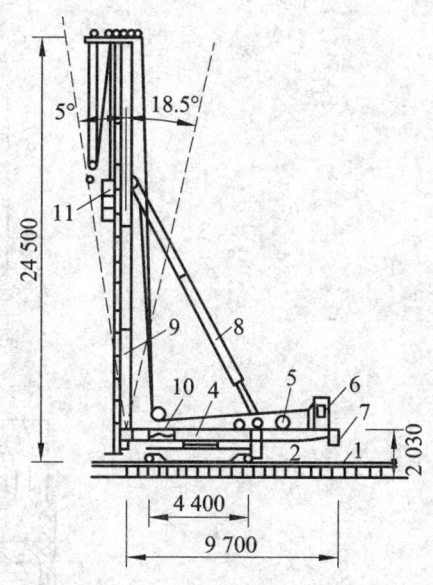

图 5-10 多功能桩架

1—枕木；2—钢轨；3—底盘；4—回转平；5—卷扬机；
6—操作室；7—平衡重；8—撑杆；9—挺杆；
10—水平调整装置；11—桩锤与桩帽

（3）履带式桩架：履带式桩架以履带式起重机为底盘，利用履带式起重机动力，增加导架、桩锤、导杆等。其行走、回转、起升的机动力较好，性能灵活、移动方便，目前应用较广。如图 5-11 所示。

5.2.1.3 动力装置和辅助设施

打桩机械的动力装置和辅助设备主要根据选定的桩锤种类而定。落锤以电源为动力，再配置电动卷扬机、变压器、电缆等；蒸汽锤以高压饱和和蒸汽为驱动力，配置蒸汽锅炉、蒸汽绞盘等；汽锤以压缩空气为动力源，需配置空气压缩机、内燃机等；采用柴油锤，以柴油为能源，桩锤本身有燃烧室，不需要外部动力设备。当桩锤轻或遇到砂土、砂夹卵石等锤击下沉困难时，可采取射水沉桩辅助设备配合使用。射水设备包括水泵站、运水管路、射水管等。射水效果取决于水压和水量。

为提高打桩效率和沉桩精度，保护桩锤安全使用和桩顶免遭破损，应在桩顶加设桩帽，如图5-12所示，并根据桩锤和桩帽类型、桩型、地质条件及施工条件等多种因素，合理选用垫材。位于桩帽上部与桩锤相隔的垫材称为锤垫，常用橡木、桦木等硬木按纵纹受压使用，有时也可采用钢索盘绕而成。近年来也有使用层状板及化塑型缓冲垫材的。对重型桩锤尚可采用压力箱式或压力弹簧式新型结构锤垫。桩帽下部与桩顶相隔的垫材称桩垫。桩垫常用松木横纹拼合板、草垫、麻布片、纸垫等材料。垫材的厚度应选择合理。

桩基施工一般均在基础开挖前施工，要将桩顶打至地表以下的设计标高，就要采用送桩器送桩。随着高层大型建筑物的兴建，基础顶部的埋深越来越深，此类工程桩基施工的送桩也随之加深，最深可达10~15m。送桩器一般用钢管制成。送桩器制作要求：要较高的强度和刚度；打入时阻力不能太大；能较容易地拔出；能将锤的冲击力有效地传递到桩上。

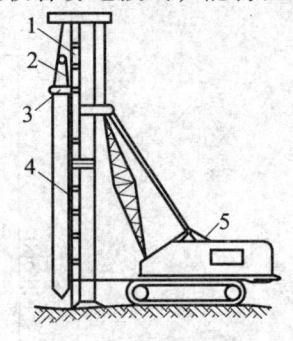

图5-11 履带式桩架

1—导架；2—桩锤；3—桩帽；4—桩；5—吊车

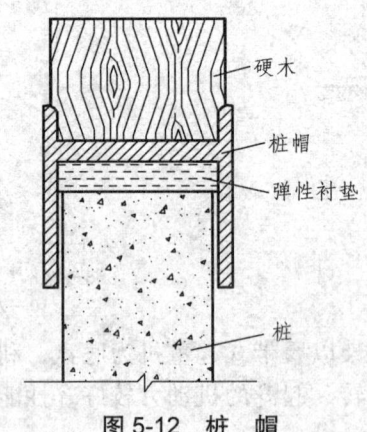

图5-12 桩 帽

5.2.2 静力压桩法施工机具

静力压桩法是通过静力压桩机构，以压桩机自重和压桩机上的配重作反力而将钢筋混凝土预制桩分节压入地基土层中成桩。本方法限于压垂直桩及在软土地基施工。

静压桩机有顶压式、箍压式和前压式三种类型。

5.2.2.1 顶压式压桩机

其构造如图 5-13 所示。它是由桩架、压梁、桩帽、卷扬机、滑轮组等组成。压桩时，开动卷扬机，通过桩架顶梁逐步将压梁两侧的压桩滑轮组钢索收紧，并通过压梁将整个压桩机的自重和配重施加在桩顶上，把桩逐渐压入土中。其行走机构为步履式，最大压桩力达 1 500 kN。这种压桩机通常可自行插桩就位，施工简单，但由于受压住高度的限制，桩长一般限为 12～15 m。对于长桩，需分布制作、压桩。由于受桩架底盘尺寸限制，临近已有建筑物处沉桩时，需保持足够的施工距离。

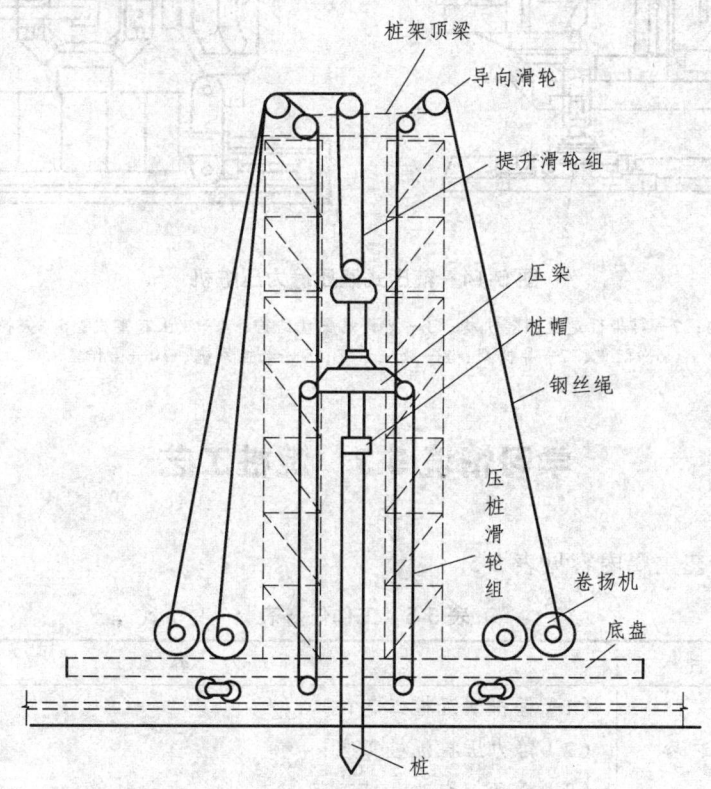

图 5-13 顶压式压桩机构造示意图

5.2.2.2 箍压式压桩机

箍压式压桩机是近年新发展的机型。如图 5-14 所示，全液式操纵，行走机构为新型的液压步履机，前后左右可自由行走，还可作任何角度的回转，以电动液压油泵为动力，最大压桩力可达 7 000 kN，配有起重装置，可自行完成桩的起吊、就位、接桩和配重装卸。它是利用液压夹持装置抱夹桩身，再垂直压入土中，可不受压桩高度的限制。同样，由于受桩架底盘尺寸大的限制，邻近建筑物处沉桩时，需保持足够的施工距离。

5.2.2.3 前压式压桩机

它是最新的压桩机型,其行走机构有步履式和履带式。最大压桩力可达 1 500 kN。可自行插桩就位,还可作 360°旋转。压桩高度可达 20 m,有利于减少接桩工序。由于不受桩架底盘的限制,适宜在邻近建筑物处沉桩。

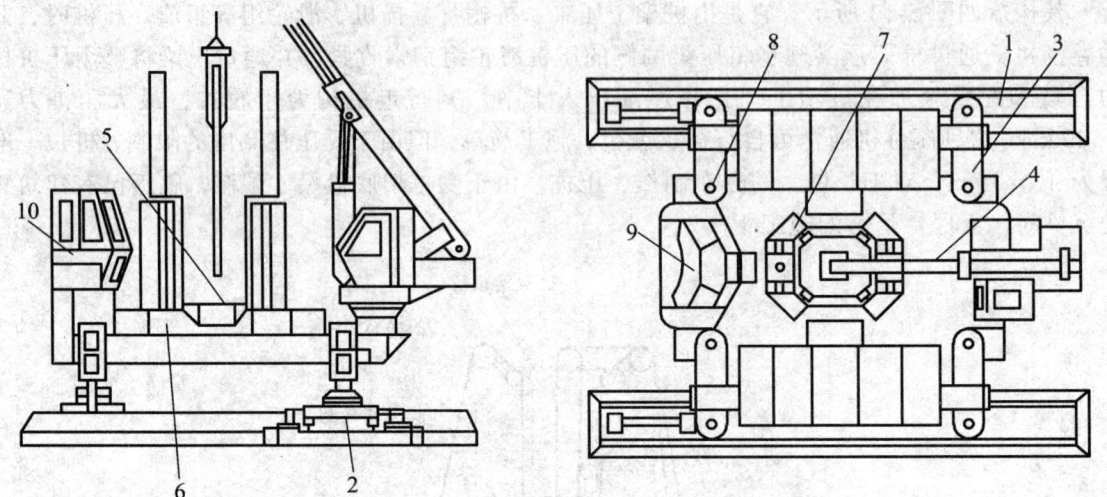

图 5-14 箍压式液压静力压桩机

1—长船行走机构;2—短船行走及回转机构;3—支腿式底盘结构;4—液压起重机;5—夹持与压桩结构;
6—配重;7—导向架;8—液压系统;9—电控系统;10—操作室

学习情境 5.3 沉桩工艺

预制桩沉桩工艺主要内容见表 5-5。

表 5-5 工作任务表

序号	项目	内 容
1	主讲内容	(1)锤击法沉桩工艺; (2)静力压桩沉桩工艺; (3)振动、水冲沉桩工艺
2	学生任务	(1)了解常用预制桩沉桩工艺类型; (2)掌握锤击法、静力压桩法、振动沉桩施工工艺流程及适用条件; (3)根据施工教学现场认识相应沉桩设备了解沉桩工艺流程
3	教学评价	(1)能了解沉桩常用沉桩工艺流程——合格; (2)能熟悉掌握锤击法、静压桩法沉桩工艺——良好; (3)能掌握锤击法、静压桩法施工流程,并能根据工程特点选择沉桩工艺——优秀

常见沉桩工艺有锤击法、静力压桩、振动沉桩和水冲沉桩等。

5.3.1 锤击法施工

5.3.1.1 打桩顺序

打桩对土体的挤密作用，使先打的桩因受水平推挤而造成偏移和变位，或被垂直挤拔造成浮桩；而后打入的桩因土体挤密，难以达到设计标高或入土深度，或造成隆起和挤压，载桩过大。所以，群桩施打时，为了保证打桩工程质量，防止周围建筑物受挤土的影响，打桩前应根据桩的密集程度、桩的规格、长短和桩架移动方便程度来正确选择打桩顺序。

当桩较密集时（桩中心距小于等于四倍桩边长或桩径），应由中间向两侧对称施打或由中间向四周施打，如图5-15（c）、如图5-15（d）所示。这样，打桩时土体由中间向两侧或向四周均匀挤压，易于保证施工质量。当桩数较多时，也可采用分区段施打。当桩较稀疏时（桩中心距大于四倍桩边长或桩径），可采用上述两种顺序，也可采用由一侧向单一方向施打的方式（即逐排打设）或由两侧同时向中间施打，如图5-15（a）、5-15（b）所示。逐排打设，桩架单方向移动，打桩效果高。但打桩前进方向一侧不宜有防侧移、防震动的建筑物、构筑物、地下室管线等，以防被土体挤压破坏。

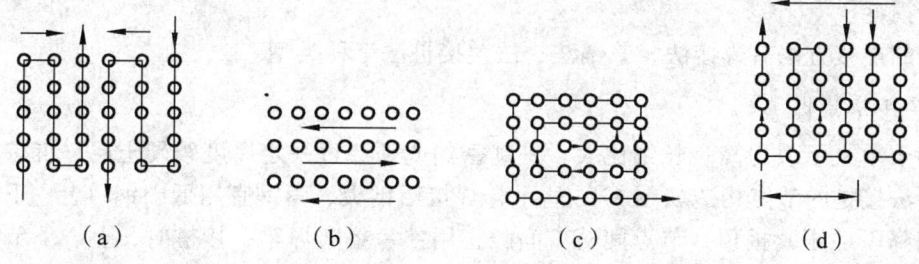

图 5-15 打桩顺序

当桩规格、埋深、长度不同时，宜先大后小，先深后浅，先长后短施打；当一侧毗邻建筑物时，由毗邻建筑物向另一方向施打；当桩头高出地面时，桩机宜用往后退打，否则可采用往前顶打。

锤击法（打桩）施工应用比较普遍，打桩须在桩的混凝土强度达到设计标准（同条件养护）后进行沉桩。超500击的锤击桩应符合桩体强度及28 d龄期的两项条件后方可施工。

5.3.1.2 打桩工艺

打桩过程包括：场地准备（三通一平和清理地上、地下障碍物）、桩位定位、桩架移动和定位、吊桩和定桩、打桩、接桩、送桩、截桩。

1. 打 桩

在桩架就位后即可吊桩，利用桩架上的卷扬机将桩吊成垂直状态送入导杆内，对准桩位中心，缓缓放下插入土中。桩插入时校正其垂直度偏差不超过0.5%，桩就位后，在桩顶安上桩帽，然后放下桩锤轻轻压住桩帽。桩锤、桩帽和桩身中心线应在同一垂直线上，在桩的自重和锤重作用之下，桩向土中沉入一定深度而达到稳定。这时再校正一次桩的垂直度，即可进行沉桩，为了防止击碎桩帽，应在混凝土桩的桩顶与桩帽之间、桩锤与在桩帽之间放上硬木、粗草纸或麻袋等垫材作为缓冲层。

打桩时为取得良好效果宜用"重锤低击"。桩开始打入时，桩锤落距宜低，一般为 0.6~0.8 mm，使桩能正常沉入土中，当桩入土一定深度（约 1~2 m），桩尖不易产生偏移时可适当增大落距，并逐渐提高到规定的数值，连续锤击。

当桩顶设计标高在地面以下时，需用专制的送桩加接在桩顶上，继续锤击将其送沉地下。

2. 接 桩

当施工设备条件对桩的限制长度小于桩的设计长度时，需采用多节桩段连接而成。这些沉入地下的连接接头，其使用状况的常规检查将是困难的。多节桩段的垂直承载力和水平承载能力将受其影响，桩的贯入阻力也将有所增大。影响程度主要取决于接头的数量、结构形式和施工质量。规范规定混凝土预制桩接头不宜超过两个，预应力管桩接头数量不宜超过四个。良好的接头构造形式，不仅应满足足够的强度、刚度及耐腐蚀性要求，而且也应符合制造工艺简单、质量可靠、接头连接整体性强与桩材其他部分应具备相同断面和强度，在搬运、打入过程中不易损坏，现场连接操作简便迅速等条件。此外，也应该做到接触紧密，以减少锤击能量损耗。

接头的连接方法有焊接法、浆锚法、法兰接桩法三种类型。

1）焊接法接桩

适用于单桩承载力高、长细比大、桩基密集或须穿过一定厚度较硬土层、沉桩较困难的桩，焊接法接桩的节点构造如图 5-16 所示，焊接用钢板、角钢宜用低碳钢；上、下节桩对准后，将锤降下，压紧桩顶，节点间若有间隙，用铁片垫实焊牢；接桩时，上、下节桩的中心线偏差不得大于 5 mm，节点弯曲矢高不得大于桩长 1‰，且不大于 20 mm；施焊前，节点部位预埋件与角铁要除去锈迹、污垢，保持清洁；焊接时，应先将四角点焊固定，再次检查位置正确后，应由两个对角同时对称施焊，以减少变形，焊缝要连续饱满，焊缝宽度、厚度应符合设计要求，钢管桩接桩一般也采用焊接法接桩。接头焊接完毕，应冷却 1 min 后方可锤击，焊接质量按规定进行外观检查，此外还应按接头总数的 5%做超声或 2%做 X 拍片检查，在同一工程内，探伤检查不得少于 3 个接头。

2）浆锚法接桩

可节约钢材、操作简便，接桩时间比焊接法要大为缩短，在理论上，浆锚法与焊接法一样，施工阶段节点能够安全地承受施工荷载和其他外力；使用阶段能同整根桩一样工作，传递垂直压力或拉应力。因在实际施工中，浆锚法接桩受原材料质量、操作工艺等因素影响，出现接桩质量缺陷的几率较高，故应谨慎使用。一般应用于沉桩无困难的地址条件，不宜用于坚硬土层中。

浆锚法接桩节点构造如图 5-17 所示。接桩时，首先将上节桩对准下节桩，使四根锚筋插入锚筋孔（孔径为锚筋直径的 2.5 倍），下降上节桩身，使其结合紧密。然后将它上提约 200 mm（以四根锚筋不脱离锚筋孔为度），此时，安设好施工夹箍（由四块木板，内侧用人造革包裹 40 mm 厚的树脂海绵块而成），将熔化的硫磺胶泥（温度控制 145°左右）注满锚筋孔和接头平面上，然后将上节桩下落，当硫磺胶泥冷却并拆除施工夹后，即可继续加荷载施压。

为保证硫磺胶泥接桩质量，应做到：锚筋刷清并调直；锚筋孔内应有完好螺纹，无积水、杂物和油垢；接桩时接点的平面和锚筋孔内应灌满胶泥；灌注时间不得超过 2 min；灌注后停歇时间应符合表 5-6 的规定。

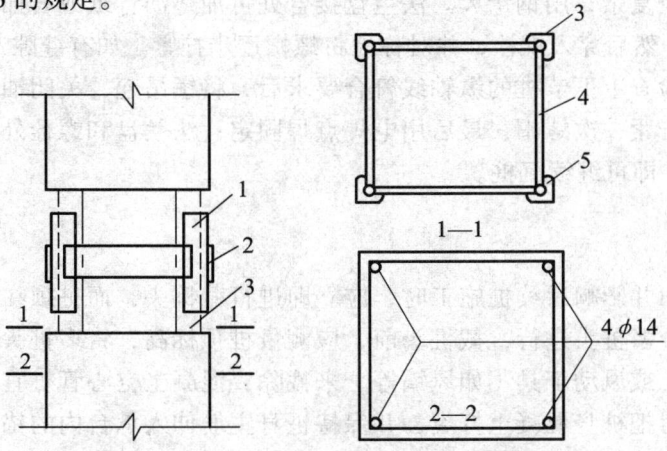

图 5-16 焊接法节点构造示意图

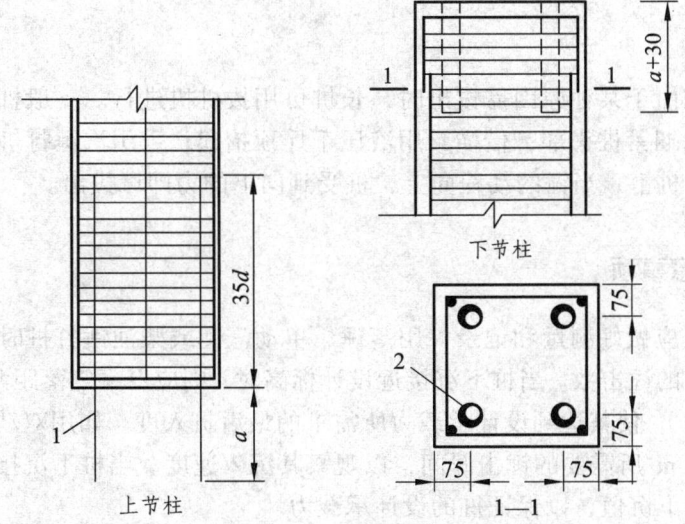

图 5-17 浆锚法节点构造示意图

1—锚筋；2—锚筋孔

表 5-6 硫磺胶泥灌注后需停歇的时间

桩截面 /(mm×mm)	不同气温下的停歇时间/min									
	0~10 ℃		11~20 ℃		21~30 ℃		31~40 ℃		41~50 ℃	
	打入桩	静压桩	打入桩	静压桩	打入桩	静压桩	打入桩	静压桩	打入桩	静压桩
400×400	6	4	8	5	10	7	13	9	17	12
450×450	10	6	12	7	14	9	17	11	21	14
500×500	13		15		18		21		24	

3）法兰连接桩

主要用于混凝土管桩，法兰有法兰盘和螺栓组成，其材料应为低碳钢。它接桩速度快，但法兰盘制作工艺较复杂，用钢量大。法兰盘接合处可加垫沥青纸或石棉板。接桩时，将上下节桩螺栓孔对准，然后穿入螺栓，并对称地将螺帽逐步拧紧。如有缝隙，应用薄铁片垫实，待全部螺帽拧紧，检查上下节桩的纵轴线符合要求后，将锤吊起，关闭油门，将锤自由落下锤击数次，然后再拧紧一次螺帽，最后用电焊点焊固定；法兰盘和螺栓外露部分涂上防锈油漆或防锈沥青胶泥，即可继续沉桩。

3. 截桩

当桩顶露出地面并影响后续桩施工时，应立即进行截桩头，而桩顶在地面以下不影响后续桩施工时，可结合凿桩头进行，截桩头前，应测量桩顶标高，将多桩头多余部分截除，预制混凝土桩可用人工或风动工具（如风镐等）来截除，混凝土空心管桩宜用人工截除。无论采用哪种方法均不得把桩身混凝土打裂，并保持桩身主筋伸入承台内的锚固长度。粘着在主筋上的混凝土碎块要清除干净。当桩顶标高在设计标高以下时，应在桩位上挖成喇叭口，凿去桩头表面混凝土，凿出主筋并焊接接长至设计要求的长度，再用与桩身同强度等级的混凝土与承台一起浇筑。

4. 拔桩

当已打入的桩由于某种原因需拔出时，长桩可用拔桩机进行。一般桩可用人字桅杆借卷扬机拔起或钢丝绳捆紧桩头部，借横梁用液压千斤顶抬起；采用汽锤打桩可直接用蒸汽锤拔桩，将汽锤倒连在桩上，当锤的动程向上，桩受到向上的力即可拔出。

5.3.1.3 施工注意事项

（1）打桩过程应做好测量和记录，用落锤、单动汽锤或柴油锤打桩时，从开始即需统计桩身每沉1m所需的锤击数。当桩下沉接近设计标高时，则应以一定落距测量其每阵（10击）的沉落值（贯入度），使其达到设计承载力所需求的最后贯入度。如用双动汽锤，从开始就应记录桩身每下沉1m所需要的锤击时间，以观察其沉入速度。当桩下沉接近设计标高时，则应测量桩每分钟的下沉值，以保证桩的设计承载力。

（2）桩入土的速度应均匀，锤击间隙的时间不要过长。打桩时应观察桩锤的回弹情况，如回弹较大，则说明桩锤太轻，不能使桩沉下，应及时给以更换。

（3）打桩过程中应经常检查打桩架的垂直度，如偏差超过1%则及时矫正，以免桩打斜。

（4）随时注意贯入度的变化情况，当贯入度骤减，桩锤有较大回弹时，表明桩尖遇到障碍，此时应将锤击的落距减小，加快锤击。如上述现象仍然存在，应停止锤击，研究遇阻的原因并进行处理。打桩过程中，如突然出现桩锤回弹、贯入度突增、锤击时桩弯曲、倾斜、簸动，桩顶破坏加剧等，则表明桩身可能已经破坏。

（5）打桩过程中应防止锤击偏心，以免打坏桩头或使桩身折断。若发生桩身折断，桩位偏斜时，须将其拔出重打。拔桩的方法根据桩的种类、大小和入土深度而定，可以利用杠杆原理，使用三脚架卷扬机、千斤顶或汽锤、振动打桩机和拔桩机等进行。

（6）打桩中还应特别注意打桩机的工作情况和稳定性。应经常检查机件是否正常，绳索有无损坏，桩锤悬挂是否牢固，桩架移动是否安全等。

5.3.2 静力压桩施工

静力压桩是利用压桩机桩架自重和配重的静立压力将预制桩逐节压入土中的沉入方法。这种方法节约钢筋和混凝土，降低工程造价，而且施工时无噪声、无振动，对周围环境的干扰小，适用于软土地区城市中心或建筑物密集处的桩基础工程，以及精密工厂的扩建工程。

5.3.2.1 静力压桩工艺流程

场地清理和处理→测量定位→尖桩就位、对中、调直→压桩→接桩→再压桩→送桩（或截桩）。

1. 场地清理和处理

清除施工区域内高空、地上、地下的障碍物。平整、压实场地，并铺上 10 cm 厚道砟。由于静压机设备重，对地面附加应力大，应验算其地面耐力，若不能满足要求，应对地表土加以处理（如碾压、铺毛石垫层等），以防机身沉陷。

2. 测量定位

施工前应放好轴线和每一个桩位。如在较软的场地施工，由于桩机的行走会挤走预定标志，故在桩机大体就位之后要重新测定桩位。

3. 尖桩就位、对中、调直

对于液压步骤式行走机构的压桩机，通过启动纵向和横向行走油缸，将桩尖对准桩位；开动夹持油缸和压桩油缸，将桩箍紧并压入土中 1.0 m 左右停止压桩，调整桩在两个方向的垂直度，第一步桩是否垂直，是保证压桩质量的关键。

4. 压 桩

通过加持油缸将桩夹紧，然后使压桩油缸伸程，将压力施加到桩顶，压桩力由压力表反映。在压桩过程中要记录桩入土深度和压力表读数的关系，以判断桩的质量及沉桩阻力。当压力表读数突然上升或下降时，要对照地质资料进行分析，判断是否遇到障碍物或产生断桩情况等。压同一根（节）桩时，应缩短停歇时间，以防桩周与地基固结、压桩力骤增，造成压桩困难。

5. 接 桩

当下一节桩压到露出地面 0.8~1.0 m 时，开始接桩。应尽量缩短接桩时间，以防桩周与土固结，压桩力骤增，造成压桩困难。

6. 送桩或截桩

当桩顶接近地面，而压桩力尚未达到规定值，应进行送桩。当桩顶高出地面一段距离，而压桩力已达到规定值时则要截桩，以便后续压桩和移位。

5.3.2.2 终止压桩控制标准

对摩擦型桩以达到桩端设计标高为终止控制条件；对端承摩擦型长桩以设计桩长控制为主，最终压力值作对照；对承载力较高的工程桩，终压力值宜尽量接近或达到压桩机满载值；对端承型短桩，以终压力满载值为终压控制条件，并以满载值复压。量测压力等以定期标定数据为准。

5.3.2.3 施工注意事项

遇到下列情况应停止压桩，并及时与有关单位研究处理：一是初压时，桩身发生较大幅度移位、倾斜，压入过程中桩身突然下沉或倾斜；二是桩顶混凝土破坏或压桩阻力剧变。

5.3.3 振动沉桩、水冲沉桩

5.3.3.1 振动沉桩

振动沉桩的原理是借助固定于桩头上的振动沉桩所产生的振动力，以减小桩与土壤颗粒之间的摩擦力，使桩在自重与机械力的作用下沉入土中。

振动沉桩法主要适用于砂石、黄土、软土和亚黏土，在含水层中的效果更为显著，但在砂砾层中采用此法时，尚需配以水冲法。沉桩工作应连续进行，以防间隙过久难以沉下。

5.3.3.2 水冲沉桩

水冲沉桩法，就是利用高压水流冲刷桩尖下面的土壤，以减少桩表面与土壤之间的摩擦力和桩下沉时的阻力，使桩身在自重或锤击作用下，很快沉入土中。射水停止后，冲松的土壤沉落，又可将桩身压紧。

水冲法适用于砂土、砾石或其他较坚硬土层，特别对于打设较重的混凝土桩更为有效。但在附近有旧房屋或结构物时，由于水流的冲刷将会引起它的沉陷，故在采取措施前，不得采用此法。

学习情境 5.4　桩基验收

预制桩基础验收主要学习任务见表 5-7。

表 5-7 工作任务表

序号	项目	内容
1	主讲内容	（1）预制桩基验收标准； （2）桩基验收资料； （3）桩基工程安全技术
2	学生任务	（1）了解常用预制桩竣工验收标准； （2）掌握桩基验收标准和方法； （3）根据施工教学现场认识相应预制桩基竣工验收内容
3	教学评价	（1）能了解预制桩基的质检、验收标准——合格； （2）能熟悉预制桩基竣工验收及桩基安全技术——良好； （3）能掌握预制桩基质检、验收的标准及方法——优秀

5.4.1 预制桩基础质检及验收标准

预制成桩质量检查主要包括制桩、打入（静压）深度、停锤标准、桩位及垂直度检查。制桩应按图制作，其偏差应符合有关规范要求。沉桩过程中应检查每米进尺锤击数、最后一米锤击数、最后一米锤击数、最后三阵贯入度及桩尖标高、桩身垂直度等。

检验标准见表 5-8 预制桩桩位允许偏差、表 5-9 预制桩钢筋骨架质量检验标准、钢筋混凝土预制桩质量检验标准所示。

表 5-8 预制桩（钢桩）桩位允许偏差

项	项 目	允许偏差
1	盖有基础梁的柱 （1）垂直基础梁的中心线 （2）沿基础梁的中心线	$100+0.01H$ $150+0.01H$
2	桩数为 1~3 根桩基中线	100
3	桩数为 4~6 根桩基中线	1/2 桩径或边长
4	桩数为 4~6 根桩基中的桩 （1）最外边的桩 （2）中间桩	1/3 桩径或边长 1/2 桩径或边长

注：H 为施工现场地面标高与桩顶设计标高的距离。

表 5-9 预制桩钢筋骨架质量检验标准　　　　　　　　　mm

项	序	检查项目	允许偏差或允许值	检查方法
主控项目	1	主筋距桩顶距离	±5	用钢尺量
	2	多节桩锚固钢筋位置	5	用钢尺量
	3	多节桩预埋铁件	±3	用钢尺量
	4	主筋保护层厚度	±5	用钢尺量
一般项目	1	主筋间距	±5	用钢尺量
	2	桩尖中心线	10	用钢尺量
	3	箍筋间距	±20	用钢尺量
	4	桩顶钢筋网片	±10	用钢尺量
	5	多节桩锚固钢筋长度	±10	用钢尺量

5.4.1.1 贯入度或标高必须符合设计要求

每根桩打到贯入度要求,桩尖标高进入持力层,接近设计标高时,或打至设计标高时,应进行中间验收。在控制时,一般要求最后三次十锤的平均贯入度,不大于规定的数值,或以桩尖打至设计标高来控制,符合设计要求后,填好施工记录。如发现桩位与要求相差较大时,应会同有前单位研究处理。然后移桩机到新桩时。

5.4.1.2 平面位置或垂直度必须符合施工规范要求

桩打入后,桩位的允许偏差应符合《建筑地基基础工程施工质量验收规范》(GB50202—2002)的规定。预制桩桩位的偏差必须使桩在提升就位时要对准桩位,桩身要垂直;桩在施工打时,必须使桩身、桩帽和锤三者的中心线在同一垂直线上,以保证桩的垂直入土,短桩接长时,上下节桩的端面要平整,中心要对齐,如发现断面有间隙,应用铁片垫平焊牢;打桩结束基坑挖土时,应制订合理的挖土方案,以防挖土面引起桩的位移和倾斜。

5.4.2 桩基验收资料

当桩顶设计标高与施工场地标高相近时,桩基工程的验收应待成桩完毕后进行;当桩顶设计标高低于施工场地标高时,应待开挖到设计标高后进行验收。

基桩验收应包括下列资料:
(1)工程地质勘查报告、桩基施工图、图纸会审纪要、设计变更单及材料代用通知单等。
(2)经审定的施工组织设计、施工方案及执行中的变更情况。
(3)桩位测量放线图,包括工程复核签证单。
(4)成桩质量检查报告。
(5)单桩承载力检测报告。
(6)基坑挖至设计标高的桩基竣工平面图及桩顶标高图。

5.4.3 桩基工程安全技术

锤击法施工时,施工场地应按坡度不大于1%,地表承受力不小于85 kPa的要求进行平整、压实、地下无障碍物。在基坑和围堰内沉桩,要配备足够的排水设备。桩锤安装时,应将桩锤运到桩架正前方2 m以内,不得远距离斜吊。用桩机吊桩时,必须在桩上拴好溜绳,严禁人员处于桩机遇桩之间。起吊2.5 m以外的混凝土预制桩,应将桩锤落在下部,待桩吊近后,方可提升桩锤。严禁吊桩、吊锤、回转或行驶同时进行。卷扬机钢丝应经常处于油膜状态,方可提升硬性摩擦,钢丝绳的使用及报废标准应按有关规定执行。遇有大雨、雪、雾和六级以上大风等恶劣气候,应停止作业。当风速超过七级或有强台风警报时,应将桩机顺风停置,并增加揽风绳,必需时,应将桩架水平放到地面上。施工现场电器设备外壳必须保护接零,开关箱与用电设备实行一机一闸一保险。

学习情境 5.5　预制桩基础施工案例

5.5.1　工程概况

（1）本工程场地原始地貌单元为河阶地，原为名宅，现大部分已拆除，经人工推填整平，钻孔孔口标高为 2.57～7.44 m。

（2）本工程地下为一层人防工程或车库及设备用房。地下部分由 11 栋住宅及 1 栋高层综合楼组成建筑群体（住宅楼为 12 层，高层综合楼为 20 层）。

（3）建筑高度：住宅楼高 37.00 m，综合楼高 62.50 m。抗震设防烈度为七度。

（4）本工程桩基选用 B 型预应力管桩（静压法施工），桩径为 500；桩身混凝土 C80，桩壁厚 125，单桩承载力设计值为 2 400 kN。

（5）本工程持力层为强风化岩层。

（6）建筑施工范围内的三通一平条件基本具备。

5.5.2　施工前期准备

施工准备工作是本工程施工组织和管理的重要内容，是施工顺利进行的重要保证，认真细致地做好施工准备工作，对于充分发挥人的积极因素，合理组织人力、物力，对保证工程进度，提高工程质量，都起着十分重要的作用。

5.5.2.1　技术准备

（1）组织有关人员认真熟悉地质资料和施工图纸，全面熟悉和掌握地质情况和施工要求，提出相应的处理措施。同时，会同设计院、监理单位、建设单位、质检站作好图纸会审工作。

（2）熟悉和掌握有关本工程和规范、规程以及当地技术文件。

（3）进行现场勘查、会同有关单位做好现场接收工作，包括电源、水源的交接，施工测量基准点的交接，现状地貌的交接等。

（4）做好技术交底工作，要将工程概况、施工方案、技术措施及施工要点、注意事项等向全体施工人员作详细的交底。

（5）选定管桩生产厂家，并进行管桩生产厂家的考察。

（6）培训施工人员掌握操作规程、上岗人员要经岗位培训合格后方可上岗。

5.5.2.2　施工现场准备

（1）根据给定基准点坐标和高程，进行施工现场的控制测量，设置场区控制测量标桩。

（2）调查场地及邻近区域内的地下及地上管线，地下建筑物（构筑物）及障碍物，清理障碍物，尤其是旧城改造中的混凝土承台及基础梁，处理场地内影响压桩的高空管线。

（3）做好"三通一平"，根据现场文明施工要求做现场临时道路。坡度不大于1%，排水通畅，承压能力应满足静力压桩机稳定要求，定好轴线、桩位。

（4）按照施工平面图建造各项临时设施，包括生产用房用地和生活用房，为正式开工准备。

（5）做好施工机械的进场准备，准备场地临时堆放施工机械设备和做好安装准备，满足桩机 6.5 m×4.0 m 的最小施工距离。

（6）进场的机械做好维修和调试工作，确保开工时运转正常。

（7）做好施工用电管线的架设、安排、布置。

（8）施工前应先通知质检站有关人员到现场对桩身质量进行检验，检验合格后方能施工。

5.5.2.3 主要机具计划

根据地质资料显示，本工程回填土层含有块石，因此，本工程除压桩机机械以外，需要排除地下块石的措施和相应的施工机械，排除块石障碍措施采用开挖排除法和钻孔排除法。

开挖排除石块是采用挖土机开挖。钻孔排除法块石是采用钻孔机钻孔。

压桩机械采用 ZYJ800A 型压桩机，其最大压桩力可达到 8 000 kN。

主要施工机械见表 5-10 所示。

表 5-10 主要施工机械设备表

序号	名称	规格	数量	单机功率/kW	总功率/kW
1	挖土机	1 m²	3 台		
2	平地机		2 台		
3	碾压机		2 台		
4	全液压静力压桩机	ZYJ800A	2 台	90	180
5	电焊机	交流弧焊	2 台	17.5	35
6	风割设备		2 套		
7	水泵	BA-6 型	6 台	3	18
8	全站仪		1 台		
9	电子经纬仪	DJD2	1 台		
10	水准仪		1 台		
11	发电机	柴油	1 台		
12	照相机		1 台		
13	室内外照明			10 kW	10
14	自卸汽车		20 台		
	机械用电功率				198
	焊机用电功率				35

主要工具有：钢丝绳卡索、卡环等。

5.5.3 主要施工方法

5.5.3.1 土方挖运

1. 放　线

先会同建设单位、监理单位、国土局等有关单位进行已建物范围内土方开挖轮廓线的施放，待有关人员签名认可后即可进行土方开挖工作。

2. 挖土方深度控制

由于本工程土方开挖是静压桩前先降低基坑 2 m，再进行静压桩施工。根据建设单位提供挖运、弃土计算表，本次土方施工总土方数约 23 092 m^3。

现有地面标高暂定为-0.3 m（相对标高），承台底和桩顶、桩尖的标高都是相对标高。挖土前先会同监理工程师实地抄平，按实调整工程表。

本次工程挖土方标高控制不是很精确，只要控制挖深在 2 m 即可。故在此阶段有两名测量员，配合两台水准仪，控制挖土机挖深即可。

3. 土方挖运注意事项

（1）本工程位于居民住宅区内，运土车辆只能在夜晚行驶。

（2）一定要文明施工，建设单位负责办理渣泥排放许可证和夜间施工许可证。施工单位按交通要求，夜间运输车辆不能带泥撒土。

（3）车辆在出施工场地时，必须在洗车池清洗轮胎，此项工作有专业人员负责。

5.5.3.2 施工测量

1. 施工测量准备工作

了解设计意图，熟悉和核对设计图纸，通过技术交底，了解工程全貌和主要设计意图以及对测量精度要求等，然后熟悉和核对与放线有关的建筑总平面图和施工图，检查总尺寸是否与各部分尺寸之和相符，踏勘现场，已定施测方案。

采用一台全站仪、一台电子经纬仪（DJ_{D2}）、一台精密水准仪和 50 米钢卷尺作为专门测量工具，并由专职测量人员使用和保管。

校核规划红线桩和水准点：

（1）核算总平面图上各红线桩的坐标、边长方位角是否对应。

（2）检测红线桩桩位是否正确。

（3）建设单位提供两个水准点，采用往返测量法确定所给水准点及标高点正确与否，同时请设计单位或规划单位验证其正确性。

（4）高程测设。

水准高程控制由建设单位工地代表指定水准控制点，用经检验的水准仪将始点的水准高程引测到建筑物附近不沉降固定体上。

2. 定位放线

本工序随挖土深度 2 m 后随即进行。

1）工程定位

在定位前，会同设计、建设、质监、监理、规划等有关单位对现场测量的控制点、桩进行交接验收，并且实地校测各桩位是否正确，若不符，应及时妥善处理。

根据建设单位提供的施工图和场地坐标网点，采用全站仪、经纬仪和钢尺进行放线，按规定报送有关资料，并请设计、建设、质监、规划等有关单位复核。

2）轴线控制

轴线放线复核无误后，建立的轴线控制桩或点可设在建筑工程周边围墙上，并加以妥善保护。建筑四大角定位桩建立后，还应建立各分轴线控制桩，以免轴线距离过长，分线偏差过大。

控制桩做法：桩位选用在不致发生下沉位移的基坑边，木桩打入土中不少于 500 mm，用混凝土将木桩包围。

3. 放桩位线

（1）根据平面控制网放出轴线桩，以轴线桩为基准线引出各位桩线。

（2）在桩位上钉 25 mm×25 mm×115 mm 大小木橛或 20～40 mm 小圆木。然后在桩位上周围撒上白水灰或白灰水，以示标志，便于压桩时查找。

（3）放桩位线允许偏差为 10 mm，全部钉入与地平、桩位中心线即为稳桩时的中心位置。

（4）放好桩位桩后，多余的木桩及时拔除，以免错打。

（5）桩位桩要经常检查，丢失随即补上。

（6）桩位桩不允许外露，以免车辆碾压，倾倒变位，造成桩顶位移过大。

（7）桩位放好后，周围撒上白灰或白灰水，以示标志，便于压桩时查找。

（8）轴线桩与桩位桩全部放好后，须进行自检，再请有关质量部门、监理单位，认真组织检查，并及时办理隐检手续存档。

4. 测量记录

各种测量的原始记录、绘制测量资料要真实可靠。测量结果及时报送有关单位，同时测量资料要妥善保存，作为竣工测量的依据。

5.5.3.3 施工程序

施工程序示意图如图 5-18 所示。

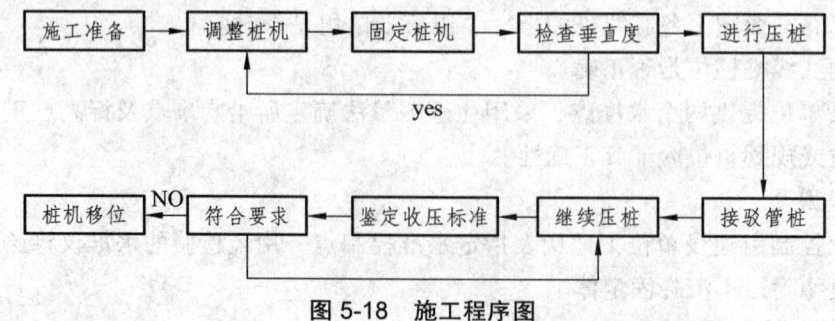

图 5-18 施工程序图

1. 工场地平整

1）压桩场地平整

场地平整以碾压路面达到静压桩机可以行走的要求为准。

（1）平整度要求：100 m² 范围内，允许±5 cm。

（2）密实度满足压桩机行走要求，地耐力为 20～110 kN/m²，压路机为 10～20 t；无明显轮印。局部地区（死角）须人工找平，用蛙式打夯机打夯 2～3 遍即可。

2）机械平整场地工艺流程

防水准标高线和轮廓线→推土机初步平整→平地机刮平→压路机碾压→平地机二次刮平→压路机二次碾压→符合压桩要求为止。

本工序由专职施工员负责。

3）填土层障碍物的排除

在静压机施工前应排除地下障碍物（如块石和孤石等）。

排除石块障碍措施采用开挖排除法和钻孔排除法。

（1）开挖排除法。

如果地质资料表明有块石各孤石等在地下室底板基土以上时，采用此法。开挖方法是桩承台位置放线定位后，参考地质资料，带有石块回填土层厚度在地下室基土以上范围内时，采用挖土机开挖排除石块和其他障碍物。

土方的开挖采用单个承台开挖，开挖至能排除障碍物为止。开挖是要注意基坑排水，备好水泵，边挖边抽排地下水。开挖出的土方采用自卸汽车运堆放在场内可推土位置（以后作回填土用），或与甲方协商运到余泥渣土排放地点。

外运的土方要配合运输车辆，同时在现场设洗车台，冲洗干净车辆轮胎后，方准汽车上路。外运的土方按该市有关规定办理余泥渣土准运证。

开挖排除地下障碍物后，采用石粉渣回填夯实、平整后，再重新测设桩位压桩。

（2）钻孔排除法。

障碍物埋深超过地下室基土的地段采用钻孔法，钻孔排除法是采用钻孔机钻孔，再进行静压施工。

2. 压桩的施工方法

1）管桩材料要求

管桩进场时，检查其规格、质量必须符合设计要求，并有出厂合格证明，强度要求达到 100% 且无断裂等情况。同时要根据本工程桩长，配搭长短桩。

2）钢桩尖制作

本工程采用 B 型预应力管桩（静压法施工），桩径 D500，钢桩尖在 CT10 下为开口型桩尖，其他为圆锥形桩尖，如图 5-19、图 5-20 所示。钢桩尖制作是用气焊切割，用电焊焊接，焊制钢桩尖时，焊条必须符合规范和有关标准要求，桩尖钢板 Q235AF 钢板，采用 E43XX 焊条焊接。由专业焊工焊制，桩尖要求焊缝饱满、焊接牢固。

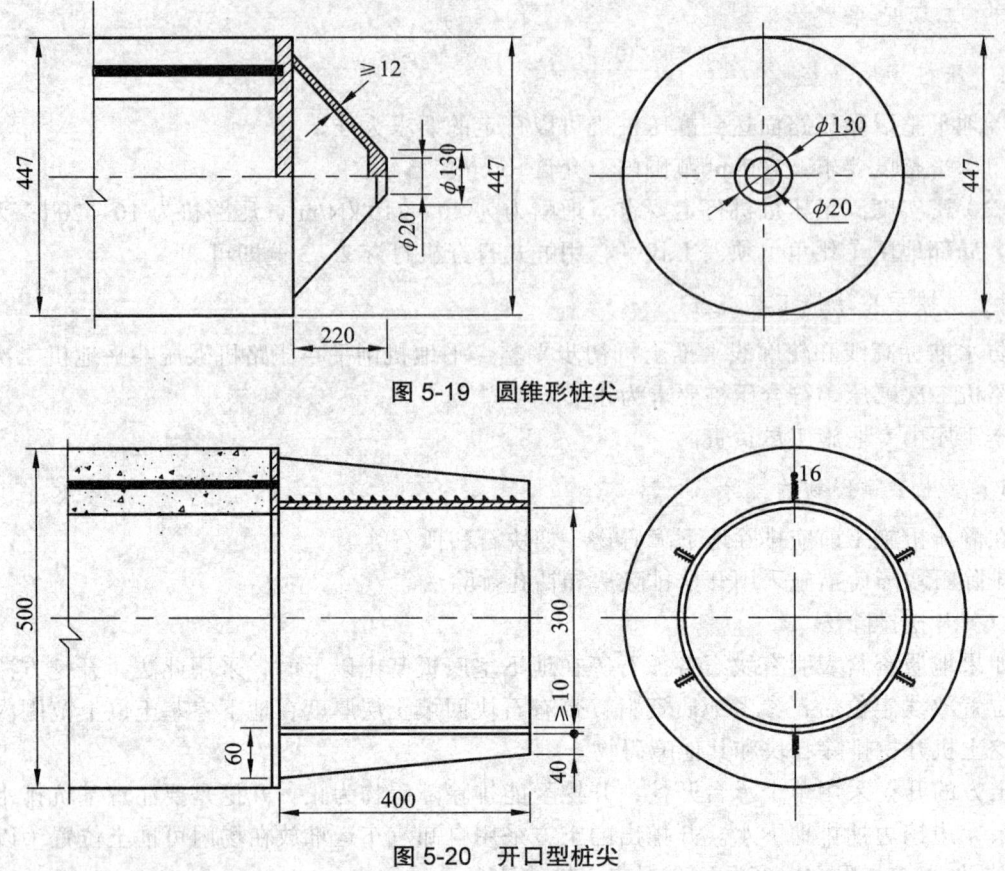

图 5-19 圆锥形桩尖

图 5-20 开口型桩尖

3）桩的运输

压桩前，需将桩从厂家运至现场或直接运至桩架前以备压入土中。一般情况下，应根据压桩顺序和速度随压随运，这样可以减少二次搬运。运桩以前，检查桩的混凝土质量、尺寸、桩靴的牢固性以及使用的标志是否齐全等。桩运到现场后，应进行外观复查，如不符合要求，则另行堆放，再经复查确认合格后方可使用。桩在运输中的支点应与吊点位置一致。

4）桩的堆放

桩堆放时，要求地面平稳坚实，支点垫木应根据吊点位置确定，各层垫木应在同一垂直线上。堆放层数不宜超过四层。超过二层的桩取桩时必须用吊桩机吊桩，不能用拖桩的办法取桩。

5）桩的起吊

桩起吊时，吊点位置应符合设计规定，其位置应按正负弯矩相等的原则计算确定；目前厂家生产桩长最长为 12 m，只用两个吊点便可。

6）作业条件

（1）施工图、图纸已经会审和设计单位已作技术交底。

（2）已排除桩施工范围内的高空、地面和地下障碍物。场地已平整压实，能保证压桩机械在场内正常运行。压桩场地必须符合如下要求：

① 平整度：100 m^2 范围内，允许±5 cm。
② 密实度满足 80 t 桩机要求，地耐力 110～120 kN/m^2，压路机为 10～12 t 无明显压痕。
③ 桩基的轴线桩和水准基点已设置完毕，并经复查办理了签证手续。每根桩位已测定并经复查验收。
④ 已选择和确定压桩设备进出路线和压桩顺序。
⑤ 检查桩的质量，将需用的桩平面布置图堆放在压桩机附近，不合格的桩另行堆放，及时退场。
⑥ 检查压桩机械设备的起重工具。
⑦ 压桩前先进行试压，确定压桩的贯入度。
⑧ 已准备好桩基工程沉桩记录和隐蔽工程验收记录表格，并安排好记录和监理人员等。

7）压桩的施工程序

压桩的施工程序如图 5-21 所示。

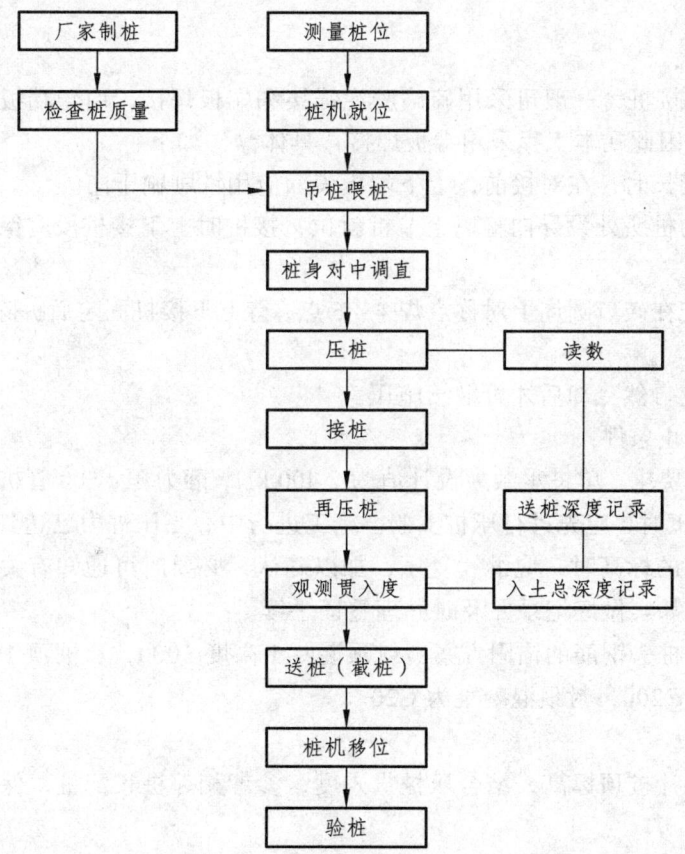

图 5-21 静力压桩的施工程序图

8）压桩顺序与桩机运行线路

（1）根据施工组织设计确定的压桩顺序进行，使桩机就位，一般宜由中间向四周，由一侧向另一侧，先长后短，先大后小，先高后低的原则进行。

（2）压桩顺序是否合理，直接影响到压桩进度和施工质量。当相邻的中心距小于 4 倍桩的直径时，应已定合理的压桩顺序。例如可采用逐排打设、由中部向边沿打设、分段打设和跳打法等。此外还需考虑桩机移动的方便与否以及桩的布置和运输问题。

（3）对基础标高不一的桩，宜先深后浅；对不同规格的桩，宜先大后小，先长后短，可使土挤密均匀，防止位移或偏斜。若桩距大于或等于4倍桩直径，则与压桩顺序无关。

（4）本工程选用2台ZYJ800A型静力压桩机。

9）施工操作工艺

（1）管桩运行现场进行堆放过程中，要轻吊、轻放并保持平稳，严禁抛掷、碰撞、滚落，确保桩身质量。堆放层不得超过4层。

（2）静力压桩设备采用ZYJ800A型静力压桩机，根据地质情况和设计要求配合额定质量，施工用电线路负荷。

（3）压桩桩位定点误差控制在30 mm范围内，对点后压桩必须把全方位水平仪调平，以使管桩垂直压入，为确保其垂直度，专人用吊桩辅助检查，桩插入地面的垂直度偏差不得过桩长的0.5%。

（4）桩的驳接：

预应力管桩的接桩，一般可采用硫磺胶泥锚接和端板焊接，由于端板焊接接头操作快捷方便，连接可靠，因此在本工程采用端板焊接，具体操作如下：

① 当桩需要接长时，在对接前，上下端板表面应用铁刷刷干净。

② 在下节桩的桩头处设导向箍以上节桩就位，接桩时上下接桩段应保持顺直，错位偏差不宜大于2 mm。

③ 焊接时宜先在破口圆周上对称点焊4~6点，待上下接桩固定后拆除导向箍施焊，焊接层不得小于2层。

④ 焊接接头应自然冷却后才可继续施压。

（5）压桩的终止条件：

本工程按设计要求，单桩承载力设计值为2 400 kN，静力压ϕ500管桩终止压力值不少于4 800 kN。工程开工时，应先进行压桩实验。施工进行中，当压桩力已达到，而桩端标高未达到地质报告所要求的标高时，应继续复压，加以确认，必要时可通知有关部门会商确定。压桩过程中，必须要如实做好记录并及时办理签证手续。

（6）压完桩后桩头钢筋的锚固方案：封顶混凝土高度3000，从桩顶100下记起。插筋采用8ϕ20，箍筋ϕ8@200，封顶混凝土为C20。

（7）送桩。

送桩是根据设计桩顶标高，结合压桩贯入度，参考相邻桩长配桩，保证送桩长度符合设计要求范围内。

（8）截桩。

配桩时，根据试压桩和相邻桩的长度选择最后一节桩的长度，为保证桩顶标高在承台以内和保证贯入度要求，为保留一定的空余长度，以免压桩时贯入度不符合要求。桩顶超出承台范围的桩顶多余桩顶切除，用管桩切割机截断多余段，截吓的桩段不能作其他桩接桩使用。

切除上部多余桩段至符合设计桩顶标高的工序，应在基础承台土方开挖后进行。但对影响桩机行走的桩段先进行截桩。

（9）填灌桩芯。

桩头插筋：桩径 500 mm 为 8Φ20 钢筋，箍筋为 Φ8@200，插入管桩深度为 3.0 m，预留长度为 1.0 m，底部拟用 10 厚钢板封底。桩芯灌注 C20 混凝土（建议采用微膨胀混凝土）。

混凝土灌注前，先制作插筋，插筋底部焊接封底钢板，管桩管口位置箍筋用电焊与插筋焊牢，安装钢筋时，用两根 Φ12 钢筋把插筋钢筋笼支架在管桩顶面固定控制标高，然后浇灌混凝土。混凝土用插式振捣器振实。

10）注意事项

（1）压桩时遇压力表读数突然上升或下降时，应停机对照地质资料，分析是否遇到障碍物或发生断桩，然后解决。

（2）在深厚软黏土层中施压，每根桩宜连续作业，中间停歇时间不宜过久。

（3）应根据地质条件、单桩设计承载力、桩长等因素制止压桩。

（4）当压桩遇到平层不能穿透时（此类桩机可穿透 5 m 左右的夹层），应先用钻机钻孔后，再静压。

（5）当桩较密时，为防止土体隆起和侧向挤压，可采用钻孔引土法，预在拟压的桩位，钻孔取掉一部分土后进行压桩的施工工艺。钻孔深度一般为桩长的 1/3～1/2，孔径比桩径小 5～10 cm。

（6）对收压标准的控制，对于摩擦桩，以标高为主要控制标准，对于端承桩，以终压力为控制标准，终压力就是施工时的最大压力，是综合考虑地质条件、设计桩长、桩的承载力、承载形式等因素在压桩时确定。本工程就是以终压力为控制标准，根据试桩确定终压荷载，即压桩（送桩）压力表读数为一半，当压桩机出现浮机现象，同时沉桩贯入度和桩入土达到要求时，即可停压，为防止桩上浮和进一步控制贯入度，一般要满载进行 1～3 次复压。

（7）许多压桩实例表明静力压桩与打入桩同样有挤土效应，导致孔隙水压力增加，土体隆起、相领建筑破坏，房屋门窗变形，影响使用，因而在施工过程中加强对周围房建的监控，加强对施工场地的监控，如发现异常情况，立即停止施工，会同有关部门分析查找原因，采取有限措施，减少影响。

5.5.3.4 验 桩

1. 验桩桩数

验桩通常采用静载试验、低应变检测和高应变检测三种，其中静载试验不少于总桩数的 1%，低应变检测为桩总数的 10%，高应变检测为总桩数的 2%。

桩施工完毕后，即进行验桩工作。在此之前与设计单位、监理单位和建设单位共同协商选定验桩部门，由验桩部门验桩。

2. 桩基工程工程验收资料

（1）工程地质勘察报告、桩基施工图、图纸会审纪要、设计变更单及材料代用通知单等。

（2）经审定的施工组织设计、施工方案及执行中的变更情况。

（3）桩位测量放线图，基础工程桩位线复核签证单。

(4) 成桩质量检查报告。
(5) 单桩承载力检测报告。
(6) 基坑挖至设计标高的基桩竣工平面图及桩顶标高图。

思考题

1. 桩基础的类型有哪些？说明桩基础的适用范围。
2. 预制桩基础的沉桩工艺有哪些？
3. 锤击法施工机械类型及选择原理是什么？简述锤击法施工工艺及注意事项。
4. 简述静力压桩法施工原理与施工工艺及施工注意事项。
5. 简述预制桩接桩方法。
6. 预制桩基础质检和验收标准有哪些？
7. 桩基础验收资料有哪些内容？
8. 静力桩施工前期准备工作有哪些？
9. 简述振动沉桩的使用条件和施工工艺。
10. 简述水冲沉桩的特点。

项目 6　灌注桩基础施工

学习目标

通过本项目的学习，要求学生：

1. 了解灌注桩施工的机具设备的种类、型号，以及各类机械的配套使用；了解桩基承台施工方法。
2. 了解泥浆护壁成孔的工艺原理，掌握泥浆护壁成孔的施工方法。
3. 熟悉钢筋笼制作质量控制要点。
4. 掌握水下混凝土的配制与灌注施工。
5. 掌握桩基检测与验收。

项目描述

工程概况

××房建工程位于市区内，总占地面积150亩，建筑总面积75 000 m^2，主楼为21层，总高度约100 m，裙楼2层设一层地下室，框架-剪力墙结构。

场地地质及地貌状况：

工场地位于江淮丘陵区，地形起伏大。一般地面高程62～59 m，沟、塘底高程为56～57 m，最大高差达4 m以上。土层除表层的人工填土外，均为第四系晚更新统河湖相冲洪积地层，土性主要为粉质黏土。下卧基岩为侏罗系的砂岩。通过工程地质勘察得知，拟建建筑物场地内地基土自上而下划分为3个工程地质层：1层：人工填土；2-1层：粉质黏土；2层：粉质黏土～黏土；3层：砂岩；3-1层：全—强风化砂岩；3-2层：中风化砂岩；3-3层：微风化砂岩。

工程特点：

本工程为大型高耸建筑物，对抗压、抗倾覆要求极为严格，因此对基础工程质量要求也十分严格。基础设计采用钢筋混凝土钻孔灌注桩基础，基础为Φ600 mm端承柱。本工程桩基为端承桩，对桩身质量和沉渣厚度要求较高。桩基础设计工程为：基桩178根，桩身混凝土采用C30等级混凝土，约1 200 m^2，钢筋约45 t。

桩基础施工平面图如图6-1所示（截取一半示意）。

学习情境6.1　施工准备

灌注桩施工准备工作的主要内容见表6-1。

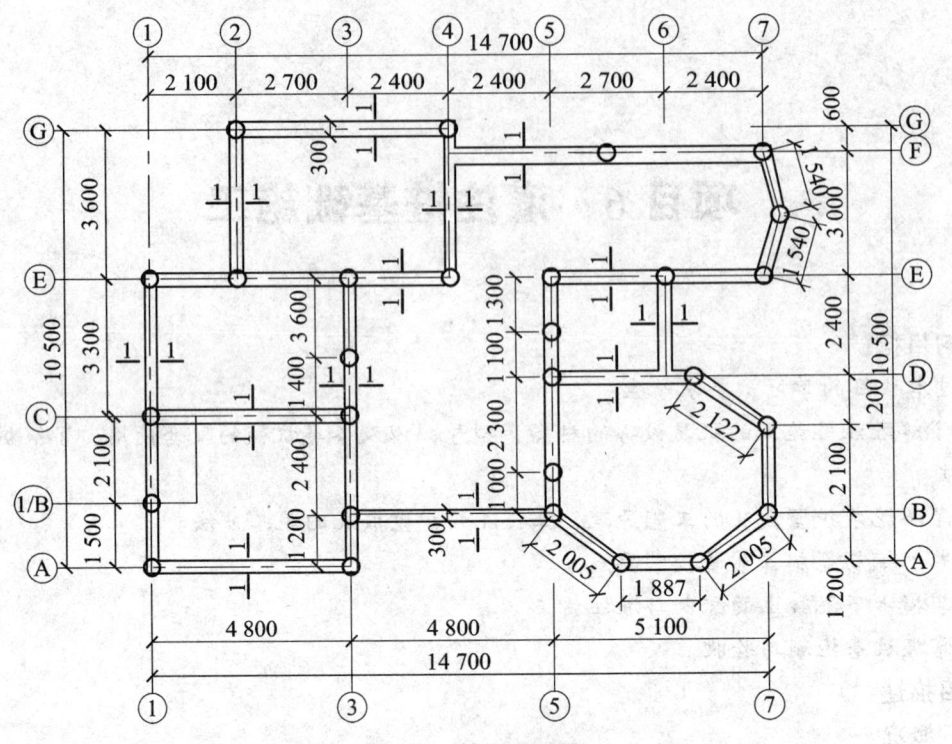

图 6-1 桩位平面图

表 6-1 工作任务表

序号	项目	内 容
1	主讲内容	（1）桩基平面施工图识读规则； （2）施工现场准备； （3）施工机械选择
2	学生任务	（1）了解灌注桩基础施工准备的内容； （2）熟悉灌注桩基础施工机械的类型和施工程序
3	教学评价	（1）能合理做好灌注桩基础的施工准备——合格； （2）能合理做好灌注桩基础的施工准备，能熟练地进行施工图的识图——良好； （3）能合理做好灌注桩基础的施工准备，能熟练地进行承台施工图的识图，并了解灌注桩施工程序——优秀

灌注桩施工之前应具备以下资料：建筑场地岩土工程勘察报告，桩基工程施工图及图纸会审纪要，建筑场地和邻近区域内地下管线、地下构筑物、危房、精密仪器车间等的调查资料；主要施工机械及其配套设备的技术性能资料；桩基工程的施工组织设计；水泥、砂、石、钢筋等原料材料及其制品的质检报告；有关荷载、施工工艺的试验参考资料。

根据桩基工程的施工组织设计，结合工程特点进行施工前的准备工作。

6.1.1 桩基础施工图识图

桩基础包括基桩和承台，基桩平法施工图参考上部结构柱内容。本项目学习了解桩基承台平法施工图的基本规则。

6.1.1.1 桩基承台平法施工图的一般规定

（1）桩基承台平法施工图，有平面注写与截面注写两种表达方式，设计者可根据具体工程情况选择一种，或将两种方式相结合进行桩基承台施工图设计。

（2）当绘制桩基承台平面布置图时，应将承台下的桩位和承台所支承的上部钢筋混凝土结构、钢结构、砌体结构或混合结构的柱、墙平面一起绘制。当设置基础连梁时，可根据图面的疏密情况，将基础连梁与基础平面布置图一起绘制，或将基础连梁布置图单独绘制。

（3）当桩基承台的柱中心线或墙中心线与建筑定位轴线不重合时，应标注其偏心尺寸；对于编号相同的桩基承台，可仅选择一个进行标注。

6.1.1.2 桩基承台编号

桩基承台分为独立承台和承台梁，编号分别见表6-2、6-3。

表6-2 独立承台编号

类型	独立承台截面形状	代号	序号	说明
独立承台	阶形	CT_J	XX	单阶截面即为平板式独立承台
		CT_P	XX	

注：杯口独立承台代号为 BCT_J 和 BCT_P，设计注写方式可参照杯口独立基础，施工详图应由设计者提供。

表6-3 承台梁编号

类型	代号	序号	跨数及有否悬挑
承台梁	CTL	XX	（XX）端部无外伸 （XXA）一端有外伸 （XXB）两端有外伸

6.1.1.3 独立承台的平面注写方式

（1）独立承台的平面注写方式，分为集中标注和原位标注两部分内容。

（2）独立承台的集中标注，系在承台平面上集中引注；独立成台编号、截面竖向尺寸、配筋三项必注内容，以及当承台板底面标高与承台地面基准标高不同时的相对标高高差和必要的文字注解两项选注内容。具体规定如下：

① 注写独立承台编号（必注内容），见表6-2。

独立承台的截面形式通常有两种：

a. 阶形截面，编号加下标"J"，如 CT_JXX。

b. 坡形截面，编号加下标"P"，如 CT_PXX。

② 注写独立承台截面竖向尺寸（必注内容）。

注写 $h_1/h_2/\cdots\cdots$，具体标注为：

a. 当独立承台为阶形截面时，如图 6-2 和图 6-3 所示。图 6-2 为两阶，当为多阶时各阶尺寸自下而上用"/"分隔顺写。当阶形截面独立承台为单阶时，截面竖向尺寸仅为一个，且为独立承台总厚度，见示意图 6-3。

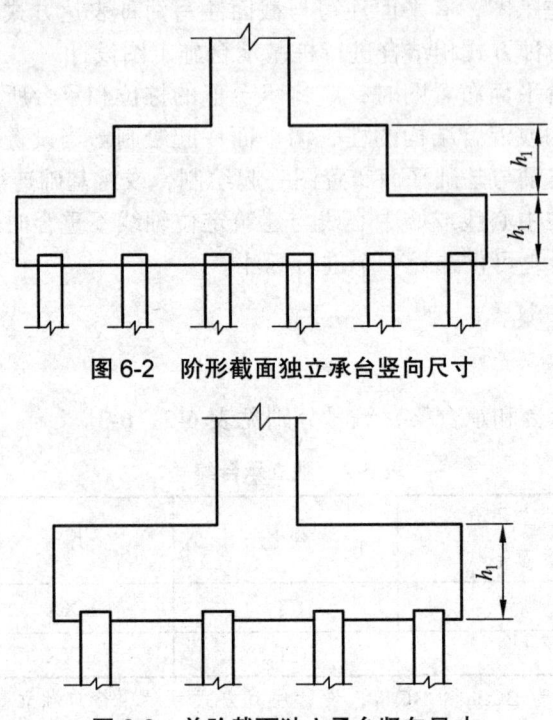

图 6-2　阶形截面独立承台竖向尺寸

图 6-3　单阶截面独立承台竖向尺寸

b. 当独立承台为坡形截面时，截面竖向尺寸注写为 $h_1/h_2/$，如图 6-4 所示。

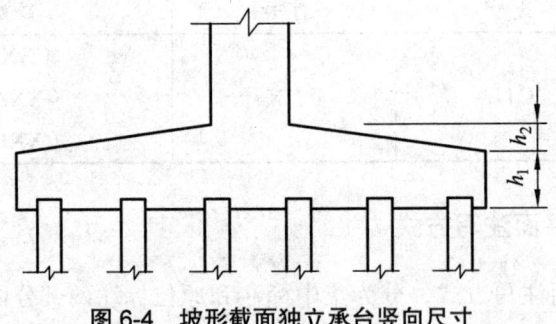

图 6-4　坡形截面独立承台竖向尺寸

③ 注写独立承台配筋（必注内容）。

底部与顶部双向配筋应分别注写，顶部配筋仅用于双柱或四柱等独立承台，当独立承台顶部无配筋时则不注顶部。注写规定如下：

a. 以 B 打头注写底部配筋，以 T 打头注写顶部配筋。

b. 矩形承台 X 向配筋以 X 打头，Y 向配筋以 Y 打头；当两向配筋相同时，则以 XY 打头。

c. 当为等边三桩承台时，以"△"打头，注写三角布置的各边受力钢筋（注明根数并在配筋值后注写"×3"），在"/"后注写分布钢筋。例如：△XXΦXX@XXX×3/ΦXX@XXX。

d. 当为等腰三桩承台时,以"△"打头注写等腰三角形底边的受力钢筋+两对称斜边的受力钢筋(注明根数并在两对称配筋值后注写"×2"),在"/"后注写分布钢筋。

e. 当为多边形承台或异型独立承台,且采用 X 向和 Y 正交配筋时,注写方式与矩形独立承台相同。

④ 注写独立承台配筋(选注内容)。

当独立承台的地面标高与桩基承台底面基准标高不同时,应将独立承台底面相对标高高差注写在"( )"内。

⑤ 必要的文字注解(选注内容)。

当独立承台的设计有特殊要求时,宜增加必要的文字注解。例如,当独立承台底部和顶部均配置钢筋时,注明承台板侧面是否采用钢筋封边以及采用何种形式的封边构造等。参见《混凝土结构施工图平面整体表示方法制图规则和构造详图》(筏形基础)的相关规定。

(3)独立承台的原位标注,系在桩基承台平面布置图上标注独立承台的平面尺寸,相同编号的独立承台,可仅选择一个进行标注,其他相同编号者仅注编号。注写规定如下:

① 矩形独立承台。

原位标注 x、y、x_c、y_c(或圆柱直径 d_c)、x_i、y_i、a_i、b_i,$i=1$,2,3…。其中,x、y 为独立承台两向边长,x_c、y_c 为柱截面尺寸,x_i、y_i 为阶宽或坡形平面尺寸,a_i、b_i 为桩的中心距及边距(a_i、b_i 根据具体情况可不注)。如图 6-5 所示。

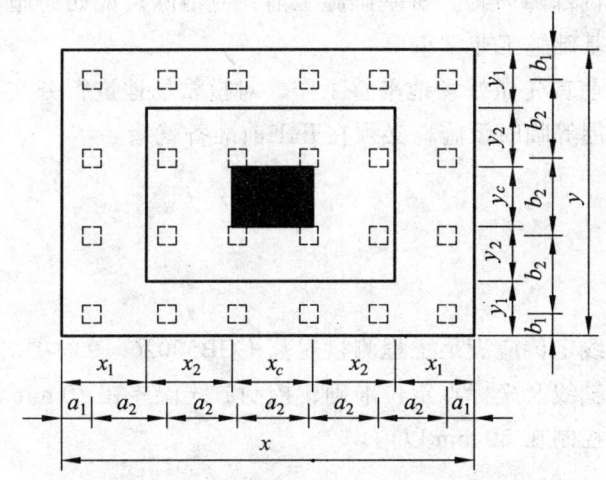

图 6-5 矩形独立承台平面原位标注

② 三桩承台。

结合 X、Y 双向定位,原位标注 x 或 y,x_c、y_c(或圆柱直径 d_c)、x_i、y_i、$i=1$,2,3…,a。其中,x 或 y 为三桩独立承台平面垂直于底边的高度,x_c、y_c 为柱截面尺寸,x_i,y_i 为承台分尺寸和定位尺寸,a 为桩中心距切角边缘的距离。等边三桩独立承台平面原位标注,如图 6-6 所示。等腰三桩独立承台平面原位标注,如图 6-7 所示。

③ 多边形独立承台。

结合 X\Y 双向定位,原位标注 x 或 y,x_c、y_c(或圆柱直径 d_c)、x_i、y_i,$i=1$,2,3…,具体设计时,可参照矩形独立承台或三桩独立承台的原位标注规定。

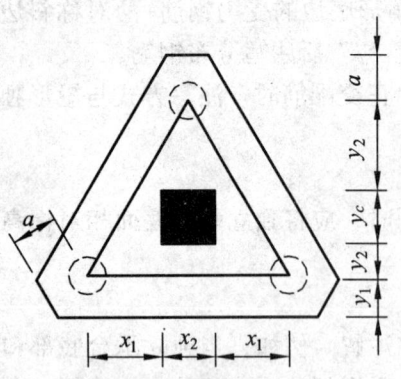
图6-6 等边三桩独立承台平面原位标注

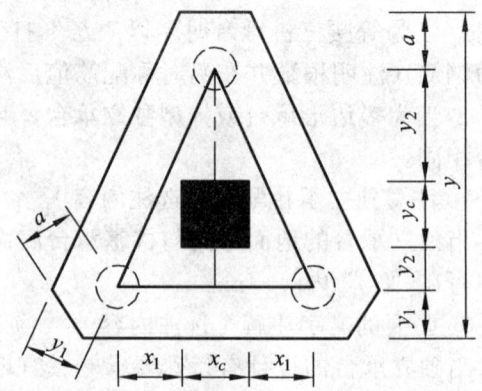
图6-7 等腰三桩独立承台平面原位标注

6.1.2 施工场地准备

6.1.2.1 施工场地平整

设备进场前要做到"三通一平",即路通、水通、电通和施工场地平整。

(1)清除施工场地内部障碍物。桩基础施工前,应清除可能妨碍施工的地面、地下障碍物,对保证顺利进行桩基础施工非常重要。

(2)施工设备进场前首先做好场地平整工作,对松软场地进行夯实处理;雨季施工必须要有排水措施。临时房屋等临时设施,必须在开工前准备就绪。

6.1.2.2 施工放样

1. 控制要点

(1)建筑物的外框线定位应满足工程测量规范(GB50026—93)要求。
(2)建筑物的纵横轴线及坐标点定位准确,控制放线误差在10 mm以内。
(3)桩位测放偏差控制在20 mm以内。

2. 技术措施

(1)依据总平面图标示,利用全站仪测放建筑物外框线,定出具体位置,并经业主、监理等单位检查验收后交付使用,并作出建筑物定位图备案存档。

(2)依据外框线和桩位平面布置图,利用全站仪和钢尺测放出纵横轴线,并据现场情况将轴线外延,做好轴线控制桩(一般控制桩外延4 m以上,不受打桩影响)。控制轴线放样偏差在10 mm以内,同时用混凝土固定好控制桩,利用钢管搭架保护控制桩。

(3)测放好的轴线桩位及其控制桩经业主、监理验收后交予使用。

(4)依据轴线位置,用全站仪和钢尺逐一测放出具体桩位,打上木桩,桩位偏差控制在20 mm以内,用短钢筋作出标志,经业主、监理验收后交付使用。

（5）测定好的轴线桩位、控制桩位、具体桩位现场予以妥善保护，基桩轴线的控制点和水准点应设在不受施工影响的地方，开工前，经复核后应妥善保护，施工中应经常复测，同时做出桩位复测图以备案存档。

（6）测定好的轴线桩位、控制桩位、具体桩位现场予以妥善保护，基桩轴线的控制点和水准点应设在不受施工影响的地方，开工前，经复核后应妥善保护，施工中应经常复测，同时做出桩位复测图以备案存档。

（7）利用水准仪将标高引至施工区域并作出标识保护好。经业主、监理验收后交付使用，并作书面图示以备案存档。

（8）施工中经常复核轴线及具体桩位。

6.1.3　施工机械选择

钻孔灌注桩施工作业简单实用，水中陆地均可施工，尤其对于处理复杂地层中的基础，有较为显著的特点。钻孔施工常用成孔机械有冲击钻、旋转钻、冲抓钻等，各种钻机适用情况见表6-4。钻头形式如图6-8、图6-9、图6-10所示。

表6-4　钻孔机具的试用范围

钻机类型	适用范围
冲击钻	适用于岩层、坡积层、漂砾、卵石等土层；在砂黏土、黏砂土层钻进效率较低
旋转钻	适用于砂黏土、黏砂土层及风化页岩等地层
冲抓钻	适用于砂黏土、黏砂土及砂夹卵（砾）石地层

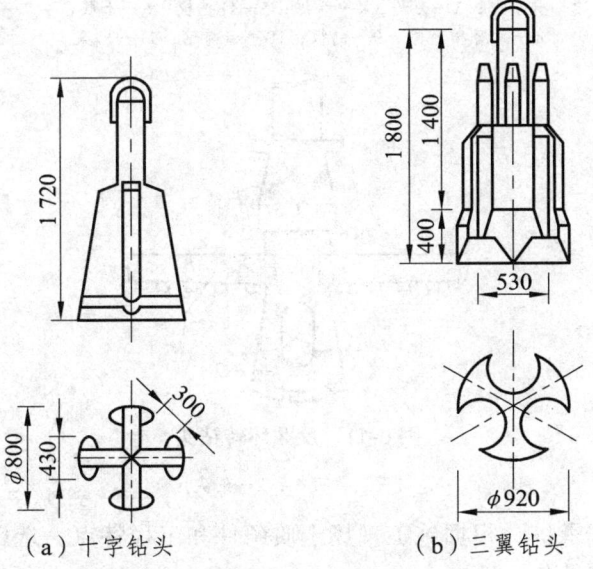

（a）十字钻头　　（b）三翼钻头

图6-8　冲击钻钻头

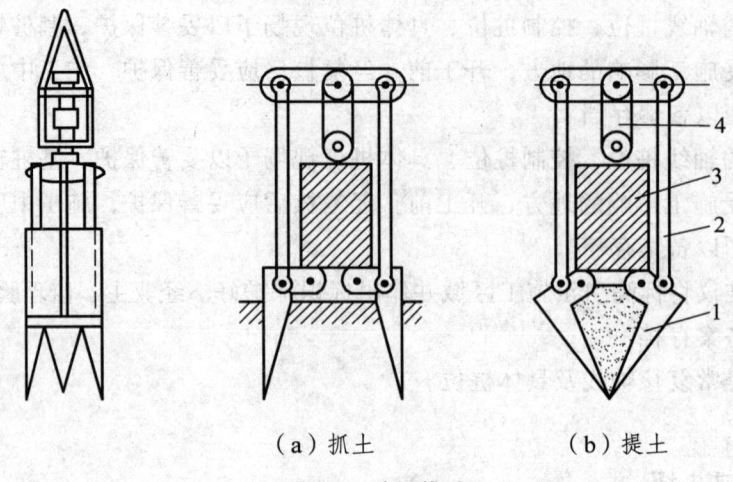

(a) 抓土　　　　　(b) 提土

图 6-9　冲抓锥斗

1—抓片；2—连杆；3—压重；4—滑轮组

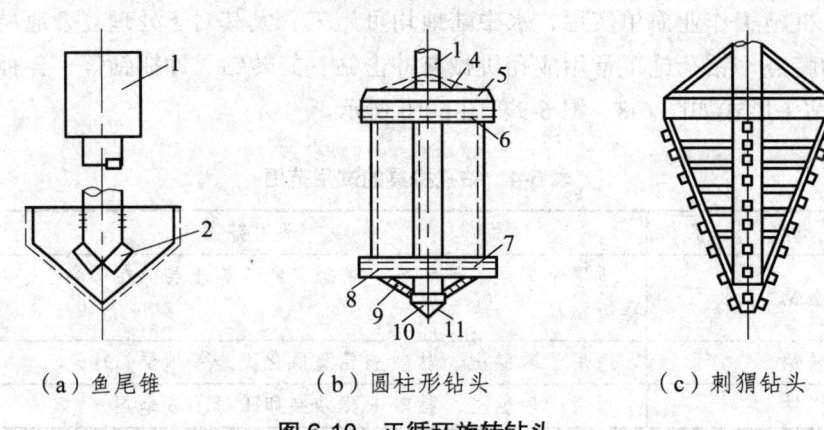

(a) 鱼尾锥　　　(b) 圆柱形钻头　　　(c) 刺猬钻头

图 6-10　正循环旋转钻头

1—钻杆；2—出浆口；3—刀刃；4—斜撑；5—斜挡板；6—上腰围；7—下腰围；
8—耐磨和金刚；9—刮板；10—超前钻；11—出浆口

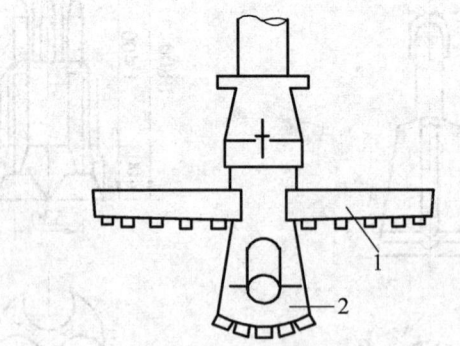

图 6-11　反循环转钻头

1—三翼刀板；2—剑尖

　　本工程设计采用端承桩，根据施工现场土质条件和工程特点，选用旋转式钻机，施工配置 6 台钻孔桩机及配套设备，见表 6-5。

表 6-5 主要机械设备配置计划表

序号	设备名称	型号	主要技术参数	台数	用途	产地
1	工程钻机	GPS-10	直径 1.00 m	6	桩机施工	上海探矿机械厂
2	泥浆泵	3PNL	流量 108 m^3/h	7	钻机配套用	上海探矿机械厂
3	电焊机	AX4-300	交直流 300A	3	钢筋焊接	上海电焊机厂
4	钢护筒	Φ700 mm×1 200 mm	Φ1 000 mm×1 200 mm	6	灌注桩用	自制
5	抽水泵	2PNL	流量 54 m^3/h	1	抽清水	上海探矿机械厂

6.1.4 施工程序

钻孔灌注桩关键工序：测量放样、护筒埋设及钻机定位、钻进方法及钻机技术参数选用、泥浆护壁措施、清孔、钢筋笼制作及安放、水下混凝土灌注。

钻孔灌注桩工艺流程图如图 6-12 所示。

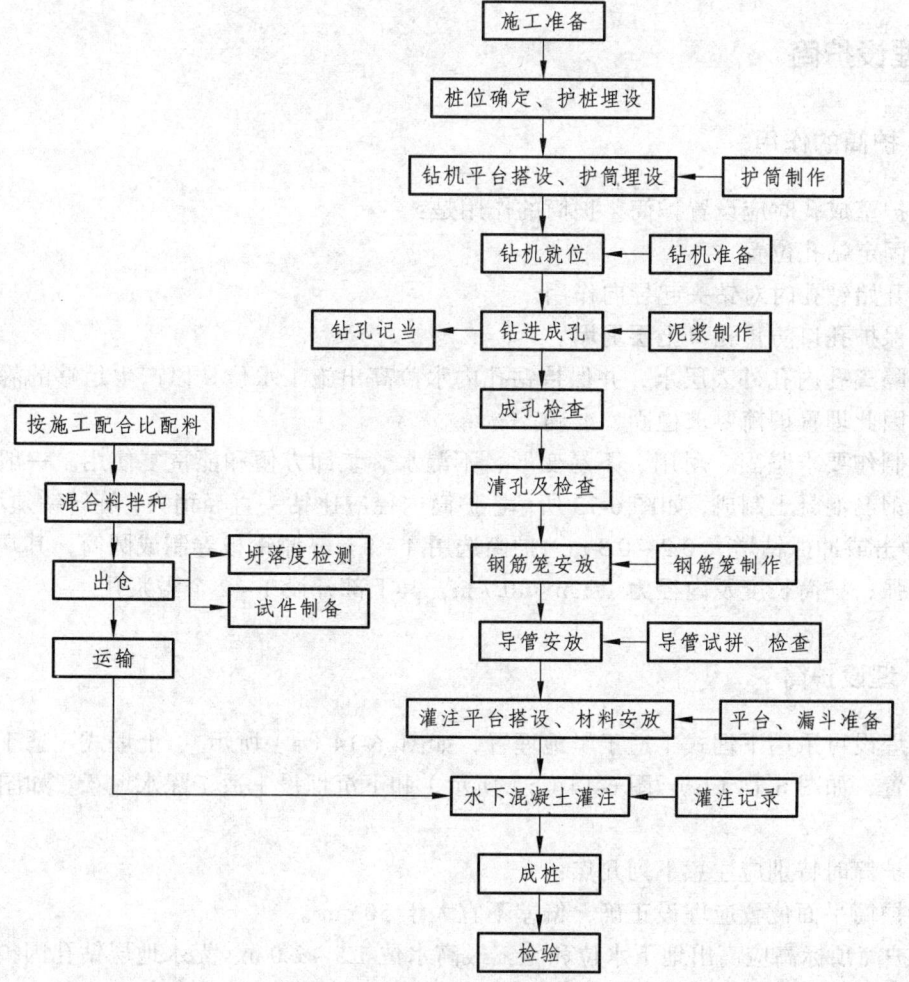

图 6-12 钻孔灌注桩工艺流程

学习情境 6.2 成 孔

本情境主要教学内容和目的见表 6-6。

表 6-6 工作任务表

序号	项目	内容
1	主讲内容	（1）埋设护筒； （2）制备泥浆； （3）钻孔、清孔
2	学生任务	（1）了解埋设护筒的方法； （2）熟悉制备泥浆的原理及作用； （3）熟悉钻孔、清孔的过程
3	教学评价	（1）能了解钻孔施工的基本过程——合格； （2）能了解钻孔施工的基本过程，合理选择钻孔方式——良好； （3）能熟悉钻孔施工的基本过程，并合理根据工程特点选择成孔工艺——优秀

6.2.1 埋设护筒

6.2.1.1 护筒的作用

泥浆护壁成孔时应设置护筒，护筒的作用是：

（1）固定钻孔位置。

（2）开始钻孔时对钻头起导向作用。

（3）保护孔口防止孔口土层坍塌。

（4）隔离孔内孔外表层水，并保持钻孔内水位高出施工水位，以产生足够的静水压力稳固孔壁。因此埋置护筒要求稳固、准确。

护筒制作要求坚固、耐用、不易变形、不漏水、装卸方便和能重复使用。一般用木材、薄钢板或钢筋混凝土制成，如图 6-13 所示。护筒内径应比钻头直径稍大，旋转钻须增大 0.1~0.2 m，冲击或冲抓钻增大 0.2~0.3 m。护筒选用 4~8 mm 厚钢板卷制成圆筒，其端口、接缝处补焊加强；护筒长度及内径为 1.2 m×Φ0.7 m，其上部开设 1~2 个溢浆孔。

6.2.1.2 埋设护筒

护筒埋设可采用下埋式［适于旱地埋置，如图 6-14（a）所示］、上埋式（适于旱地或浅水筑岛埋置，如图 6-14（b）、图 6-14（c）所示）和下沉埋设［适于深水埋置，如图 6-14（d）所示］。

埋置护筒时特别应注意下列几点：

（1）护筒平面位置应埋设正确，偏差不宜大于 50 mm。

（2）护筒顶标高应高出地下水位和施工最高水位 1.5~2.0 m。无水地层钻孔因护壁顶部设有溢浆口，筒顶也应高出地面 0.2~0.3 m。

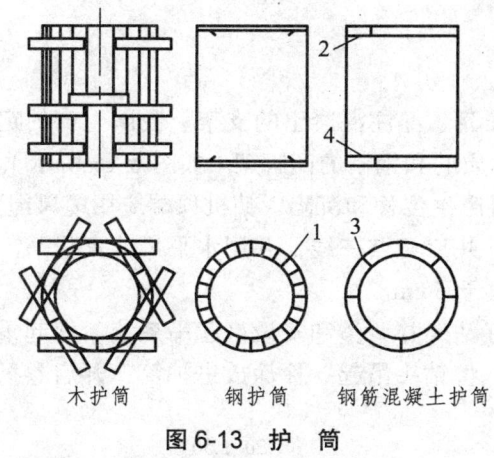

图 6-13 护筒

1—连接螺栓孔；2—连接钢板；3—纵向钢筋；4—连接钢板或刃脚

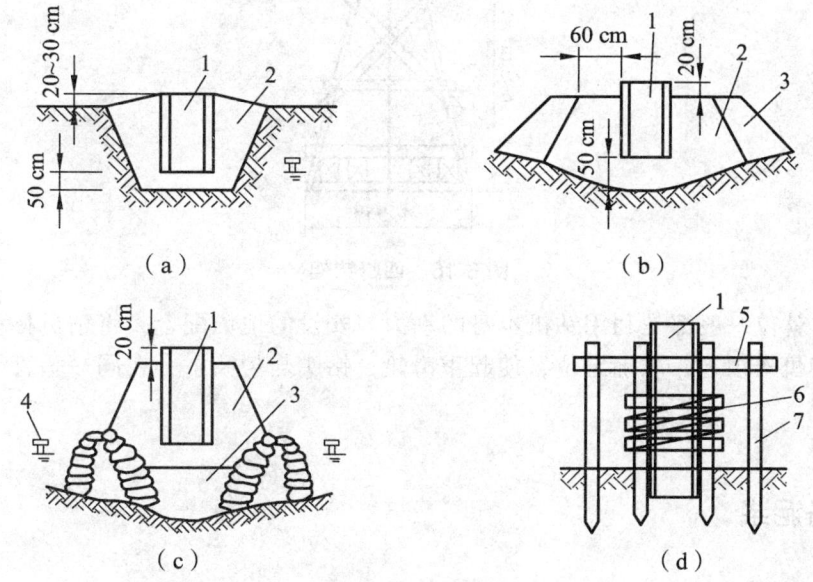

图 6-14 护筒埋设

1—护筒；2—夯实黏土；3—砂土；4—施工水位；
5—工作平台；6—导向架；7—脚手架

（3）护筒底应低于施工最低水位（一般低于 0.1～0.3 m 即可）。深水下沉埋设的护筒应沿导向架借自重、射水、振动或锤击等方法将护筒下沉至稳定深度，入土深度黏性土应达到 0.5～1 m，砂性土则为 3～4 m。

（4）下埋式及上埋式护筒挖坑不宜太大（一般比护筒直径大 0.1～0.6 m），护筒四周应夯实填密实的黏土，护筒应埋置在稳固的黏土层中，否则应换填黏土并密实，其厚度一般为 0.5 m。

（5）护筒埋设好以后，由施工员及时将桩中心用十字轴线标识于护筒内侧，并在桩位上打入 Φ16 定位钢筋一根，供钻机对桩位用。

（6）护筒固定后经监理验收签字后方可钻机就位，就位时钻头中心对准护筒中心（或定位钢筋）保证误差≤2 cm。

6.2.2 钻机就位

钻架时钻孔、吊放钢筋笼、灌注混凝土的支架。我国生产的定型旋转钻机和冲击钻机都附有定型钻架，其他还有木质的和钢制的四脚架（如图6-15所示）、三脚架或人字扒干。安装钻机时，底架应垫平，不得产生位移和沉陷。钻机顶端应用缆风绳对称拉紧。必须达到周正、水平、稳固，天车、立轴、井口三点一线，并用水平尺认真找平。钻头或者钻杆的中心与护筒的顶面中心的偏差不得大于5 cm。

旋转钻机就位后，立好钻架并调整和安设好起吊系统，使起重滑轮和固定钻杆的卡孔与护筒中心在同一垂直线上，将钻头吊起，徐徐放进护筒，开启卷扬机把转盘吊起，将钻头调平并对准钻孔。

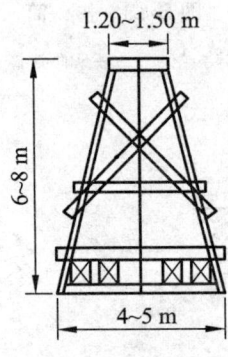

图6-15 四脚钻架

冲击钻机就位一般都是利用钻机本身的动力与安设的地锚配合，将钻机移动大致就位，再用千斤顶将机架顶起，准确定位，使起重滑轮，钻头与护筒中心在同一垂直线上，以保证钻机的垂直度。

6.2.3 制备泥浆

6.2.3.1 制备泥浆准备

除能自行造浆的黏性土层外，均应制备泥浆。首先根据桩孔容积、泵组设备确定泥浆池、沉淀池循环池的数量和容积，泥浆池容积一般不小于钻孔容积的1.2倍。泥浆池、沉淀池位置见以下正、反循环成孔示意图。

制备泥浆应选用高塑性黏性土或膨润土。泥浆应根据施工机械、工艺及穿越土层的情况进行配合比的设计。泥浆比重应控制在1.1~1.2；在砂土和较厚的夹砂层中，泥浆比重应控制在1.1~1.3；砂夹卵石土层或容易塌孔的土层，泥浆比重应控制在1.3~1.5。施工中要经常测定泥浆比重，并定期测定黏度、含砂率和胶体率等指标。

6.2.3.2 制备泥浆的方法

（1）原土造浆：在黏性土中成孔时可在孔内注入清水，钻机旋转切削土屑形成泥浆。

（2）人工造浆：在砂性土层、砂夹卵石土质，选用高塑性黏性土或膨润土投入孔中和水拌和形成混合物，并根据需要掺入少量的其他物质，如增重剂、分散剂、增黏剂及堵漏剂等，以改善泥浆的品质。

6.2.3.3 泥浆的作用

（1）吸附孔壁的作用：将土壁上孔隙填渗密实避免孔内壁漏水。
（2）固壁防坍的作用：泥浆的比重大，加大孔内水压力，可以固壁防坍。
（3）携砂排土的作用：泥浆有一定黏度，通过循环泥浆可以将削碎的泥石渣屑悬浮后排出。
（4）冷却润滑的作用：能保证钻头正常工作。

6.2.4 钻 孔

6.2.4.1 常用钻孔方法

1. 回转钻钻进成孔

回转钻成孔是国内灌注桩施工中常用方法之一。成孔的方法是由钻头切削土壤，通过泥浆循环携土、排砂后成孔。根据排渣方式不同，分为正循环回转钻成孔和反循环回转钻成孔。对孔深较大的端承型桩和粗粒土层中的摩擦型桩，宜采用反循环成孔或清孔，也可根据土层情况采用正循环钻进，反循环清孔。

1）正循环回转钻成孔

如图 6-16 所示，钻机回转装置带动钻杆和钻头回转切屑破碎岩土，由泥浆泵输进泥浆，泥浆沿孔壁上升，从孔口溢出流入泥浆池，经沉淀池返回循环池，通过循环泥浆，一方面协助钻头破碎岩土将钻渣排出孔外，同时起护壁作用。正循环回转钻成孔泥浆的上返速度较慢，携带土粒直径小，排渣能力差，泥土重复破碎现象严重。适用于填土、淤泥、黏土、粉土、砂土等底层，对卵砾石含量不大于 15%、粒径小于 10 mm 的部分砂卵砂石层和软质基岩、较硬基岩也可使用。孔径直径不宜大于 1000 mm，钻孔深度不宜超过 40 m。

正循环回转钻机主要由动力机、泥浆泵、卷扬机、转盘、钻架、钻杆、水龙头等组成。利用钻杆加压的正循环回转钻机，在钻具中应加设扶正器。

正循环钻进主要参数有冲洗液量、转速和钻压。保持足够的冲洗液（指泥浆或水）量是提高正循环钻进效率的关键。转速的选择除了满足破碎岩土的扭矩需要外，还要考虑钻头的不同部位切削具的磨耗情况。一般砂土层硬质合金钻进时，转速取 40~80 r/min，较硬或非均质地层转速可适当调慢；对于刚粒钻进成孔，转速一般取 50~120 r/min，大桩取小值，小桩取大值；对于牙轮钻头钻进成孔，转速一般取 60~180 r/min。在松散地层中，确定给进钻压时，以冲洗液畅通和钻渣清除及时为前提，灵活加以掌握；在基岩中钻进可通过配置重块来提高钻压。对于硬质合金钻钻进成孔，钻压应根据地质条件、钻杆与桩孔的直径差、钻头形式、切削具数目、设备能力和钻具强度等因素综合考虑确定。一般按每片切削刀具的钻压为 800~1 200 N 或每颗合金的钻压为 400~600 N 确定钻头所需的钻压。

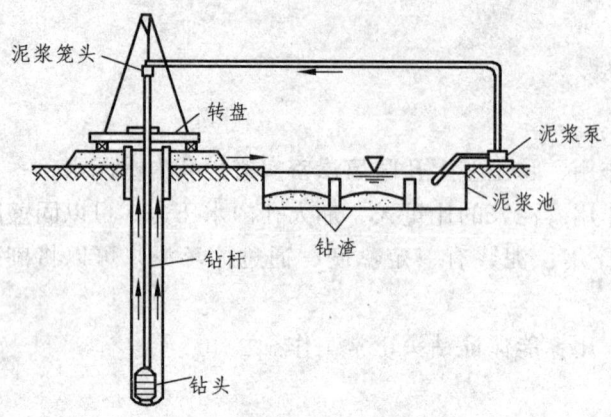

图 6-16 正循环回转钻成孔

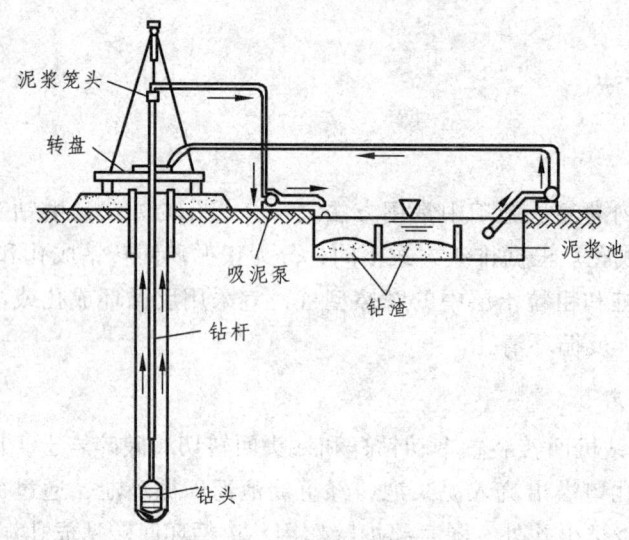

图 6-17 反循环回转钻成孔

2）反循环回转钻成孔

如图 6-17 所示，钻机回钻装置带动钻杆和钻头回转切削破碎岩土，利用泵吸、气举、喷射等措施抽吸循环护壁泥浆，挟带钻渣从钻杆内腔抽吸出孔外的成孔方法反循环回转钻成孔方法根据抽吸原理不同可分为泵吸反循环、气举反循环与喷射（射流）反循环三种施工工艺。

泵吸反循环是直接利用泥浆泵的抽吸作用使钻杆的水流上升而形成反循环；喷射反循环时利用射流泵射出的高速水流产生的负压使钻杆内的水流上升而形成反循环。这两种方法在浅孔时效率较高，但孔深大于 50 m 以后效率降低。气举反循环如图 6-18 所示，是利用送入压缩空气使水循环，钻杆内水流上升速度与钻杆内外液柱重度差有关，随孔深增加效率增加，当孔深超过 50 m 以后即能保持较高而稳定的钻进效率。因此，应根据孔深情况来选择合适的反循环施工工艺。反循环钻进成孔适用于填土、淤泥、黏土、粉土、砂土、砂砾等底层。反循环钻机与正循环钻机基本相同，但还要配备吸泥泵、真空泵或空气压缩机等。

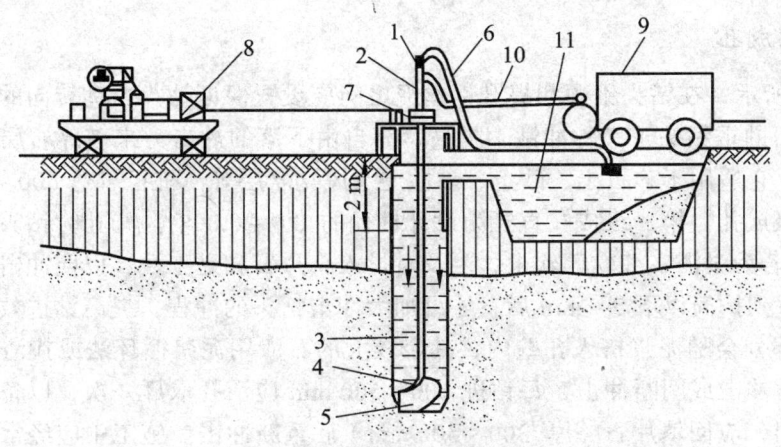

图 6-18 气举反循环施工

1—气密式旋转接头；2—气密式传动杆；3—气密式钻杆；4—喷射嘴；5—钻头；6—压送软管；
7—旋转台盘；8—液压泵；9—压气机；10—空气软管；11—水槽

2. 潜水钻成孔

潜水钻机的动力装置沉入钻孔内，封闭式防水电动机和变速箱及钻头组装在一起潜入泥浆下钻机，如图 6-19 所示。潜水钻的钻头上应有不小于 $3d$ 长度的导向装置。

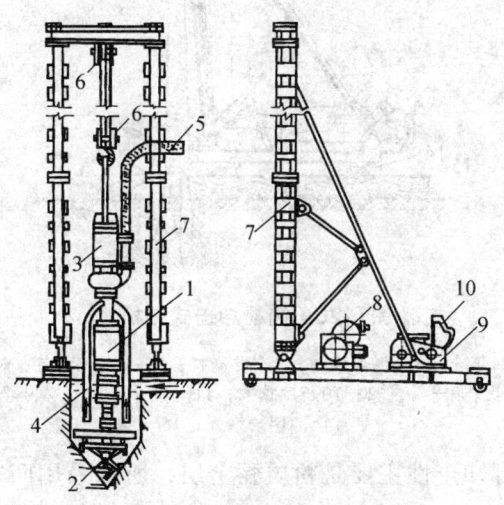

图 6-19 潜水钻成孔

1—潜水电钻；2—钻头；3—潜水砂石泵；4—吸泥管；5—排尼胶管；6—三轮滑车；7—钻机架；
8—副卷扬机、电缆卷筒；9—慢速主卷扬机；10—配电筒

潜水钻机钻进时出渣方式也有正循环与反循环两种。潜水钻正循环是利用泥浆泵将泥浆压入空心钻杆并通过中空的电动机和钻头射入孔底；潜水钻的反循环有泵举法、气举法和泵吸法三种。

潜水钻体积小、质量轻、机动灵活、成孔速度快，适用于地下水位高的淤泥质土、黏性土及砂质土等，选择合适的钻头也可钻进岩层。成孔直径为 800～1 500 mm，深度可达 50 m。

3. 冲击钻成孔

如图 6-20 所示，在钻头锥顶和提升钢丝绳之间应设置保证钻头自动转向的装置。冲击钻成孔时把带钻刃的重钻头（又称冲锤）提高，靠自由下落的冲击力来破碎岩层或冲挤土层，排出碎渣成孔。它适用于碎石土、砂土、黏性土及风化岩层等。桩径可达 600～1500 mm。大直径桩孔可分级成孔，第一级成孔直径为设计桩径的 0.6～0.8 倍。开孔时钻头应低锤（冲程≤1 m）密冲，若为淤泥、细软等软土，要及时投入小片石和黏土块，以便冲击造浆，并使孔壁挤压密实，直到护筒以下 3～4 m 后，才可加大冲击钻头的冲程，提高钻进效率。孔内被冲碎的石渣，一部分会随泥浆挤入孔壁内，其余较大的石渣用泥浆循环法或掏渣筒掏出。进入基岩后，应低锤冲击或间断冲击，每钻进 100～500 mm 应清孔取样一次，以备终孔验收。如果冲孔发生偏斜，应回填片石（厚 300～500 mm）后重新冲击。施工中应经常检查钢丝绳的磨损情况、卡扣松紧程度和转向装置是否灵活，以免掉钻。

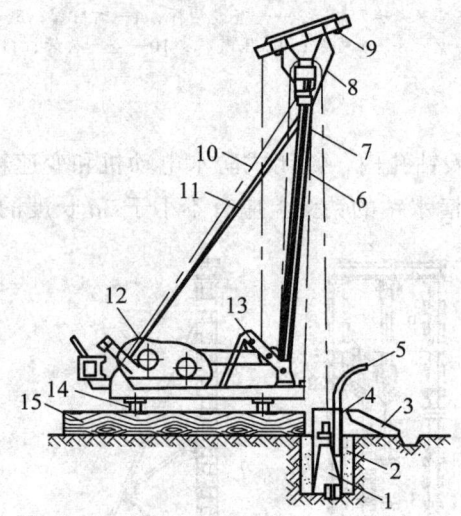

图 6-20　简易冲击式钻机

1—钻头；2—护筒回填土；3—泥浆渡槽；4—溢流口；5—供浆管；6—前拉索；7—主杆；
8—主滑轮；9—副滑轮；10—后拉索；11—斜撑；12—双筒卷扬机；
13—导向轮；14—钢管；15—垫木

本工程根据地质勘查可知土性主要是粉质黏土层，所以采用回转钻进成孔方法。

6.2.4.2　钻机过程

根据地质条件、钻孔直径、钻进深选用钻机和钻头。

1. 冲击钻进成孔

开孔时，应低锤密击，当表土为淤泥、细砂等软弱土层时，可加黏土块夹小片石反复冲击造壁，孔内泥浆面应保持稳定。在各种不同的土层、岩层中成孔时，可按照表 6-7 的操作要点进行；进入基岩后，应采用大冲程、低频率冲击。当发现成孔偏移时，应回填片石至偏孔上方 300～500 mm 处，然后重新冲孔；当遇到孤石时，可预爆或采用高低冲程交替冲击，将大孤石击碎或挤入孔壁；应采取有效的技术措施防止扰动孔壁、塌孔、扩孔、卡钻和掉钻及泥浆流失等事故。每钻进 4~5 m 应验孔一次，在更换钻头前或容易缩孔处，均应验孔；进入基岩后，非桩端持力层每钻进 300~500 mm 和桩端持力层每钻进 100~300 m 时，应清孔取样一次，并应做记录。

表 6-7 冲击成孔操作要点

项 目	操作要点
在护筒刃脚以下 2 m 范围内	小冲程 1 m 左右，泥相对密度 1.2~1.5，软弱土层投入黏土块夹小片石
黏性土层	中、小冲程 1~2 m，泵入清水或稀泥浆，经常清除钻头上的泥块
粉砂或中粗砂层	中冲程 2~3 m，泥浆相对密度 1.2~1.5，投入黏土块，勤冲、勤掏渣
砂卵石层	中、高冲程 3~4 m，泥浆相对密度 1.3 左右，勤掏渣
软弱土层或塌孔回填重钻	小冲程反复冲击，加黏土块夹小片石，泥浆相对密度 1.2~1.5

注：① 土层不好时提高泥浆相对密度或加黏土块。
② 防黏钻可投入碎砖石。

排渣可采用泥浆循环或抽渣筒等方法，当采用抽渣筒排渣时，应及时补泥浆。冲孔中遇到斜孔、弯孔、梅花孔、塌孔及护筒周围冒浆、失稳等情况时，应停止施工，采取措施后方可继续施工。大直径桩孔可分级成孔，第一级成孔直径应为设计桩径的 0.6~0.8 倍。

2. 旋挖钻进成孔

泥浆护壁旋挖钻进成孔应配备成孔和清孔用泥浆及泥浆池（箱），在容易产生泥浆渗漏的土层中可采取提高泥浆相对密度，掺入锯末、增黏剂提高泥浆黏度等维持孔壁稳定的措施。

泥浆制备的能力应大于钻孔时的泥浆需求量，每台套钻机的泥浆储备量不应少于单桩体积。旋挖钻机施工时，应保证机械稳定、安全作业，必要时可在场地铺设能保证其安全行走和操作的钢板或垫层（路基板）。

每根桩均应安设钢护筒，护筒应满足规范的规定。成孔前和每次提出钻斗时，应检查钻斗和钻杆连接销子、钻斗门连接销子以及钢丝绳的状况，并应清除钻斗上的渣土。

旋挖钻机成孔应采用跳挖方式，钻斗倒出的土距桩孔口的最小距离应大于 6 m，并应及时清除。应根据钻进速度同步补充泥浆，保持所需的泥浆面高度不变。

钻孔达到设计深度时，应采用清孔钻头进行清孔。

本工程选用 GPS-10 型钻机，钻头采用三翼鱼尾式带导正腰带硬质钨钢钻头，钻进方法采用正循环钻进；钻进就位前，技术人员验收桩位，按护筒口内侧十字轴线确定好，其十字交点即为桩位中心。钻机就位后，依据桩位中心整平对中，内部自检合格，经监理工程师验收后方可开钻。

护壁泥浆采用自然造浆和人工造浆相结合，开孔时用"低速、低钻压、小泵量"开动钻机开始造浆，直到泥浆符合开孔泥浆性能，开始正常钻进成孔；施工员根据施工图、机台标高，认真核算孔深，配置钻具总长。

为了保证成孔质量，钻机必须专人操作，合理采用钻进参数，认真控制各类地层转速、转压、进尺，杜绝盲目不均匀加压造成孔斜。为防止孔斜，加长钻头腰带增加扶正，发现地层换层时，采取轻压慢转，发现钻杆弯曲立即更换等措施。杜绝追求进度造成缩颈。钻进时随时注意钻机稳固性,以及立轴垂直度变化,若垂直度大于5‰,及时纠正。质检员、施工员随时抽检,抽检率应大于15%。为防止施工窜孔,后续相邻钻孔施工距离应大于4D,间距不满足时应实施跳打,否则后续桩孔必须待邻桩灌注结束后24小时再开孔。

6.2.4.3 钻进注意事项

（1）在钻进过程中,随时检测泥浆性能并作出相应调整。
（2）准确记录钻杆加杆根数及长度,准确记录钻具总长及机上余长。
（3）经常检查钻进平整度及稳固性。
（4）经常清理泥浆池沉淀物,定期检查清洗泥浆泵。
（5）注意控制钻具升降速度,以减轻对孔壁的扰动。
（6）钻进过程中,应防止扳手、管钳、垫叉等金属工具掉落孔内。
（7）经常检查钻头,磨损部分应及时修复,保证成桩直径。

6.2.4.4 常见钻进施工事故及处理措施

常见钻进事故有坍孔、梅花孔、弯孔及斜孔、卡孔、掉钻、流砂、缩孔、钻孔漏水、钻杆折断等。

1. 坍孔（孔壁坍落）

在不良地层（如软土、细砂、粉砂及松软堆积层）中钻孔,容易发生坍孔。在开钻阶段坍孔,会使护筒沉陷、歪斜,失去导向作用,造成偏孔；在正常钻进中坍孔,会造成扩孔及埋钻事故；在灌注混凝土时坍孔,则会造成断桩。当在钻进中发现孔内水位突然下降、水面冒细密水泡,钻具进尺很慢（或不进尺）,有异常声响等现象时,表示可能发生了孔壁坍落现象,应立即停钻处理。钻孔中发生坍孔后,应查明原因和位置,进行分析和处理。坍孔不严重时,可加大泥浆相对密度继续钻进,严重者回填重钻。

（1）坍孔原因：
① 护壁泥浆面高度不够或者泥浆密度和浓度不足,对孔壁的压力小,起不到可靠的护壁作用。
② 护筒的埋置深度不够（埋设在砂或者粗砂层中）或者护筒周围未用黏土回填夯实。
③ 钻头、抽渣筒经常撞击孔壁。
④ 孔内水头高度不够或者向孔内加水时,流速过大并直接冲刷孔壁。
⑤ 射水（风）时压力大小,延续时间太长引起孔壁（尤其是护筒底附近）坍孔。
⑥ 钻头转速过快或空转时间过久,易引起钻孔下部坍塌。
⑦ 安放钢筋笼时碰撞了孔壁。
⑧ 排除较大障碍物形成较大的空洞而漏水使孔壁坍塌。
⑨ 清孔吸泥时风压、风量过大,工序衔接不紧、拖延时间等也易引起坍孔。

（2）预防和处理方法：
① 坍孔主要是由于施工操作不当造成的,以下六句话可供预防坍孔时参考:"埋设护筒是关键,莫把孔内水位变,把好泥浆质量关,孔口周围水不见,吸泥射水掌握好,精心操作处

处严。"

② 将护筒的底部置入黏土中 0.5 m 以上。

③ 在松散的粉砂土或流砂地层中钻进，应控制进尺，选用较大密度、黏度、胶体率的优质泥浆，在有地下水流动的流砂地层，选用密度大、黏度高的泥浆。

④ 钻进中，井孔内保持足够水头高度，埋设的护筒符合规定，终孔后仍保持一定的水头高度并及时灌注水下混凝土，向井孔内注水时，水管不直接射向孔壁。

⑤ 成孔速度应根据地质情况选取。

⑥ 坍塌严重者，需用黏土加片石回填至坍塌部位以上 0.5 m 重钻；必要时，也可下钢套管护壁，在灌注水下混凝土时，随灌随将套管拔出。

⑦ 发生孔口坍塌时，立即拆除护筒并回填钻孔，重新埋设护筒后再钻进。发生钻孔内坍塌时，根据地质情况，分析判断坍孔的位置。然后用砂黏土混合物回填钻孔到超出坍方位置以上为止，并暂停一段时间，使回填土沉积密实，水位稳定后，再继续钻进。

2. 梅花孔（如图 6-21 所示）

（1）产生原因：

① 钻进中没有适应地层情况，猛冲猛打，钻头转动失灵，以致不转动，老在一个方向上下冲击，泥浆太稠，妨碍钻头转动。

② 冲程太小，钻头刚提起又放下，得不到转动的充分时间，很少转向等；梅花孔在硬黏土或基岩中，在漂卵石、堆积层中钻孔都比较容易出现。

（2）预防和处理的方法：

① 根据地层情况，采用适当的冲程，同时加强钻头的旋转，采用大捻角的钢丝绳作大绳，并使用合金套活动接头联结钻头，保证转动灵活。

② 加大钻头的摩擦角，以减少钻头与孔壁的摩擦力，随时调整泥浆稠度。

③ 一旦出现梅花孔，应回填片石至梅花孔顶部以上 0.5 m，用小冲程重钻。

3. 弯孔与斜孔（如图 6-22 所示）

（1）产生原因：

① 产生偏斜的原因主要由地质条件、技术措施和操作方法等三方面组成。

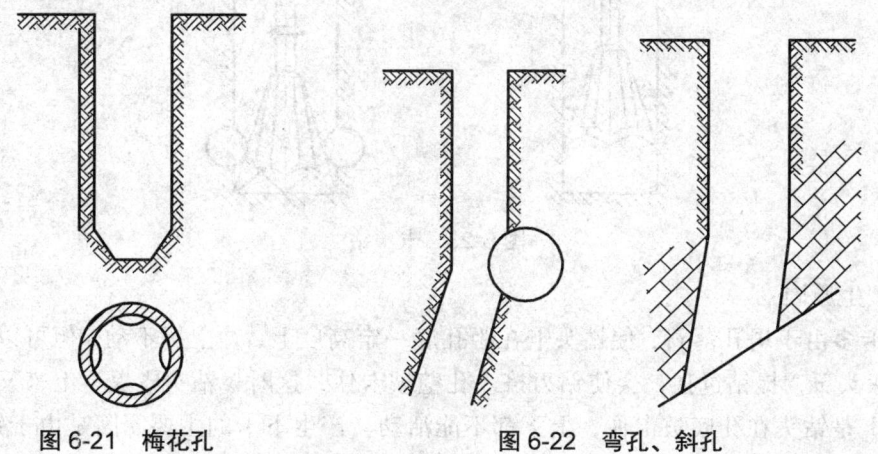

图 6-21 梅花孔　　　　图 6-22 弯孔、斜孔

②在钻进过程中，由于缆风绳松紧不一致；钻机不稳，产生位移或不均匀沉陷，又未及时纠正。

③遇到软硬不均地层或探头石，岩层倾斜不平等原因，造成成孔不直。

④开孔时，钻头安放不平，使钻杆和钻头沿着一定偏移方向钻进。

⑤机架底座支承不均，钻具连接后不垂直，都会发生钻孔偏斜。

（2）预防和处理的方法：

①安装钻机时，应使钻盘顶面完全水平，立轴中心同钻孔中心必须在同铅垂线上。

②开钻时，钻杆不可过长，以免钻杆上部摇动过大，影响钻孔垂直度。

③钻进中要经常检查，钻机位置有无变动，钻头弹跳，旋转是否正常。

④地层有无变化，预先探明地下障碍物情况并预先清除干净。

⑤钻杆、接头应逐个检查，弯曲和有缺陷的均不得使用。

⑥遇到有倾斜度的软硬变化的地层，特别在由软变硬地段，应控制进尺并低速钻进。

⑦加强技术管理，钻进时必须经常检查钻孔情况，发现偏斜，及时纠正。

⑧发现钻孔偏斜后，应先查清偏斜的位置和偏斜程度，然后进行处理，目前处理钻孔偏斜多采用扫孔法。将钻头提到出现偏斜的位置，吊住钻头缓缓旋转扫孔，并上下反复进行，使钻孔逐渐正位。

⑨向钻孔回填黏土加卵石到偏斜的位置以上，待沉积密实后，提住钻头缓缓钻进。

⑩弯孔不严重时，可重新调整钻机继续钻进，发生严重弯孔、探头石时，应回填修孔，必要时应反复几次修孔，回填黏土加硬质带角棱的石块，填至不规则孔段以上0.5 m，再用小冲程重新造壁；在基岩倾斜处发生弯孔时，应用混凝土回填至不规则孔段以上0.5 m，待终凝后重新钻孔。

4. 卡 钻

卡钻分为上卡和下卡两种，如图6-23所示。

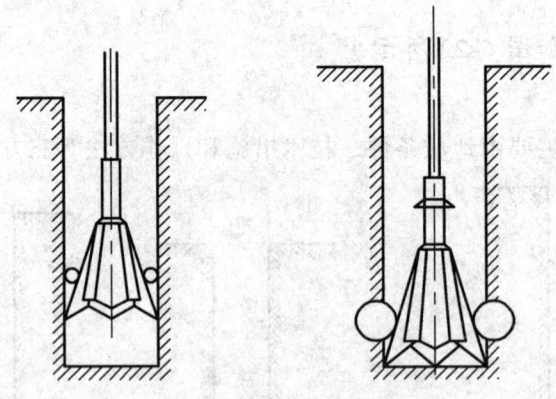

图6-23 卡 钻

（1）产生原因：

①上卡多由于坍孔落石，使钻头卡在距孔底一定高度上，往上提不动，但可以向下活动。如果出现探头石，提钻过猛，会使钻刃挤入孔壁被卡住，这时，钻头既提不上来又放不下去。

②下卡是钻头在孔底被卡住，上下都不能活动。产生下卡的主要原因是由于钻头严重磨

损未及时焊补,形成孔径上大下小,孔壁倾斜,此时如用焊补后的钻头(直径增大)钻孔,很可能被孔壁挤紧而卡住。另外,孔底形成较深的十字糟也会造成下卡。

(2)预防和处理的方法:

① 要经常检查钻头直径,如磨损超过规定(小于直径 3 cm)时应及时焊补。

② 发生卡钻后,应查清被卡的位置和性质,不可强提硬拉,以免造成断绳掉钻,或越卡越紧的不利情况。

③ 对于落石引起的上卡,可放松并摇动大绳使钻头慢动或转动再上拉;因探头石引起的上卡,可用上钻头把探头石冲碎或用重物冲动钻头使之下落,转动一定角度再上提,如在孔底卡钻,则需下钢丝绳套住钻头,利用另立的小扒杆(或吊车)绞车与钻机上的大绳一起同时上提。

④ 钻头下卡时,先用吸泥机吸泥和清除钻渣,强提前必须加上保护绳,防止扯断大绳而掉钻,强提支撑使用枕木垛时,它的位置要离开孔口一定距离,以免孔口受压而坍塌。如钻机的起重能力不够,为了加大上拔力可以采用;滑车组、杠杆、滑车与杠杆联合使用、千斤顶等起重设备提钻,如图 6-24 ~ 图 6-27 所示。

⑤ 处理卡钻时为防止孔 1:1 受压发生坍塌,可用枕木在孔口两侧各搭枕木垛一个。搭枕木垛时,底层的枕木应垂直孔口安放,各枕木之间要扒钉钉牢,成为一个整体结构;两枕木垛之间应加支撑,保持两枕木垛的稳定,横梁所采用的型钢(或钢轨)规格,应根据跨度、工地存料情况确定。用千斤顶顶拔时,应慢慢进行,不可一直顶拔,以减少土的压力和摩阻力。

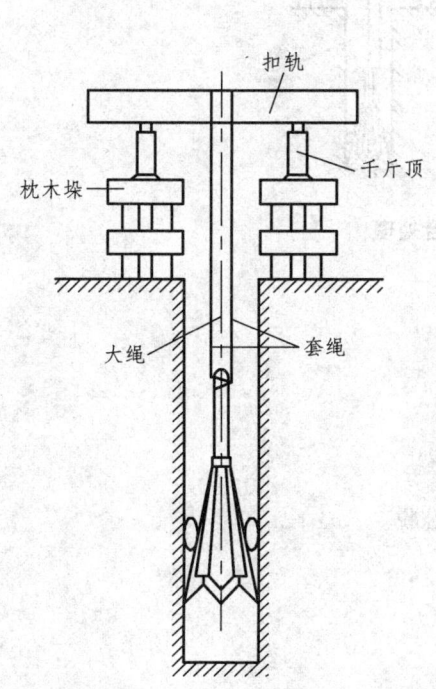

图 6-24 千斤顶处理

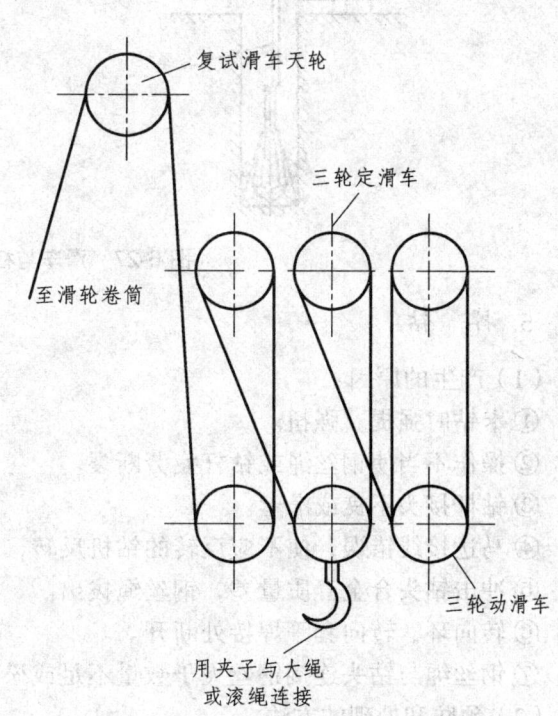

图 6-25 滑车组处理

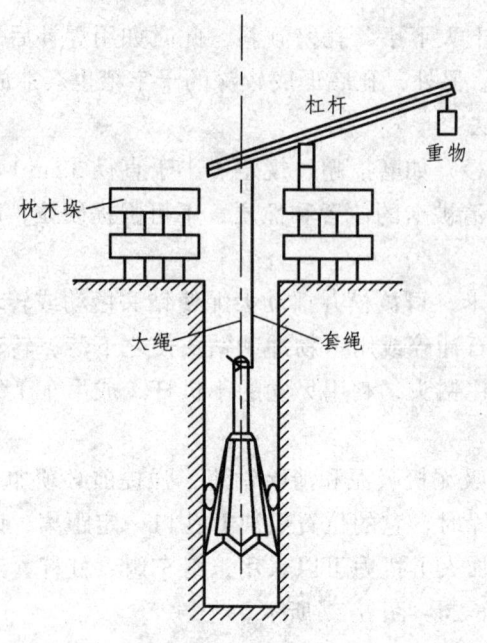

图 6-26 杠杆原理

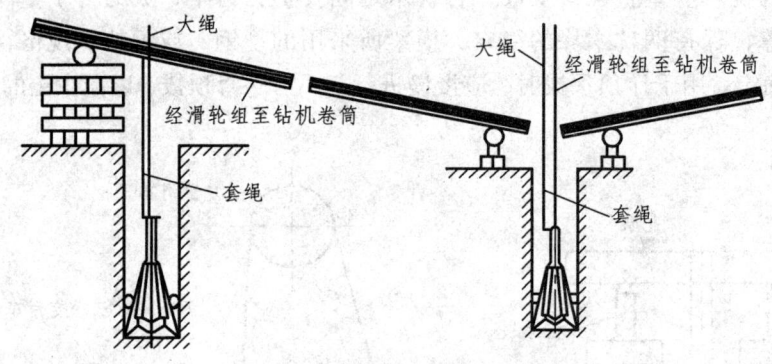

图 6-27 滑车与杠杆联合处理

5. 掉 钻

（1）产生的原因：
① 卡钻时强提、强扭。
② 操作不当使钢丝绳或钻杆疲劳断裂。
③ 钻杆接头不良或滑丝。
④ 马达接线错误，使不应反转的钻机反转，钻杆松脱。
⑤ 冲击钻头合金套质量差，钢丝绳拔出。
⑥ 转向环、转向套等焊接处断开。
⑦ 钢丝绳与钻头连接钢丝夹子数量不足或松弛等。

（2）预防和处理的方法：
① 在钻进过程中，一定要遵守操作规程，并勤检查，发现问题应及时进行处理，并在接头处设钢丝绳保险，或在钻杆上端加焊角钢、钢筋环等。

② 在钻进过程中，如发现缓冲弹簧突然不伸缩、钢丝绳松弛，则表明钻头掉落，应立即停机检查，找出原因，测量掉钻部位，探明钻头在井中的情况，立即组织人力进行处理，以防时间过长，沉渣埋住钻头。

③ 掉钻后，钻头可采用老叉、捞钩、绳套、夹钳等工具捞取，如图6-28所示。常用的方法有：套绳法，用钢丝绳套将钻杆拉出；钩取法，冲击和冲抓钻头顶上预先焊有钢筋环或打捞横梁等可用钩子钩起；平钩法，钻杆折断后，将平钩施入孔内，使其朝一个方向旋转，卡住钻杆后，将钻杆拉出；打捞钳法，将打捞钳送入孔中，夹住钻杆提出；捞锥器法，将捞锥器系在钢丝绳上，在孔内上下提动，卡住钻头提出孔外；电磁打捞法，用电磁打捞器吸住钻头，提出孔外。

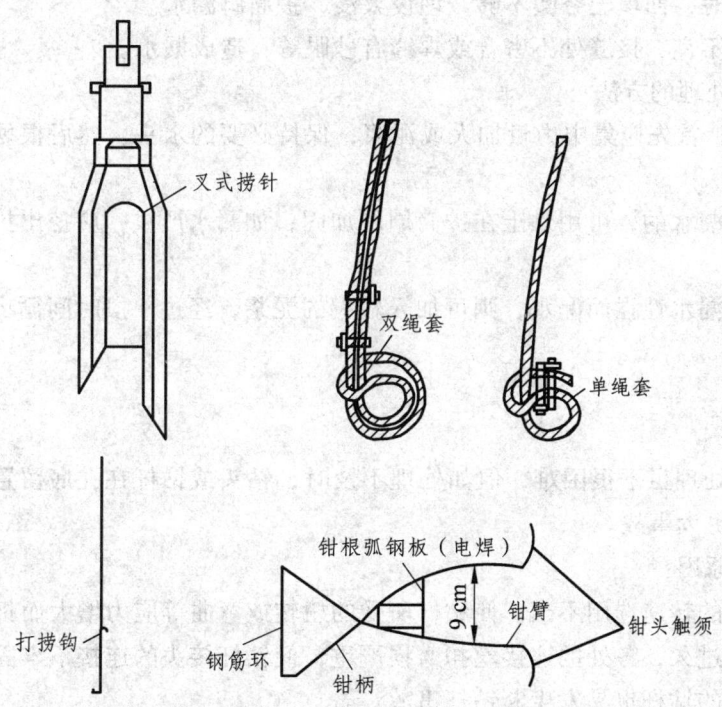

图6-28 钻头打捞工具（叉式捞针，单、双绳套，打捞钩、钳子）

6. 流 砂

（1）产生的原因：

当钻头通过细砂或粉砂层时，由于孔外渗水量大，孔内水压低，容易发生流砂，使钻进很慢，甚至钻孔被流砂填高，严重者，钻孔会被流砂回填。

（2）预防和处理的方法：

发生流砂时，应增大泥浆密度，提高孔内水位，必要时可投入泥砖或黏土块，使其很快沉入孔底，堵住流砂，或利用钻头的冲击，将黏土挤入流砂层，以加固孔壁，堵住流砂。如流砂严重，可安装钢护筒防护。

7. 缩 孔

（1）产生的原因：

由于地层中央有塑性土壤（俗称橡皮土）遇水膨胀或流塑性软土使孔径缩小。

（2）处理方法：

可采用提高孔内泥浆面加大泥浆密度和上下反复扫孔，使之扩大和加强内壁。成孔后应尽量缩短从提钻到下导管的间歇时间。

8. 钻孔漏水

（1）产生的原因：

① 在透水性强的砂砾或流砂中，特别在有地下水流动的地层中钻进时，过稀的泥浆向孔壁外的漏失较大。

② 埋设护筒时，回填土夯实不够，埋设太浅，护筒脚漏水。

③ 护筒制作不良，接缝处不密合或焊缝有砂眼等，造成漏水。

（2）预防和处理的方法：

发现漏水时，首先应集中力量加大或泥浆，保持必要的水头，然后根据漏水原因决定处理方法。

① 属于护筒漏水的，可用黏土在护筒周围加固；如漏水严重，应挖出护筒，修理完善后重新埋设。

② 如因地层漏水性强而漏水，则可加入较稠的泥浆，经过一段时间循环流动，地层漏水可渐减少。

9. 钻杆折断

钻杆折断的处理虽不很困难，但如处理不及时，钻头或钻杆在孔底留置时间过长，会发生埋钻或埋杆的更大事故。

（1）产生的原因：

① 由于钻杆的转速选用不当，使钻杆所受的扭转或弯曲等应力增大而折断。

② 钻具使用过久，各处的连接丝扣磨损严重，使钻杆接头的连接不牢固，发生折断。

③ 使用弯曲的钻杆也易发生断钻杆事故。

④ 在坚硬地层中，钻杆进尺快，使钻杆超负荷操作。

（2）预防和处理的方法：

① 不使用弯曲的钻杆，各节钻杆的连接和钻杆与钻头的连接丝扣完好。

② 接长后的钻杆必须在同一铅垂线上。

③ 不使用接头处磨损过甚的钻杆。

④ 钻进过程中，应控制进尺，遇到复杂的地层，应由有经验的工人操作钻机。

⑤ 钻进过程中要经常检查钻具各部分的磨损情况和接头强度是否足够，不合要求者，应及时更换。

6.2.5 清孔

当钻孔达到设计要求深度，经检查孔径、孔形及钻孔深度符合设计要求后，应清除孔底沉渣、淤泥，以减少桩基的沉降量，提高承载能力。

6.2.5.1 清孔的方法

1. 抽浆清孔

用空气吸泥机吸出含钻渣的泥浆而达清孔。由风管将压缩空气输进排泥管，使泥浆形成密度较小的泥浆空气混合物，在水柱压力下沿排泥管向外排出泥浆和孔底泥渣，同时用水泵向孔内注水，保持水位不变直至喷出清水或沉渣厚度达到设计要求为止。适用于孔壁不易坍塌的各种钻孔方法的柱桩和摩擦桩。如图 6-29 所示。

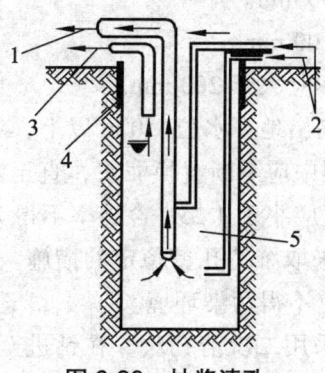

图 6-29 抽浆清孔

1—泥浆砂石渣喷出；2—通入压缩空气；3—注入清水；4—护筒；5—孔底沉积物

2. 掏渣清孔

用掏渣筒或大锅锥掏清孔内粗粒钻渣，适用于冲抓、冲击、简便旋转成孔的摩擦桩。如图 6-30、图 6-31 所示。

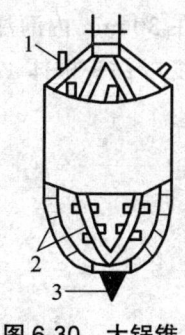

图 6-30 大锅锥

1—扩孔刀；2—切泥刀刃；3—钻尖

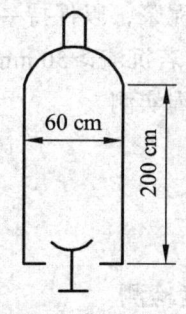

图 6-31 掏渣筒

3. 换浆清孔

适用于正、反循环钻机成孔。在钻孔完成后不停钻、不进尺，继续循环换浆清渣。抽渣和吸泥时，应及时向孔内注入新鲜泥浆，保持孔内水位，避免坍塌。清孔时间以排出泥浆的含砂率与换入泥浆的含砂率接近为度。

6.2.5.2 清孔标准

清孔分为一次清孔和两次清孔。第一次清孔的目的是使孔底沉渣厚度、循环泥浆中含钻渣量和孔壁泥皮厚度符合质量和设计要求，也为灌注水下混凝土创造良好的条件。由于第一次清孔完成后，要安放钢筋笼及导管，准备浇筑水下混凝土，这段时间间隙较长，孔底又会产生新的孔渣，所以等钢筋笼和导管安放完成后，再利用导管进行第二次清孔，清孔的方法是在导管顶部安设一个弯头和皮笼，用泥浆泵将泥浆压入导管内，再从孔底沿着导管外置换沉渣。

清孔标准是钻孔达到设计深度，灌注混凝土之前，孔底沉渣厚度指标应符合下列规定：

（1）对端承型桩，不应大于 50 mm。

（2）对摩擦型桩，不应大于 100 mm。

（3）对抗拔、抗水平力桩，不应大于 200 mm。

施工期间护筒内的泥浆面应高出地下水位 1.0 m 以上，在受水位涨落影响时，泥浆面应高出最高水位 1.5 m 以上。清孔过程中应不断置换泥浆，直至灌注水下混凝土。灌注混凝土前，孔底 500 mm 以内的泥浆相对密度应小于 1.25；含砂率不得大于 8%；黏度不得大于 28 Pa·s。在容易产生泥浆渗漏的土层中应采取维持孔壁稳定的措施。不得用加深孔底深度的方法代替清孔。废弃的浆、渣应进行处理，不得污染环境。

本工程采因地层软土厚度大采用二次清孔法。在钻进至设计层位深度后调整泥浆，采用正循环换浆清孔工艺进行第一次清孔，清孔时钻头提离孔底 10~20 cm，用比重 1.15 左右泥浆正循环清孔。清孔时间为 20~40 min，随时检测泥浆性能，直到满足要求并报验，监理验收，成孔合格后，起钻并吊放钢筋笼。

下入钢筋笼、导管安装后，利用导管进行第二次清孔，清孔时间为 15~20 min。二次清孔后沉渣厚度符合设计要求≤50 mm，孔内泥浆性能良好，清孔后泥浆比重≤1.15，黏度≤18 Pa·s，含砂率≤4%。

清孔后孔内注满泥浆，以保持一定的水头高度，并应在 30 min 内灌注混凝土，若超过时间，则重新测定沉淤，若沉渣＞50 mm 应重新清孔。沉淤厚度以钻头椎体 1/3 高度的深度起算，量具用合格的水文测绳实测。

6.2.6 成孔检测

6.2.6.1 成孔垂直度检测

成孔垂直检测一般采用钻杆测斜法、测锤（球）法及测斜仪等方法。

1. 钻杆测斜法

钻杆测斜法是将带有钻头的钻杆放入孔内到底，在孔口处的钻杆上装一个与孔径或护筒内径一致的导向环，使钻杆保持在桩孔中心线位置上。然后将带有扶正圈的钻孔测斜仪下入钻杆内，分点测斜，检查桩孔偏斜情况。

2. 测锤法

测锤法是在孔口沿钻孔直径方向设标尺，标尺中点与桩径中心吻合，将锤球系于测绳上，量出滑轮到标尺中心距离。将球慢慢送入孔底，待测绳静止不动后，读出测绳在标尺上的偏距，由此求出孔斜值。该法精度较低。

6.2.6.2 孔径检测

孔径检测一般采用声波孔壁测定仪及伞形、球形孔径仪和摄影（像）法等测定。

1. 声波孔壁测定仪

声波孔壁测定仪可以用来检测成孔形状和垂直度。测定仪由声波发生器、发射和接收探头、放大器、记录仪和提升机构组成。

声波发生器主要部件是振荡器，振荡器产生一定频率的电脉冲经放大后由发射探头转换为声波，多数仪器振荡频率是可调的，取得各种频率的声波以满足不同检测要求。

放大器把接收探头传来的电信号进行放大、整形和显示，显示用时标记时或数字显示，也可以与计算机连接把信号输入计算机进行谱分析或进一步计算处理，或者波形通过记录仪绘图。

图 6-32 是声波孔壁测定仪检测装置，把探头固定在方形盘四个角上，底盘是钢制的，通过两个定滑轮、钢丝绳和提升机构连接，两个定滑轮对钢丝绳的约束作用，以及底盘的自重，使钻头在下降或提升过程中不会扭转，稳定探头方位。

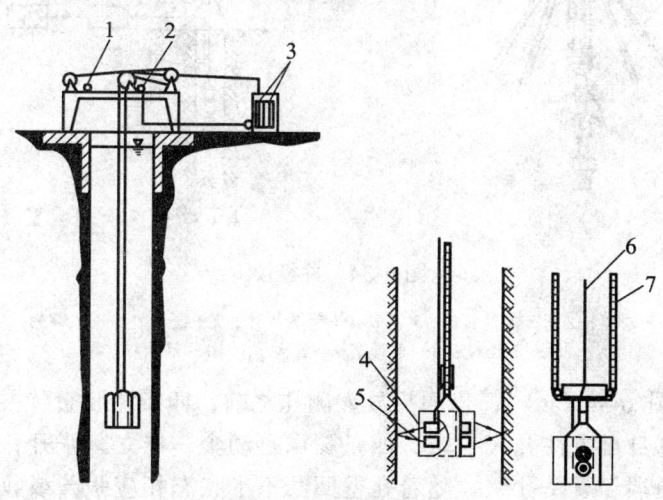

图 6-32 声波孔壁测定仪

1—电机；2—走纸速度控制器；3—记录仪；4—发射探头；5—接收探头；6—钢丝绳

钻孔孔形检测时安装八个探头，底盘四个角各安装一个发射探头和一个接收探头，可以同时测定正交两个方向形状。

探头由无极变速电动卷扬机提升或下降，它和热敏刻痕记录仪的走纸速度是同步的，或成比例调节，因此探头每提升或下降一次，可以自动在记录纸上连续绘出孔壁形状和垂直度

（如图 6-33 所示），当探头上升到孔口或下降到孔底都设有自动停机装置，防止电缆和钢丝绳被拉断。

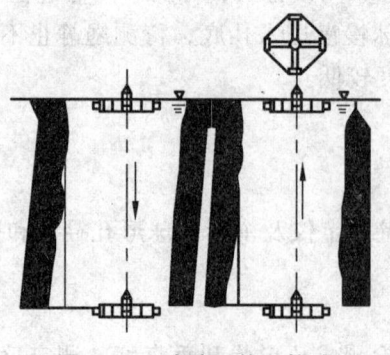

图 6-33 孔壁形状和偏移

2. 井径仪

井径仪由侧头、放大器和记录仪三部分组成[图 6-34(b)]，它可以检测直径为 0.08～0.6 m、深数百米的孔，当把测量腿加大后，最大可检测直径 1.2 m 的孔。

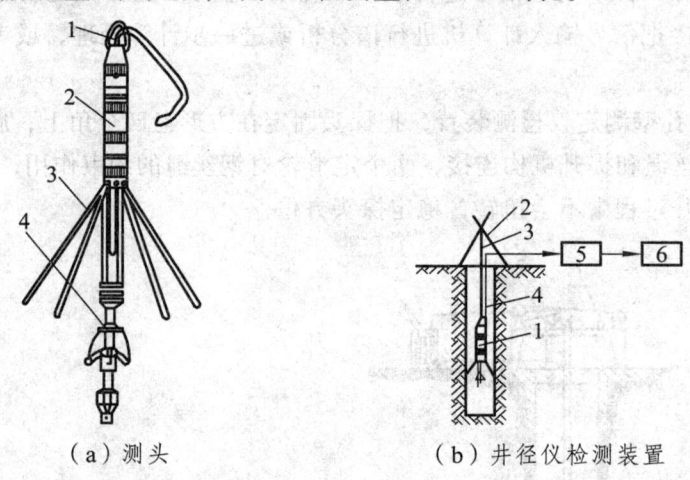

（a）测头　　　　　　　　（b）井径仪检测装置

图 6-34 井径仪

1—电缆；2—密封筒；3—测腿；4—锁腿装置；5—测头；6—三脚架；
7—钢丝绳；8—电缆；9—放大器；10—记录仪

测头是机械式[图 6-34（a）]，当测头放入测孔之前，四条测腿合拢并用弹簧锁住，测头放入孔内，靠测头本身自重往孔底一墩，四条腿像自动伞一样立刻张开，测头往上提升时，由于弹簧力作用，腿端部紧贴孔壁，随着孔壁凹凸不平状态相应张开或收拢，带动密封筒内的活塞杆上下移动，从而使四组串联滑动电阻来回滑动，把电阻变化变为电压变化，信号经放大后，可用数字显示或记录仪记录，显示的电压值和孔径建立关系，当用静电影响记录仪记录时，可自动绘出孔壁形状。

当放大器供给滑动电阻电源为恒流源时，电压变化和孔径的关系为：

$$\phi = \phi_0 + K\Delta V / I \tag{6-1}$$

式中　ϕ——被测孔径（m）；

ϕ_0——起始孔径（m）；
ΔV——电压变化（V）；
I——电流（A）；
K——率定系数（m/Ω）。

井径仪四条腿靠弹簧弹力张开，如果孔壁是软弱土层，应注意腿端易插入土中引起检测误差。

6.2.6.3 孔底沉渣厚度检测

对于泥浆护壁成孔灌注桩，假如灌注混凝土之前，孔底沉渣太厚，不仅会影响桩端承载力的正常发挥，而且也会影响桩侧阻力的正常发挥，从而大大降低桩的承载能力。

以下介绍几种工程中使用的检测沉渣厚度的方法。

1. 垂球法

垂球法为工程中最常用的简单测定孔底沉渣厚度的方法。一般根据孔深、泥浆比重，采用质量为1~3 kg的钢、铁、铜制锥、台、状体垂球，顶端系上测绳，顶端系上测绳，把球慢慢沉入孔内，凭人的手感判断沉渣顶面位置，其施工孔深和量测孔深之差即为沉渣厚度。测量要点是每次测定后须立即复核测绳长度，以消除由于垂球或浸水引起的测绳伸缩产生的测量误差。

2. 电容法

电容法沉渣测定原理是：当金属两极板间距和尺寸固定不变时，其电容量和介质的电解率成正比关系，水、泥浆和沉渣等介质的电解率有较明显差异，从而由电解率的变化量测定沉渣厚度。

仪器由侧头、放大器、蜂鸣器和电机驱动源等组成（图6-35）。

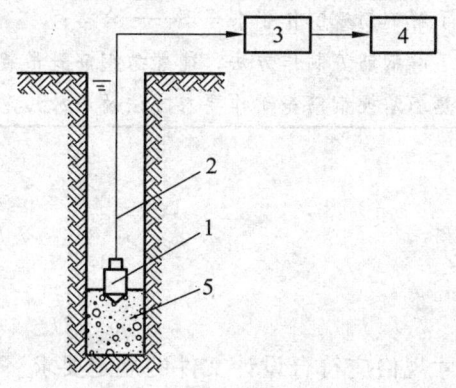

图6-35 电容法沉渣测定仪

1—测头；2—电缆；3—电源；4—指示器；5—沉渣

测头装有电容极板和小型电机，电机带动偏心轮可以产生水平振动；一旦测头极板接触到沉渣表面，蜂鸣器发出响声，同时面板上的红灯亮，当依靠测头重不能继续沉入沉渣深部时，可开启电机使水平振荡器产生振动，把测头沉入更深部位；沉渣厚度为施工孔深和电容突然减小时的孔深之差。

3. 声纳法

声纳法测定沉渣厚度的原理是以声波在传播中遇到不同界面产生反射而制成的测定仪。同一个测头具有发射和接收声波的功能，声波遇到沉渣表面时，部分声波被反射回来由接收探头接收，发射到接收的时间差，部分声波穿过沉渣厚度直达孔底原状土后产生第二次反射，得到第二个反射时间差，则沉渣厚度为：

$$H = \frac{T_2 - T_1}{2} C \tag{6-2}$$

式中　H——沉渣厚度（m）；

　　　C——沉渣声波波速（m/s）；

　　　T_1，T_2——时间（s）。

学习情境 6.3　吊放钢筋笼骨架

吊放钢筋笼骨架工作的主要内容见表 6-8。

表 6-8　工作任务表

序号	项目	内　容
1	主讲内容	（1）钢筋笼制作； （2）钢筋笼吊装
2	学生任务	（1）根据本项目特点和条件，了解制作钢筋笼材料的要求及钢筋笼制作工艺； （2）根据教学现场了解钢筋笼吊桩过程及注意事项
3	教学评价	（1）能了解钢筋笼制作要求合理——合格； （2）能了解钢筋笼制作方法，能熟悉钢筋笼吊装要求——良好； （3）能熟练掌握钢筋笼制作要求方法及吊放注意事项——优秀

6.3.1　钢筋笼制作

6.3.1.1　材质要求

钢材的种类、钢号及尺寸规格应符合设计文件的规定要求。钢材进货时，要有质量保证书，并应妥善保管，防止锈蚀。分段制作的钢筋笼其接头应该采用焊接或机械式连接（钢筋直径大于 20 mm）。焊接用的钢材，应做可焊接质量的检测，主筋搭接接头长度、质量应符合《钢筋焊接及验收规程》JGJ18 的规定，并应遵守国家现行标准《钢筋机械连接通用技术规程》JGJ107 和《钢筋混凝土工程施工质量验收规范》GB50204。

6.3.1.2 制作要求

1. 尺寸允许偏差

(1) 钢筋笼的材质、尺寸应符合设计要求,制作允许偏差见表 6-9。

表 6-9 钢筋笼制作允许偏差

主筋间距	加强筋间距	箍筋间距	钢筋笼直径	钢筋笼长度	主筋弯曲度	钢筋笼弯曲度
10 mm	10 mm	20 mm	10 mm	100 mm	小于 1%	≤1%

(2) 分段制作的钢筋笼,每节钢筋笼的保护层垫块不得少于 2 组,每组 4 个,在同一截面的圆周上对称焊上。

(3) 主筋混凝土的保护层厚度不应小于 30 mm,水下灌注桩主筋混凝土保护层厚度不应小于 50mm。保护层允许偏差应符合下列规定:

① 水下混凝土成桩,20 mm。
② 干孔混凝土成桩,10 mm。

2. 焊接要求

(1) 分段制作的钢筋笼,主筋搭接焊时,在同一截面内的钢筋接头不得超过主筋总数的 50%,两个接头的间距不小于 500 mm,主筋的焊接长度,双面焊为 (4~5)d,单面焊为 (8~10)d。

(2) 箍筋的焊接长度一般为箍筋直径的 8~10 倍,接头焊接只允许上下迭搭,不允许径向搭接。加强箍筋与主筋的连接宜采用点焊。

(3) 主筋材质为高碳钢时,不宜采用焊接法,可采用绑扎方法连接。

制作钢筋笼的主要设备和工具有电焊机、钢筋切割机、钢筋圈制作台、主钢筋半圆焊接支撑架等。

6.3.1.3 制作程序

(1) 根据设计,计算箍筋用料长度、主筋分段长度,将所需要钢筋调直后用切割机成批切好备用。由于切断待焊的主筋、箍筋的规格尺寸不尽相同,应注意分别摆放,防止用错。

(2) 在钢筋圈制作台上制作箍筋并按要求焊接。

(3) 将支撑架按 2~3 m 的间距摆放在同一水平面上对准中心线,然后将配好定长的主筋平直摆放在焊接支撑架上。

(4) 将箍筋按设计要求套入主筋(也可将主筋套入箍筋内)并保持与主筋垂直,进行点焊或绑扎。加劲箍筋宜设在主筋外侧,当因施工工艺有特殊要求时也可置于内侧。

(5) 箍筋与主筋焊好和绑扎后,将缠筋按规定间距绕于其上,用细铁丝绑扎并间接点焊固定。

(6) 焊接或绑扎钢筋笼保护层钢筋环或混凝土垫块。

(7) 将制作好的钢筋笼稳固放置在平整的地面上,搬运和吊装钢筋笼时应防止变形,安放对准孔位,避免碰撞孔壁和自由落下,就位后应立即固定。

(8) 对制作好的钢筋笼应按设计图纸尺寸和焊接质量标准进行检查,不合要求者,应予返工。

钢筋笼的成型与加固如图 6-36 所示。

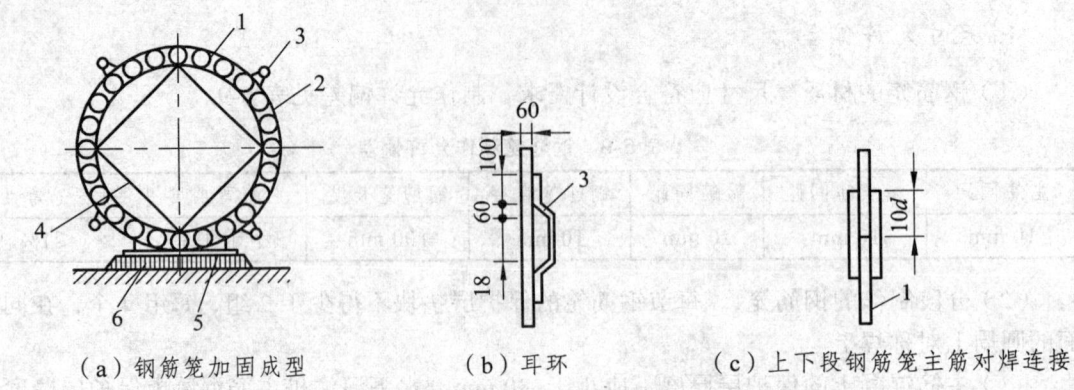

（a）钢筋笼加固成型　　　（b）耳环　　　（c）上下段钢筋笼主筋对焊连接

图 6-36　钢筋笼的成型与加固

1—主筋；2—箍筋；3—耳环；4—加劲支撑；5—轻轨；6—枕木

6.3.2　钢筋笼的吊放

钢筋笼吊运及安装是，应采取措施防止变形，起吊吊点宜设在加强箍筋部位。钢筋笼的顶端应设置 2～4 个起吊点。钢筋笼直径大于 1 200 mm，长度大于 6 m 时，应采取措施对起吊点予以加强，以保证钢筋笼在起吊时不至变形。吊放钢筋笼入孔时对准孔位，保持垂直，轻放、慢放入孔后应徐徐放下，不得左右旋转，避免碰撞孔壁。若遇阻碍应停止下放，查明原因进行处理。严禁高提猛落和强制下按。钢筋笼吊放入孔位置容许偏差符合下列规定：

（1）钢筋笼中心与桩孔中心，10 mm。

（2）钢筋笼定位标高，50 mm。

钢筋笼过长时宜分节吊放，孔口焊接。分节长度应按孔深、起吊高度和空口焊接时间合理选定。孔口焊接时，上下主筋位置应对正，保持钢筋笼上下轴一致。钢筋笼就位吊放如图 6-37、图 6-38 所示。

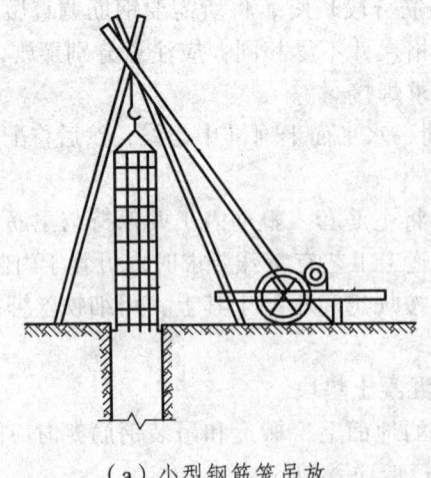 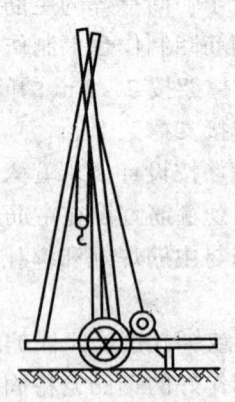

（a）小型钢筋笼吊放　　　（b）三木搭移动

图 6-37　小型钢筋笼吊放

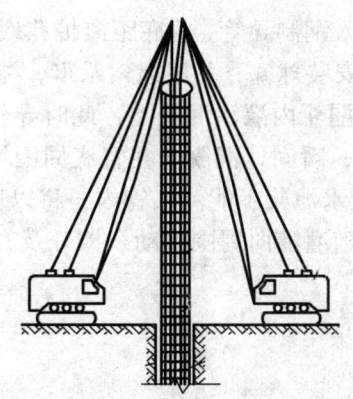

图 6-38 大直径灌注桩钢筋笼的吊放

采用正循环或压风机清空，钢筋笼入孔宜在清孔之前进行，若采用泵吸反循环清孔，钢筋笼入孔一般在清孔后进行。若钢筋笼定位可靠后重新清孔。

钢筋笼全部下入孔后，应按设计及钢筋笼吊放入孔位置容许偏差要求，检查暗访位置并做好记录。符合要求后，可将主筋点焊于孔口护筒上或用铁丝牢固绑于孔口，以使钢筋笼定位；当桩顶高低于孔口时，钢筋笼上端可用悬挂器或螺杆连接加长 2~4 根主筋，延长至孔口定位，防止钢筋笼因自重下落或灌注混凝土时网上窜动造成错位。桩身混凝土灌注完毕。达到初凝后即可接触钢筋笼的固定，以使钢筋笼随同混凝土收缩，避免固结力损失。

学习情境 6.4　灌注水下混凝土

灌注水下混凝土的主要内容和任务见表 6-10。

表 6-10　工作任务表

序号	项目	内容
1	主讲内容	（1）竖向导管法灌注机具； （2）竖向导管法水下混凝土拌制； （3）水下混凝土灌注
2	学生任务	（1）根据本项目特点和条件，了解混凝土拌制原料及拌制质量要求； （2）根据教学现场认识导管法灌注机具、工艺
3	教学评价	（1）了解水下灌注混凝土的基本方法及混凝土灌注机具——合格； （2）了解水下灌注混凝土的配置要求，能熟练选择水下灌注混凝土工艺——良好； （3）合理选定水下灌注混凝土工艺，能熟练掌握常见灌注故障并能选择合理处理措施——优秀

钢筋笼吊装完毕后，应安置导管或气泵管二次清孔，并应进行孔位、孔径、垂直度、孔深、沉渣厚度等检验，合格后应立即灌注混凝土。

钻孔灌注桩混凝土的灌注方式分干式灌注和水下灌注。干作业成孔的桩一般采取干式灌注。水下混凝土关注方法主要有导管灌注法、泵送法、开低箱法和袋装法等，本情境主要介绍导管法水下灌注混凝土。

导管法是指在井孔内垂直放入钢制导管，管底距离桩孔底部 30~40 cm，在导管的顶部接有一定容量的漏斗，在漏斗颈部安装球塞，并用绳索系牢，漏斗内盛满坍落度较大的混凝土，当隔断绳索，同时迅速不断地向漏斗内灌注混凝土，此时导管内的球塞、空气、水（泥浆）均受混凝土重力挤压由管底排出，瞬间，混凝土在管底周围堆筑成一圆锥体，将导管下端埋入混凝土堆内至少 1 m 以上，使水泥浆不能流入管内，将以后再灌注的混凝土在无水的导管内源源不断地灌入混凝土堆内，随灌随向周围挤动、摊开及升高。

6.4.1 混凝土灌注机具

6.4.1.1 导管

导管室水下灌注混凝土的最重要工具，一般用无缝钢管制作或钢板点焊而成，短管壁厚不宜小于 3 mm，长度一般为 2 m，最下端一节导管长应为 4.5~6 m，不得短于 4 m，为了配合适合的导管柱长度，应备用 1 m、0.5 m 及 0.3 m 等不同长度的短导管，其直径应按桩径和每小时需要通过的混凝土数量决定；一般最小直径不宜小于 200 mm，导管的技术规格和适用范围见表 6-11。

表 6-11 导管规格和适用范围

导管内径/mm	适用桩径/mm	通用混凝土能力/(m³/h)	导管壁厚/mm		备注
			无缝钢管	钢板卷管	
200	600~1 200	10	8~9	4~5	导管的连接和焊缝必须密封，不得漏水
230~255	800~1 500	15~17	9~10	5	
300	1 500	25	10~11	6	

导管采用法兰盘连接或螺纹连接，宜优先选用螺纹连接。用 4~5 mm 的橡胶垫圈或橡胶"O"型密封圈密封，严防漏水。接头要求严密、不漏浆、不进水。使用前应是瓶装、试压，试压水压力为 0.6~1.0 MPa。

6.4.1.2 漏斗和储料斗

导管顶部应设置漏斗和储料斗，漏斗设置的高度应方便操作，并在灌注最后阶段时，能满足对导管内混凝土高度的需求，保证上部桩身混凝土的质量。混凝土柱的高度，一般在桩顶与桩孔中的水位时，应比该水位至少高出 2 m；在桩顶高于桩孔中的水位时，应比桩顶至少高出 2 m。漏斗设置高度（即导管内混凝土柱的高度），可参考图 6-39 所示并按下列公式（6-3）计算。

$$h_1 = (P + \gamma_w H_w)/\gamma_h \tag{6-3}$$

式中 γ_w——孔内泥浆或水的容重（kN/m³）；

P——超压力（kPa）与导管作用半径有关，P 不宜小于 75 kPa；

γ_h——混凝土拌和物容重（kN/m³），一般取 $\gamma_h = 23~24$ kN/m³；

H_a——孔内水位至漏斗定都高度（m）；
h_a——h_1-H_w。

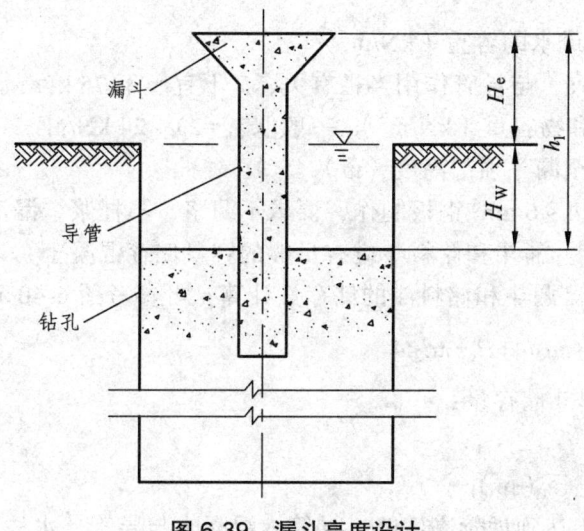

图 6-39 漏斗高度设计

漏斗与储料斗可用 4～6 mm 钢板制作，要求不漏浆，不挂浆，漏泄顺畅彻底。储料斗的容量一般为 0.5～0.8 m³。漏斗和储料斗应有足够的容量储存混凝土，以保证首斗灌量能达到埋管 0.8～1.2 m 的高度。漏斗和储料斗的储存量计算，可参考图 6-40 和式（6-4）：

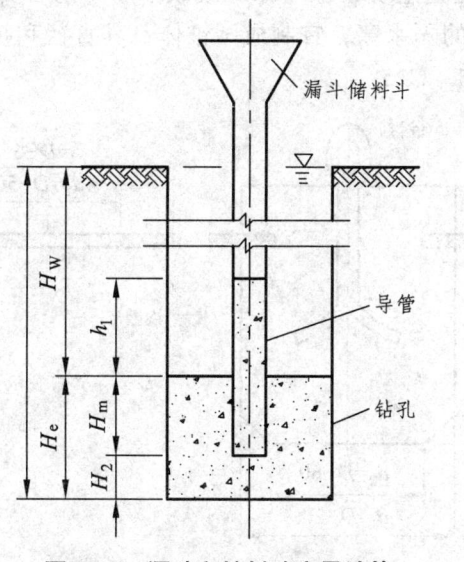

图 6-40 漏斗和储料斗容量计算

$$V = h_1 \times \pi d_2/4 + H_e \times \pi d_2/4 \tag{6-4}$$

式中 V——漏斗和储料斗初储量；
　　 d——导管内径；
　　 D——时机柱孔直径；
　　 h_1——孔内混凝土达到埋管高度时，导管内混凝土柱与导管外水柱压力平均所需的高度。

漏斗设置高度公式：

$$h_1=(P+\gamma_w H_w)/\gamma_h \tag{6-5}$$

式中 γ_w——孔内泥浆或水的容重（kN/m³）；

P——超压力（kPa）与导管作用半径有关，P 不宜小于 75 kPa；

γ_h——混凝土拌和物容重（kN/m³），一般取 $\gamma_h=23\sim24$ kN/m³；

H_w——孔内水位至漏斗顶部高度（m）。

漏斗和储料斗可用 4~6 mm 钢板制作，要求不漏浆，不挂浆，漏泄顺畅彻底。储料斗的容量一般为 0.5~0.8 m³。漏斗和储料斗应有足够的容量储存混凝土，以保证首斗灌量能达到埋管 0.8~1.2 m 的高度。漏斗和储料斗的储存量计算，可参考图 6-40 和公式（6-6）所示。

$$V=h_1\times\pi d_2/4+H_c\times\pi d_2/4 \tag{6-6}$$

式中 V——漏斗和储料斗储存量；

d——导管内径；

D——实际桩孔直径（m）；

h_1——孔内混凝土达到埋管高度时，导管内混凝土与导管外水柱压力平均所需的高度。

6.4.1.3 隔水塞

隔水塞一般采用预制混凝土块、橡胶球胆或软木球（前者为一次性使用，后两者可回收重复使用）。用混凝土制作的隔水塞，宜制成圆锥体，其直径和技术规格要求如图 6-41 所示，混凝土的强度等级宜为 C15~C25。

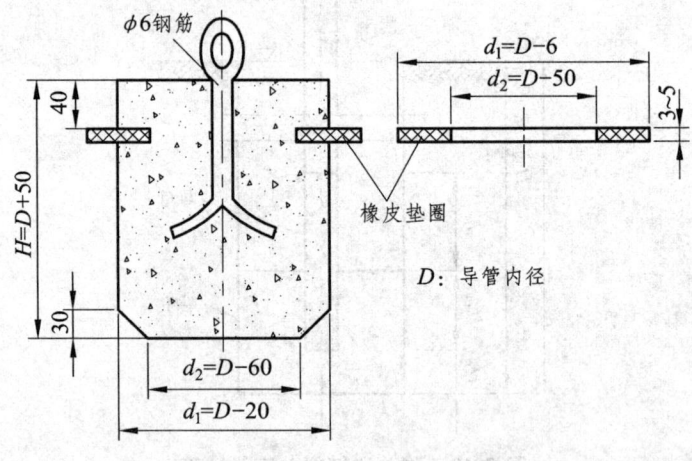

图 6-41 隔水塞

为保证隔水塞隔水性能好和能顺利从导管内排出，隔水塞应具有一定的强度，表面光滑，形状尺寸规整。

6.4.1.4 其他设备

（1）升降设备灌注平台或起吊设备，如机动吊车等。灌注平台应能安放导管、漏斗等也能升降导管。

（2）搅拌机运输设备应根据搅拌机的生产能力，需要灌注混凝土的数量和适当的灌注时间以及劳动力配备情况选定搅拌机的类型和数量。

运送混凝土宜采用搅拌运输车，如运距较近时，也可采用翻斗车。其混凝土运送能力应与搅拌机的搅拌能力相适应，并配有不少于一台的备用设备。

6.4.2 混凝土配置

水下灌注混凝土必须具备良好的和易性，配合比应通过实验确定；水泥用量不宜少于 360 kg/m³。水下灌注混凝土的含砂率宜为 1/3。

泥浆护壁灌注桩宜采用商品混凝土，在受条件限制下，采用现场搅拌，配置前必须将混凝土设计配合比换算成施工配合比。对粗、细骨料的含水率应经常测定，雨天施工应增加测定次数。配合比应根据骨料的实测含水率以调整，以保证各种材料的投入量和混凝土实际水灰比符合要求。

混凝土原材料计量允许偏差：水泥外掺混合材料重量比例允许偏差为 2%。原材料投放时，应先投粗料，不得先投水泥和外加剂。混凝土应采用机械搅拌。搅拌时间应根据搅拌机类型和溶剂合理确定。混凝土搅拌的最短时间（即自全部材料装入搅拌桶中起到卸料止），可按表 6-12 规定执行。拌制好的混凝土应以最短距离运送至管制点，以免混凝土运输过程产生离析，一旦出现离析应重拌。

采用商品混凝土或自拌混凝土都应按规定做好坍落度的测试。单桩混凝土量小于 25 m³ 的，每根前后各测一次；大于 25 m³ 的每根桩测 3 次，前中、后各一次。

表 6-12 混凝土搅拌的最短时间　　　　　　　　　　　　　　　　min

混凝土的坍落度	搅拌机的机型	搅拌机容积		
		<400	400~1 000	>1 000
≤3	自落式	90	120	150
	强制式	60	90	120
3	自落式	90	90	120
	强制式	60	60	90

6.4.3 水下混凝土灌注

混凝土灌注是确保成桩质量的关键工序，应保证混凝土灌注能连续紧凑地进行，成孔完毕至灌注混凝土的间隔应不大于 24 h，灌注时间不宜超过 8 h。根据桩径、桩深、灌注量合理选择导管、搅拌机、起吊运输等设备机具的型号规格。所用机具均应试运转或严格检查，确保工况良好，严防灌注中出现故障。

6.4.3.1 灌注施工过程

水下浇筑混凝土导管法如图 6-42 所示。导管吊放入孔时，应将橡胶圈或橡胶安放周正、严密，确保密封良好，橡胶圈磨损超过 0.22 mm 时，应及时更换。导管在桩孔中的位置应保持举重，防止导管炮管，撞坏钢筋或损坏导管；导管底部距离孔低（或孔底沉渣面）距离高度，以能放出隔水塞及混凝土为止，一般为 300～500 mm。导管全部入孔时，计算导管总茶馆和短管底部位置，并填入有关表格，同时，再次测定孔低沉渣厚度，若超过规定，应再次清孔至沉渣符合要求位置，隔水塞可用 8 号铁丝系住悬挂于导管内贴水面处。

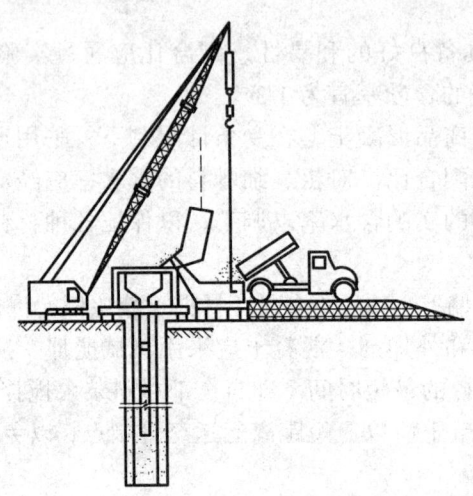

图 6-42 水下混凝土浇筑工艺

首批混凝土中应首先配置 0.1～0.3 m³ 水泥浆放入隔水塞以上导管、漏斗中，然后再放入混凝土，以便间断铁丝后隔水塞、混凝土在导管内下行顺畅，返浆阻力小。混凝土的储存量应满足首批混凝土入孔后，导管埋入混凝土中的深度不得小于 1 m，并不宜大于 3 m。当桩身较长时，导管埋入混凝土中的深度可适当加大。

首批混凝土灌注正常后，应紧凑、连续不断地进行灌注，严禁中途停工。灌注过程中，应经常用测锤探测混凝土面的上升高度，并适时提升拆卸导管，保持导管的合理埋深 2～6 m。正常灌注时的探测次数一般为 4 m 一次，并应在每次起升导管前，探测一次混凝土上面的高度，桩的顶部和底部应适当加密探测次数。同时，观察反水情况，以正确分析和判断孔内情况。每次探测数据和拆卸导管长度应填入"钻孔水下混凝土灌注记录表"。

在灌注过程中，当导管内混凝土不满，含有空气时，后续的混凝土宜通过溜槽徐徐灌入漏斗和导管，不得将混凝土整斗倾入管内，以免在导管内形成高压气囊挤出管节间的橡胶垫而使导管漏水。

当混凝土面上升到钢筋笼下端时，为防止钢筋笼被混凝土顶托上升，应采取以下措施：

（1）在孔口固定钢筋笼上端。
（2）灌注混凝土的时间应尽量快，以防止混凝土进入钢筋笼，混凝土的流动度过小。
（3）当孔内混凝土面接近钢筋笼时，应保持较大的埋管深度，放慢灌注速度。
（4）当孔内混凝土上面进入钢筋笼 1～2 m 后，应适当提升导管，减少导管埋置深度。

灌注接近装顶部时,为确保桩顶混凝土质量,漏斗及导管中混凝土的高度有孔内混凝土面高差应不小于 2 m;为了严格控制桩定标高,应计算混凝土的需要量,使灌注桩的标高比设计标高增加 0.2～0.5 m。

在灌注将近结束时,由于导管内混凝土面高差减小,超压力降低,而导管内的泥浆及所含渣土稠度和比重增大,如出现混凝土上升困难时,可在孔内加释泥浆,可掏出部分沉淀物,使灌注工作顺利进行。

灌注结束后,各岗位人员必须按职责要求整理、冲洗现场,清除设备和工具上的混凝土积物。

桩顶面上泥渣沉淀增厚、泥浆的比重、黏度增大,适用测锤不易测准,可用细钢管接长,在其下端安活塞铁盒,插入混凝土取样鉴别,或在钢管下端连接一长锥体,探测混凝土。

桩孔内高处睡眠的桩头,在清楚副将沉渣后,应对桩头混凝土进行养护,高出地面的桩头应制作桩头模板,按设计标高安放周正,浇筑混凝土捣实并按规定养护。待混凝土强度达到设计标号的 70% 时方可拆除桩头模板,处于水中的桩头,可在混凝土初凝前,以高压水冲射超出标高的部分,但在桩头设计标高以上须保留不小于 20～30 mm 的一层,待桩头露出后将其凿除。

6.4.3.2 常见灌注故障及处理措施

在灌注过程中,应经常观察孔内情况。出现故障时,应及时分析和正确判断发生故障的原因,制定处理故障措施。常见灌注故障及处理措施参见表 6-13。

表 6-13 常见灌注故障及处理措施表

常见故障	产生故障的原因	故障处理措施
隔水塞卡导管内	隔水塞翻转或胶垫过大 隔水塞遇物卡住 导管连接不直 导管变形	用长杆捣,无效提出导管,取出隔水塞重新放置,检查垂直度
导管内进水	导管连接处密封不好,垫圈放置不平整法兰盘螺栓松动 初灌量不足,未埋住导管	提出导管,检查垫圈,重新安放检查密封情况
混凝土在导管内出不去	混凝土配合比不符合要求水灰比过小,坍落度过低 混凝土搅拌质量不符合要求 混凝土泌水离析严重 导管内进水未及时发现造成混凝土严重稀释,水泥浆与砂、石分离 灌注时间过长,表层混凝土已初凝	将混凝土按比例要求重新拌和并检查坍落度;检查所使用的水泥品质那个、编号和质量,按要求重新拌制 在不增大水灰比的原则下重新拌和 上下提动导管或捣实,使导管疏通,若无效,提出导管进行清洗,然后重新插入混凝土内足够深度,用潜水泵或空气吸泥机将导管内泥浆、浮浆、杂混凝土物等吸除干净恢复灌注;尽量不猜取提起导管下隔水塞继续灌注的办法

续表

常见故障	产生故障的原因	故障处理措施
断桩	导管提升过高 灌注作业因故中断	
夹层	埋管深度不够,混入浮浆 孔壁垮落物夹入混凝土内 导管进水使混凝土部分稀释	
钢筋笼错位或回窜	钢筋笼焊接质量不好 钢筋笼未固定死或未固定	吊起钢筋笼重新焊好下入孔内,检查钢筋笼固定情况,并加焊固定,非全桩式钢筋笼可在基下部用铁丝系住较大的石块或水泥块

学习情境 6.5 承台施工

承台是桩基础的重要组成部分,主要内容见表 6-14。

表 6-14 工作任务表

序号	项目	内容
1	主讲内容	(1)承台类型; (2)承台构造; (3)承台施工
2	学生任务	根据本项目特点和条件,了解承台作用及类型、施工工艺
3	教学评价	能了解承台类型及作用——合格; 能熟悉承台类型及施工工艺——良好; 能熟练掌握承台特点、施工工艺并根据施工现场熟悉承台施工要求——优秀

6.5.1 承台类型

承台是桩基础的重要部分,承台应有足够的强度和刚度,以便上部荷载传递给各桩并将各个桩连接成整体。承台为现浇钢筋混凝土结构,相当于一个浅基础,桩承台本身应该具有类似于浅基础承载能力。并且承台材料、形状、高度、底面标高和平面尺寸应该符合构造要求。

6.5.1.1 按承台底面位置分

(1)高桩承台:当桩顶位于底面以上相当高度的承台称为高桩承台。
(2)低桩承台:凡桩顶位于底面以下的承台,称为低桩承台,与浅基础一样,要求承台底面埋置于当地冻结深度以下。

6.5.1.2 按承台形式分

按承台形式可分为柱下独立承台、柱下或墙下条性基础、筏板承台和箱形承台。

6.5.2 承台构造

桩基承台除满足抗冲切强度、抗剪切强度、抗弯强度和上部构造要求外，应满足下列要求：

（1）柱下独立桩基承台的最小宽度不应小于 500 mm，承台边缘至桩中心的距离不宜小于桩径或边长且边缘挑出部分不应小于 150 mm，对于条形承台梁边缘挑出部分不应小于 75 mm。

（2）条形承台和柱下独立柱基承台的厚度不应小于 300 mm。

（3）筏形、箱形承台板的厚度应满足整体刚度、施工条件及放水要求；对于墙下桩基及基础梁下桩基，承台板厚度不宜小于 250 mm，且板厚与计算区段最小跨度比不宜小于 1/20。

（4）柱下单桩基础，一般只需按连接桩、连接梁的构造要求将联系梁高度范围内桩的圆形截面改变为方形截面。

（5）承台埋深不小于 600 mm，在季节性冻土及膨胀土地区，承台埋深可参照《建筑地基基础设计规范》及《膨胀土地区建筑技术规范》等有关规定执行。

本工程桩基础承台有以下几种形式，如图 6-43 所示。

6.5.3 承台材料

承台混凝土材料及强度等级应服符合结构混凝土耐久性的要求和抗渗要求。等级不宜低于 C15，采用 2 级钢筋时，混凝土等级不宜低于 C20。承台底面钢筋的保护层不宜小于 70 mm。设素混凝土垫层时，保护层厚度可适当减小；垫层厚度宜为 100 mm。

承台的钢筋配置应符合下列规定：

（1）柱下独立桩基承台钢筋应通长配置，如图 6-43（a）所示，对四柱以上（含四柱）承台宜按双向均匀布置，对三桩的三角形承台应按三向板带均匀布置，且最里面的三根钢筋围成的三角形应在柱截面范围内，如图 6-43（b）所示。钢筋锚固长度自边桩内侧（当为圆柱时，应将其直径乘以 0.8 等效为方桩）算起，不应小于 $35d_g$（d_g 为钢筋直径）；当不满足时应将钢筋向上弯折。

此时水平段的长度不应小于 $25d_g$，弯折段长度不应小于 $10d_g$。承台纵向受力钢筋的直径不应小于 12 mm，间距不应大于 200 mm，柱下独立桩基承台的最小配筋率不应小于 0.15%。

（2）柱下独立两桩承台，应按现行国家标准《混凝土结构设计规范》GB50010 中的深受弯构件配置纵向受拉钢筋、水平及竖向分布钢筋，承台纵向受力钢筋端部的锚固长度及构造应与柱下多柱承台的规定相同。

（3）条形承台梁的纵向主筋应符合现行国家标准《混凝土结构设计规范》GB50010 关于最小配筋率的规定，如图 6-44（c）所示，主筋直径不应小于 12 mm，架立筋直径不应小于 10 mm，箍筋直径不应小于 6 mm，承台梁端部纵向受力钢筋的锚固长度及构造应与柱下多柱承台的规定相同。

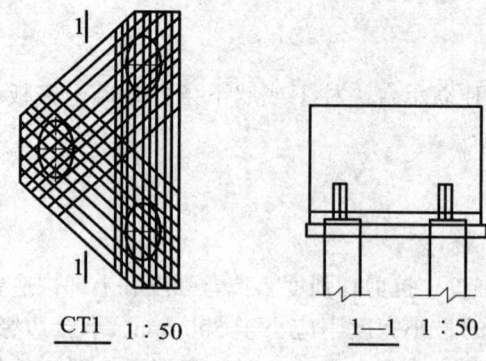

（a）三柱承台

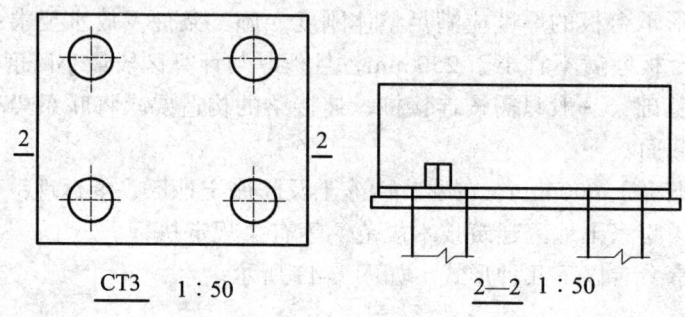

（b）四柱承台

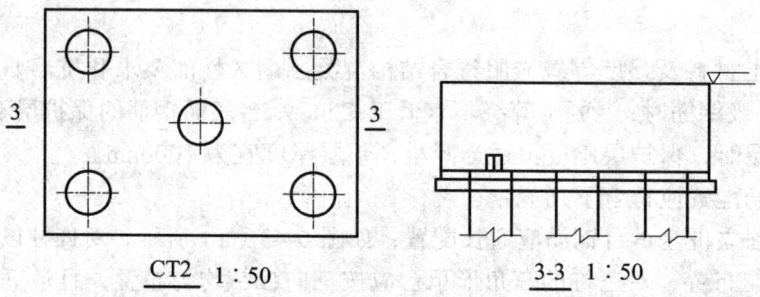

（c）五柱承台

图 6-43 本工程桩基础承台

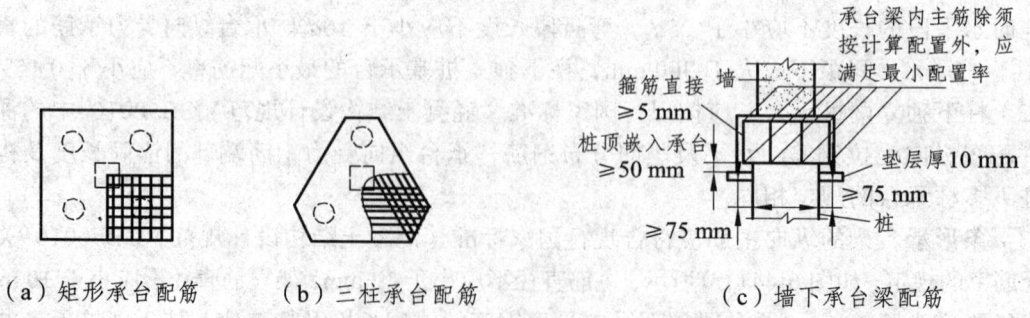

（a）矩形承台配筋　　（b）三柱承台配筋　　（c）墙下承台梁配筋

图 6-44 承台配筋示意图

（4）筏形承台板或箱形承台板载计算中当仅考虑局部弯矩作用时，考虑到整体弯曲的影响，在纵横两个方向的下层钢筋配筋率不宜小于0.15%；上层钢筋应按计算配筋率全部连通，当筏形的厚度大于2000 mm时，宜在板厚中间部位设置直径不小于12 mm、间距不大于300 mm的双向钢筋网。

（5）承台底面钢筋的混凝土保护层厚度，当有混凝土垫层时，不应小于50 mm，无垫层时不应小于70 mm，此外不应小于桩头嵌入承台内的长度。

6.5.4 柱与承台的连接

（1）桩嵌入承台的长度规定是根据实际工程经验确定。如果桩嵌入承台深度过大，会降低承台的有效高度，使受力不利，桩嵌入承台内的长度对中等直径桩不宜小于50 mm，对大直径各桩不宜小于100 mm。

（2）混凝土桩的桩顶纵向主筋应锚入承台内，其锚入长度不宜小于35倍纵向主筋直径。对于抗拔桩，桩顶纵向主筋的锚固长度应按现行国家标准《混凝土结构设计规范》GB50010确定。

（3）对于大直径灌注桩，当采用一柱一桩时，连接构造通长有两种方案：一是设置承台，将桩与柱通过承台相连接，二是将桩与柱直接相连，实际工程根据具体情况选择。可设置承台或将桩与柱直接连接。

（4）桩与承台连接的防水构造：

当前工程实践中，桩与承台连接的防水构造形式繁多，有的用防水卷材将整个桩头包裹起来，至桩与承台无连接，仅是将承台支撑于桩顶；有的虽设有防水措施，但在钢筋与混凝土或底板与柱之间形成渗水通道，影响桩及底板的耐久性，根据规范建议的防水构造如图6-45所示。

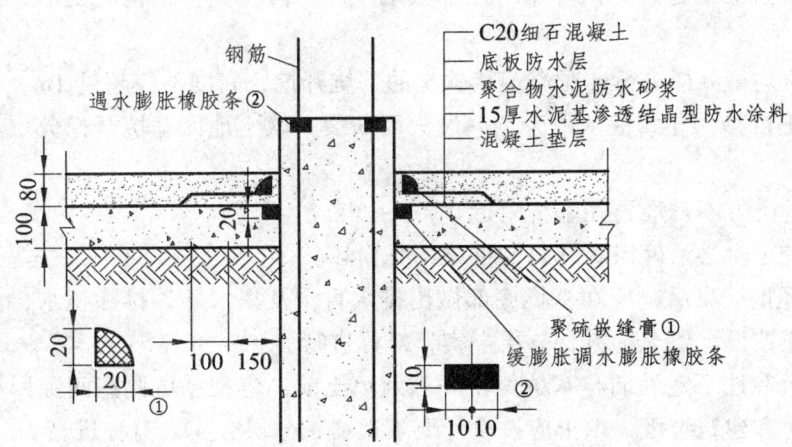

图6-45 桩与承台连接的防水构造

具体操作时要注意以下几点：

（1）桩头要凿至设计标高，并用聚合物水泥防水砂浆找平；桩侧剁凿至混凝土密实处。

（2）破桩后如发现渗漏水，应采取相应堵漏措施。

（3）清除基层上的混凝土、粉尘等，用清水冲洗干净，基面要求潮湿，但不得有明水。

（4）沿桩头根部及桩头钢筋根部分别凿 20 mm×25 mm 及 10 mm×100 mm 的凹槽。

（5）涂刷水泥基渗透结晶型防水涂料必须连续、均匀，待第二层涂料呈半干状态后开始喷水养护，养护时间不小于 3 天。

（6）待膨胀型止水条紧密、连续、牢固地填塞于凹槽后，方可施工聚合物水泥防水砂浆层。

（7）聚硫嵌缝膏嵌填时，应保护好垫层防水层，并与之搭接严密。

（8）垫层防水层就聚硫嵌缝膏施工完成后，应及时做细石混凝土保护层。

两桩桩基的承台，应在其短向设置连系梁，有抗震设防要求的柱下柱基承台，宜沿两个主轴方向设置连系梁。连系梁顶面宜与承台顶面位于同一标高，连系梁宽度不宜小于 250 mm，其高度可取承台中心距的 1/10～1/15，且不宜小于 400 mm。连系梁配筋应按计算确定，梁上下部配筋不宜小于 2 根直径 12 mm 钢筋；位于同一轴线上的相邻跨连系梁纵筋应连通。

6.5.5　承台施工

6.5.5.1　基坑开挖和回填

（1）桩基承台施工顺序：先深后浅。

（2）当承台埋置较深时，应对临近建筑物及市政设施采取必要的保护措施，在施工期间应进行检测。

（3）基坑开挖前应对边坡支护形式、降水措施、挖土方案、运土路线及堆土位置编制施工方案，若桩基施工引起超孔隙水压力，宜待超孔隙水压力大部分消散后开。

（4）当地下水位高需降水时，可根据周围环境情况采用内降水或外降水措施，可降低主动土压力，增加边坡的稳定，内降水可增加被动土压，减少支护结构的变形，且利于机具在基坑内的作业。

（5）挖土应均衡分层进行，对流塑状软土的基坑开挖，高度不应超过 1m，避免先挖体部分发生较大水平位移，导致桩基由于位移过大而断裂，软土地区基坑开挖分层均衡进行极其重要。

（6）挖出的土方不得堆置在基坑附近。

（7）机械挖土时必须确保基坑内的桩体不受损坏。

（8）基坑开挖结束后，应在基坑底部做出排水盲沟及集水井，排除积水，清除虚土和建筑垃圾，填土应按设计要求选料，分层夯实，对称进行。

（9）在承台和地下室外墙与基坑侧壁间隙回填土前，应在基坑侧壁间隙回填土前，排除积水，清除虚土和建筑垃圾，填土应按设计要求选料，分层夯实，对称进行。

6.5.5.2　钢筋和混凝土施工

（1）绑扎钢筋前应将灌注桩桩头浮浆部分和预制桩桩顶锤击面破碎部分去除，桩体及其主筋埋入承台的长度应符合设计要求；钢管桩应加焊桩顶连接件，并应按设计施工桩头和垫层防变。

（2）承台混凝土应一次浇筑完成，混凝土入槽宜采用平铺法。对大体积混凝土施工，应采取有效措施防止温度应力引气裂缝。

学习情境6.6 桩基础检验、验收

桩基础竣工检验及验收主要任务见表6-15。

表6-15 工作任务表

序号	项目	内容
1	主讲内容	桩基检测的方法
2	学生任务	根据本项目特点和条件，了解检测的方法和原理
3	教学评价	能了解桩基检测的目的、方法——合格； 能合理选用适合于相应桩基检测的方法——良好； 熟练掌握桩基检测方法、桩基验收标准，整理验收资料——优秀

6.6.1 桩基检测

6.6.1.1 桩基检测目的

桩基检测的目的主要有两个：一个是为桩基的设计提供合理的依据；另一个是检验工程桩的施工质量，是否能满足设计要求。

第一个目的通常是通过在建筑现场的试桩上实现的。

第二个目的则是通过对工程桩抽样检测来达到的，为了使检测结果具有代表性，必须随机抽样检测并保证有一定的检测数量，如果因种种原因不能进行抽样检测时，至少也应该根据现场掌握的施工情况，分别进行好坏检测。

6.6.1.2 桩基检测方法

对于重要的建筑物桩基和地质条件复杂或成桩质量可靠性较低的桩基工程，应采用静载法检测，具体检测方法和检测桩数由设计确定。

1. 静载法

1）实验装置

一般采用油压千斤顶加载，千斤顶的加载反力装置根据现场实际条件有三种形式：锚桩横梁反力装置（如图6-46所示）、压重平台反力装置和锚桩压重联合反力装置。千斤顶平放于桩中心，当采用两个以上千斤顶加载时，应将千斤顶并联同步工作，并使千斤顶的合力通过试桩中心。

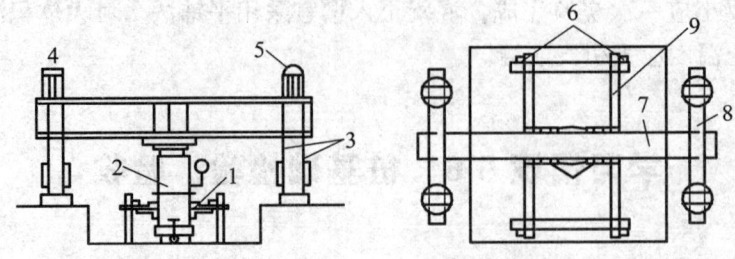

图 6-46　竖向静载试验装置

1—百分表；2—千斤顶；3—锚筋；4—厚钢板；5—硬木包钢皮；6—基准桩；7—主梁；8—次梁；9—基准梁

荷载与沉降的量测仪表：荷载可用防止与千斤顶上的应力环、应变式压力传感器直接测定，或采用千斤顶的压力表测定油压，根据千斤顶率定曲线换算荷载，试桩测降一般采用百分表或电子位移计测量。对于大直径桩应在其两个正交直径方向对称安置 4 个位移测试仪表，中等和小直径桩可安置 2 个或 3 个位移测试仪表，沉降测定平面离桩顶距离不应小于 0.5 倍桩径，固定和制成百分表的夹具和基准梁在构造上映确保不受气温、振动及其他外界因素影响而发生竖向变位。试桩、锚桩（压重平台支墩）和基准桩之间的中心距离应符合表 6-16 的规定。

表 6-16　试桩、锚桩和基准桩之间的中心距离

反力系统	试桩与毛桩	试桩与基准桩	基准桩与锚桩
锚桩横梁反力系统 压重平台反力系统	≥4d，不小于 2.0	≥4d，不小于 2.0	≥4d，不小于 2.0

2）加卸载方式与沉降观测

（1）试验加载方式，采用慢速维持荷载法，即逐级加载，每级荷载达到相对稳定后加下级荷载，直到破坏，然后分级卸载到 0。当考虑结合实际工程桩的荷载特征时可采用多循环加卸载法（每级荷载达到相对稳定后卸载到零）。当考虑缩短试验时间时，对于工程桩检验性试验，可采用快速维持荷载法，即一般每隔 1 h 加一级荷载。

（2）加载分级，每级加载为预估极限荷载的 1/10~1/15，第一级可按 2 倍分级荷载加荷。

（3）沉降观测。每级加载后间隔 5 min、10 min、15 min，各测读一次，以后每隔 15 min 测读一次，累计 1 h 后每隔 30 min 测读一次，每次测读值记入试验记录表。

（4）沉降相对稳定标准。每 1 h 的沉降量不超过 0.1 min 并连续出现两次（由 1.5 h 内连续 3 次观测值计算），认为已达到相对稳定，可加下一级荷载。

（5）终止加载条件，当出现下列情况之一时即可终止加载。

（6）卸载与卸载沉降观测，每级卸载值为每级加载值的 2 倍，每级卸载后每隔 15 min 测读一次参与沉降，读两次后，每隔 30 min 在读一次，即可卸下一级荷载，全部卸载后，隔 3~4 h 再读一次。

静载试验室采取接近桩的实际工作条件，通过静载加压，确定桩的极限承载力，通长采用的是单桩竖向抗压静载试验，单桩竖向抗拔静载试验和单桩水平静载试验。

灌注桩做静载实验应在桩身混凝土强度达到设计等级的前提下，对砂类土不少于10天，对一般粘性土不少于10天，对淤泥或淤泥土不少于10天，才能进行试验。

2. 钻芯法

采用液压钻岩机钻取桩身混凝土心样进行状态和强度检验，状态检验主要是通过对钻出的芯样进行抗压试验，确定桩身混凝土是否达到设计要求，钻芯法海可钻取桩底持力层岩芯，从而判断持力层岩土特征。

在状体上钻孔取芯的方法是比较直观的，它不仅可以了解灌注桩的完整性，查明桩底沉渣厚度一级桩端持力层的情况，而且还是检验灌注桩混凝土强度的可靠方法，钻孔取芯法所需的设备随检测的项目而定，如仅检测灌注桩的完整性，钻孔取芯法可按以下步骤进行。

（1）确定钻孔位置，灌注桩的钻孔位置，桩径小于1 600 mm时，宜选择在桩中心钻孔；当桩径大于1600 mm时，钻孔数不宜少于2个。

（2）安置钻机，钻孔位置确定后，应对准孔位安置钻机，钻机就位并安放平稳后，应将钻机固定，以便工作时不至产生位置偏移，固定方法应按根据钻机构造和施工现场的具体情况，分别用顶杆制成、配重或膨胀螺栓等方法，在固定钻机时，还应检查底盘的水平度，以保证钻杆及钻孔的垂直度。

（3）施钻前的检查，施钻前应先通电检查主轴的旋转方向，当旋转方向为顺时针时，方可安装钻头，并调整钻机主轴的旋转轴线，使其呈垂直状态。

（4）开钻。开钻前先接水源和电源，正向转动操作手柄，使合金钻头慢慢地接触混凝土表面，待钻头刀部入槽稳定后，方可加压进行正常钻进。

（5）钻进取芯。在钻进过程中，应保持钻机的平稳，转速不宜小于140 r/min，钻孔内的循环水流不得中断，水压应保证能充分排除孔内混凝土料屑。

灌注桩钻孔取芯检测的取芯数目视桩径和桩长而定，通常至少每1.5 m应取1个芯样，沿桩长均匀选取，每隔芯样均应标明取样深度，以便判明有无缺陷以及缺陷的位置；对于用于判明灌注桩混凝土强度的芯样，则根据情况，每一试桩不得少于10个，钻孔取芯的深度应进入撞地持力层不小于1 m。

3. 声波透射法

声波在正常混凝土中的传播速度为3 000～4 500 m/s，当混凝土中存在裂缝、蜂窝、孔洞、夹泥或密实度差等缺陷时，声波通过这种缺陷时的传播速度将发生变化。根据上述原理，在灌注桩浇捣混凝土前预埋声测管，待桩施工结束后采用声波检测仪通过声测管来测量声波在期间的传播时间（速度），根据这些传播速度的变化可判断桩身混凝土质量的优劣。

4. 低应变动测法

低应变动测法有反射波法、机械阻抗法动力参数法、水电效应法等，目前普遍使用的是反射波法和机械祖抗法。采用瞬态冲击（小锤敲击）桩顶并实测桩顶应力波的加速度（或速度）的响应时域曲线，通过分析该响应时或域曲线的变化可判断基桩桩身的完整性，这种方法称为反射波法。同时，如果将获取的应力波的响应时域曲线通过傅里叶变换成为脉冲响应频域曲线,通过分析响应频域曲线(导纳曲线)的变化来判断基桩桩身的完整性,这种方法称为瞬态机械阻抗法。另外,采用稳态激振方式直接测得导纳曲线的方法称为稳态机械阻抗法。

5. 高应变动测法

高应变动测法是将重锤从桩顶以上一定高度自由落下锤击桩顶,测试锤击信号(振动波速),分析桩顶锤击信号反应可判断桩身质量,高应变动测法主要用于检测桩的承载力,用于检测桩身质量则是附带性。由于高应测法主要用于检测桩的承载力,用于检测桩身质量则是附带性的,由于高应变测试费用高、数量少,普遍性的桩身完整性检测主要采用低应变动测法。

6.6.1.3 检测数量

(1)柱下三桩或三桩以下的承台内抽验数不少于1根。
(2)一般情况下抽检数量不应少于总跟书的20%且不得少于10根。
(3)遇到设计等级为甲级或地质条件复杂、成桩质量较差的灌注桩,抽检数量不应少于总桩数的30%且不得少于20根。
(4)对桩身直径大于800 mm的灌注桩,应选用钻芯法或声波透射法。抽检数量不应少于总桩数的10%。

6.6.2 桩基验收

桩基工程验收应待开挖到设计标高后,并将桩顶处理到设计标高后进行。除了对灌注初的混凝土强度、承载能力、桩身质量进行检测以外,还须对桩实际位置进行验收。若超出允许范围,须有关部门商讨处理方法。

6.6.2.1 混凝土灌注桩检验标准

(1)混凝土灌注桩钢筋笼质量检验标准见表6-17。

表6-17 混凝土灌注桩钢筋笼质量检验标准

项	序	检查项目	允许偏差或允许值	检查方法
主控项目	1	主筋间距	10	用钢尺测量
	2	长度	100	用钢尺测量
一般项目	1	钢筋材质检验	设计要求	抽样送检
	2	箍筋间距	20	用钢尺测量
	3	直径	10	用钢尺测量

(2)灌注桩的平面位置和垂直度的允许偏差见表6-18。

表 6-18 灌注桩的平面位置和垂直度的允许偏差

序号	成孔方法		桩径允许偏差/mm	桩位允许偏差/%	桩位允许偏差	
					1~3根，单挑桩基垂直于中心线方向和群桩基础的边缘	条形桩基础沿中心线方向和群桩基础的中间桩
1	泥浆护壁灌注桩	$D \leq 1000$ mm	±50	小于1	$D/4$且不大于100	$D/4$且不大于150
		D 大于 1000 mm			$100+0.01H$	$150+0.01H$
2	沉管成孔灌注桩	$D \leq 500$ mm	-20	小于1	70	150
		D 大于 500 mm			100	150
3	干作业成孔灌注桩		-20	小于1	70	150
4	人工挖空灌注桩	混凝土护壁	±5	小于0.5	50	150
		钢管套护壁		小于1	100	200

（3）混凝土灌注桩质量检验标准见表 6-19。

表 6-19 混凝土灌注桩质量检验标准

项目	序号	检查项目	允许偏差或允许值		检查方法
			单位	数值	
主控项目	1	桩位		见表6-18	基坑开挖前护筒，开挖后量桩中心
	2	孔深	mm	+300	至深不浅，用重锤测，或钻杆测、套管长度，嵌岩桩应确保进入设计要求的嵌岩深度
	3	状体质量检验		按基桩检测技术规范如钻芯取样，大直径嵌岩桩应钻至桩尖下50cm	按基桩检测技术规范
	4	混凝土强度		设计要求	实践报告或钻芯取样送检
	5	承载力		按基桩检测技术规范	按基桩检测技术规范
一般项目	1	垂直度		见表6-18	测套管或钻杆，或用超声波探测，干施工时吊垂球
	2	桩径		见表6-18	井径仪或超声波检测，干施工时用钢尺量，人工挖孔桩不包亏内衬厚度
	3	泥浆比重（黏土）		1.15~1.20	用比重计测孔低50cm处取样
	4	泥浆面标高（高于地下水位）	m	0.5~1.0	目测
	5	沉渣厚度：端承桩摩擦桩	mm	≤50 ≤150	用沉渣仪或重锤测量
	6	混凝土坍落度：干施工水下灌注		160~220 70~100	坍落度仪
	7	钢筋笼安装深度	mm	±100	用钢尺量
	8	混凝土充盈系数		大于1	检查每根桩的实际灌注量
	9	桩顶标高	mm	+30 -50	水准仪，需扣除桩顶浮浆层及劣质桩体

学习情境 6.7　冲击钻成孔灌注桩基基础施工案例

6.7.1　工程概况

本工程区域基底为厚层深变质岩岩组的大别山杂岩。据本次勘探揭露,拟建场地覆盖层属于第四纪长河河流相互冲洪积积层。主要由饱和砂土、砾卵石层组成。本次勘探 35.1 m 深度范围内按沉积年代,成因类型及其物理学性质的差异,可划分为 5 个主要层次。各岩土分布规律相见工程地质剖面图。

依据本次勘探成果,场地底层的分布如下:

1. 第一层填土

杂色,在打的出有黏性土组成,在漫滩和河床内为填砂,松散,厚度一般 0.1~4.0 m。

2. 第二层中粗砂

灰白—灰黄色,饱和,松散—稍密,重型动探击数 2~15/10 cm,高等压缩性,成分以石英、长石、云母为主,厚度 1.4~6.9 m,河床部位Ⅰ上部见少量漂石、卵石。

3. 第三层砾卵石

浅黄色,含砾卵石约 70%,含中粗砂约 10%,一般 3~12 cm,下部普遍含有漂石,成分以石英岩石为主,次圆状,饱和,中密—密实,重型动力触探击数 8~62,该层层面埋深 3.3~10.1 m。

4. 第四层全—强风化大别山杂岩

黄褐,灰黄色,节理裂缝很发育,易破碎,岩心呈小块状,主要成分为石英、长石及云母,岩石质量等级为 5 级,标贯击数 35~78。该层层面埋深 9.0~15.0 m,厚度 2.2~10.2 m。

5. 第五层中风化大别山杂岩

黄褐,青灰夹暗绿色,节理裂隙发育,较破碎,岩心呈短柱状,锤击不易破碎,裂隙较发育。主要成为石英、长石、云母等,岩石质量等级为 6 级,标贯数 88~120。该层层面埋深一般为 13.7~24.8 m,未揭穿。

6.7.2　施工准备

(1)测量放样:采用全站仪对桥位、墩台中心桩位进行防护核,据其确定各孔位,并将计算资料和放样资料保存完好,以备核查,用木桩标示孔位中心。

（2）场地平整：场地平整在桥位放样后孔位确定前进行，场地平整过程中不能破坏桥位桩。

（3）场地布置：规划作业、材料存放、机械修整、人员休息场地，修通进场道路，接入水电设施；物资、机械、人员到位。

6.7.3 材料要求

水泥：425号普通硅酸盐或矿渣硅酸盐水泥新鲜无结块。

砂子：用中砂或粗砂，含泥量小于5%。

石子：卵石或碎石，粒径5～40 mm，含泥量不大于2%。

钢筋：品种和规格均符合设计要求，并有出厂合格证及试验报告。

外加剂：掺合料根据施工需要通过实验确定，外加剂应有产品出厂合格证。

垫块：用1:3水泥砂浆埋22号钢丝预制成。

6.7.4 主要机具设备

1. 机械设备

CZ-22、CZ-30型冲击钻孔机或简易的冲击钻机、3～5 t双筒卷扬机、混凝土搅拌机、插入式振捣器、洗石机、皮带式运输机、翻斗汽车、机动翻斗车、水泵以及钢筋加工系统设备等。

2. 主要工具

冲吹或冲击钻头、钢护筒、掏渣筒、钢吊绳；测渣铁航、混凝土浇灌台架、下料斗、卸料管、导管、预制混凝土塞、小平锹、磅秤。

6.7.5 施工操作工艺

（1）冲击钻成孔灌注桩施工工艺程序是：场地平整—桩位放线，开挖浆地、浆沟—护筒埋设—钻机就位—冲击造孔。泥浆循环，清除废浆、泥渣，清孔换浆—终孔验收—下钢筋笼和钢导管—灌注水下混凝土—成极养护。

（2）成孔时应先在孔口设圆形6～8 mm钢板护筒或砌砖护圈，护筒（圈）内径应比钻头直径打200 mm。深一般为0.2～1.5 m，然后使冲孔机就位，冲击钻应对准护筒中心，要求偏差不大于20 mm，开始低垂密击。

（3）冲孔时应随时测定和控制泥浆密度，每冲击1～2 m深应排渣一次，并定时补浆，直至设计深度，排渣用抽渣筒法，是用一个下部带活门的钢筒，将其放到孔底，做上下来回活动，提升高度在2 m左右。当抽筒向下活动时，活门打开，残渣进入筒内，向上运动时，活门关闭，可将孔内残渣排出孔外。排渣时，必须及时向孔内补充泥浆，以防污浆造成孔内坍塌。

（4）在钻进过程中每1～2 m要检查一次成孔的垂直度。如发现偏斜应立即停止钻进，采取措施进行纠偏，对于便层出和易于发生偏斜的部位，应采用低锤轻击、间断冲击的办法穿

(5）成孔后，应用测绳下挂 0.5 kg 重铁航测量检查孔深，核对无误后，进行清孔，可使用底部带活门的钢抽渣筒，反复淘渣，将孔低淤泥、沉渣清除干净，密度大的泥浆借水泵用清水置换，使密度控制在 1.15~1.25。

表 6-20 各类土层中的冲程和泥浆密度选用表

项次	项目	冲程	泥浆密度	备注
1	在护筒中及护筒刃脚下 3 m 以内	0.9~1.1	1.1~1.3	土层不好时宜提高泥浆密度，必要时加入小片石和黏土块
2	黏土	1~2	清水	或稀泥浆，经常清理钻头上泥块
3	砂土	1~2	1.3~1.5	抛黏土块，勤冲勤淘渣，路塌孔
4	砂软石	2~3	1.3~1.5	加大冲击能量，勤淘渣
5	风化岩	1~4	1.2~1.4	如岩层表面不平或倾斜，应抛入 20~30 cm 块石使之平衡，然后低锤快击使其成一紧密平台，再进行正常冲击，同时加大冲击能量，勤淘渣
6	塌孔回填重成孔	1	1.3~1.5	反复冲击，加黏土块及片石

（6）清孔后应立即放入钢筋笼，并固定在孔口钢护筒上，使在浇灌混凝土过程中不向上浮起，也不下沉，钢筋笼下完并检查无误后，应立即浇筑混凝土，间隔时间不应超过 4 h，以防泥浆沉淀和塌孔。混凝土灌注一般采用导管法在水中灌注。

6.7.6 质量标准

1. 保证项目

（1）灌注桩用的原材料和混凝土强度，必须符合设计要求和施工规范的规定。
（2）成孔深度必须符合设计要求，以摩擦力为主的桩，沉渣厚度严禁大于 300 mm；以端承力为主的桩，沉渣厚度严禁大于 100 mm。
（3）实际浇筑混凝土量严禁小于计算体积。
（4）浇筑后的柱顶标高，钢筋笼标高及浮浆的处理，必须符合设计要求和施工规范的规定。

2. 允许偏差项目

冲孔灌注机的允许偏差及检验方法见表 6-21。

6.7.7 成品保护

（1）冬期施工，桩顶混凝土未达到设计强度等级 40%时，应采取适当保温措施，方式手动。
（2）刚浇完混凝土的灌注桩，不宜立即在其附近冲击相邻桩孔，宜采取间隔施工，防止因振动或主体侧向挤压而造成桩变形或裂断。

表 6-21 冲孔灌注机的允许偏差及检验方法

项次	项目			允许偏差	检查方法
1	钢筋笼	主筋间距		±10	尺量检查
		扎筋间距		±20	
		直径		±10	
		长度		±50	
2	桩的位置偏移	泥浆护壁成孔（干成孔，爆扩成孔）灌注桩	垂直于桩基中心线 1~2 跟桩	D/6 且不大于 200	拉线和尺量检查
			单排桩		
			群桩基础的边桩		
			沿桩基中心 条形基础的桩	D/4 且不大于 300	
			群桩基础的中间桩		
3	垂直度			H/100	吊线和尺量检查

6.7.8 安全措施

（1）认真查清邻近建筑物情况，采取有效的防震安全措施，以免冲击成孔时震坏邻近建筑物，造成裂缝、倾斜，甚至倒塌事故。

（2）冲击成孔机械操作时应安放平稳，防止冲孔时突然倾倒或冲吹突然下落，造成人员伤亡和设备损坏。

（3）采用泥浆护壁成孔，应根据设备情况，地质条件和孔内情况变化，认真控制泥浆密度内水头高度、护筒埋设深度、钻机垂直度、钻进和提钻速度等，以防塌孔，造成机具塌陷。

（4）冲击锤操作时，距落锤 6m 范围内不得有人员走动或进行其他作业，非工作人员不准进入施工区域内。

（5）冲孔灌注桩在一成孔尚未灌注混凝土前，应用盖板封严，以免掉土和发生人身安全事故。

（6）所有成孔设备，电路要架空设置，不得使用不防水的电线或绝缘层有损伤的电线。电闸箱和电动机要有接地装置，加盖防雨罩，电路街头要安全可靠，开关要有保险装置。

（7）恶劣气候冲孔机应停止作业，休息或作业结束时间，应切断操作箱上的总开关，并将离电源最近的配电盘上的开关切断。

（8）混凝土灌注时，桩、拆导管人员必须戴安全帽，并注意防止扳手、螺丝等掉入桩孔内。拆卸导管时，其上空不得进行其他作业，导管提升后继续浇筑混凝土前，必须检查其是否垫稳或挂牢。

6.7.9 施工注意事项

（1）冲击钻具应注意必须连接牢固，总重量不得超过钻机或卷扬机使用说明书规定的种类，钢丝绳不得超负荷使用，以免发生意外事故。

（2）下钻时应注意先将钻头垂直吊稳后，再导正下入孔内，进入孔内后，不得松刹车，高速下放，提钻时应先缓慢提起，未遇阻力后，再按正常速度提升，如有发现有阻力，应将钻具下放，是钻头转动方向后再提，不得强行提拉。

（3）钻进中，当发现塌孔、扁孔、斜孔时，应及时处理，发现缩颈时，应经常提动钻具，修护孔壁，每次冲击时间不宜过长，以防卡钻。

（4）整个成孔过程中，应注意始终保持孔内液面比地下水位高 1.5~2.0 m，以液柱的静压和渗压保持孔壁稳定。

项目 7　综合实训

学习目标

本项目通过实时选定项目为载体，进行基础工程施工实例，通过本项目的实例，要求学生：
1. 能识读工程基础施工图，熟悉施工现场，准备工作任务，见表 7-1。
2. 了解土方工程施工的基本任务。
3. 熟悉验槽程序，掌握验槽的方法和手段，能做好验槽结果记录。
4. 掌握典型浅基础施工的方法和技术要求。
5. 掌握桩基础的施工工艺，熟悉施工方法和质量控制措施。
6. 规范进行实训报告撰写、排版、打印。

表 7-1　工作任务表

序号	项目	内　容
1	主讲内容	（1）指导学生从读图到确定施工方法开始，到现场施工技术要求和质量； （2）控制要点介绍，以及施工过程中应注意的主要问题
2	学生任务	根据选定项目的基本条件，对项目进行施工方案，方法确定，现场劳动组织与资源配置学习，施工工艺流程以及施工质量控制，并完成实训报告撰写、排版、打印
3	教学评价	（1）实训态度端正，能参与工程实践，能基本完成实训任务：提交的实训报告成果基本符合要求——合格； （2）实训态度端正，能参与工程实践，能完成实训任务，提交的实训报告成果符合要求，内容全面、不缺项。实训报告排版美观大方，图文并茂——良好； （3）实训态度端正，能全程参与工程实践，能全面完成实训任务：在较好地完成实训任务书中的各项任务的基础上，有自己的创新，并能够应用所学的知识运用在工程实践中。提交的实训报告成果符合要求，内容全面、不缺项；实训报告排版美观大方，图文并茂——优秀

学习情境 7.1　综合实训准备

7.1.1　实训目的

1. 专业能力

通过本实训项目的学习、训练，学生应具有进行一般基坑土方施工、浅基础施工、桩基础工程施工的能力。

2. 方法能力

通过本单元的实训，学生应掌握基础开挖的施工方法，基槽验收的程序、方法，刚性（柔性）浅基础的施工方法，桩基础的施工及验收方法等。

3. 社会能力

本项目贯彻了培养"施工型""能力型""成品型"人才的指导思想，学生的实践技能明显加强。通过实训，进一步培养学生树立独立思考、吃苦耐劳、勤奋工作的意识，团结协作、勇于创新的精神以及诚实、守信的优秀品质，为今后从事施工生产一线的工作奠定良好的基础。

7.1.2 实训项目选定与实训地点

1. 实训项目选定

本实训项目选定的工程必须满足实现实训目的需求。若有同时具备浅基础施工和桩基础施工的项目，选定一个就可以了。否则，则应分别为土方工程施工、浅基础施工和桩基础施工各选择一个工程。

为了方便教学组织安排，按照就近原则选择工程项目。

2. 实训地点

本项目的实训地点安排在校外进行。根据教学需要及实训进度要求，可适时回学校进行现场资料的整理、分析研究与研讨。

7.1.3 实训准备

1. 收集图纸等技术资料

需要收集的基本资料一般有三类：图纸、技术标准及规范、施工组织设计文件。具体有：

（1）《**工程施工图》
（2）《建筑地基基础工程施工质量验收规范》（GB50202—2010）
（3）《建筑桩基技术规范》（JGJ79—2008）
（4）《建筑地基处理技术规范》（JGJ18—2012）
（5）《钢筋焊接及验收规程》（JGJ—2012）
（6）《砌体工程施工质量验收规范》（GB50203—2011）
（7）《施工现场临时用电安全技术规范》（JGJ46—2005）
（8）《建筑施工安全检查标准》（JGJ59—99）
（9）《**工程施工施工组织设计》

2. 熟悉图纸、规范，研究施工方案

组织学生阅读施工图。重点研究基础平面布置图，熟悉工程的主轴线，基础平面位置；研究基础结构图，熟悉工程基础埋深、基础结构形式，设计尺寸、构造做法等。研究施工组织设计中的基础施工方案以及具体施工方法，确定基坑开挖的放坡系数，开挖方法。质量控制以及安全措施等。

7.1.4 实训要求

实训期间首先要系统学习本书此前部分相关各项目的有关知识和内容。在此基础上开展实训工作，具体要求有：

（1）认真阅读和学习指导书，依据实习指导书的内容，明确实训任务。

（2）严格遵守国家法令，遵守学校及实习所在单位的各项规章制度和纪律。

（3）实习期间要严格遵守工地规章制度和安全操作规程，进入施工工地必须带安全帽。严禁穿拖鞋、高跟鞋进入工地，随时注意安全，防止发生安全事故。

（4）做到一切行动听指挥，服从指导老师和工地人的领导和安排。严格遵守工地上的各项规章制度和安全措施，爱护现场的各种设施。未经有关人员同意不得乱动工地上的各种设备、保证安全生产。

（5）学生实习中要积极主动，遵守纪律，要虚心向工程技术人员及工人师傅学习，脚踏实地，扎扎实实，深入工程实际，参加具体工作以培养实际工作能力。

（6）在实训期间，收集有关的信息资料，并进行分类保存。调查研究新技术、新工艺、新材料的应用情况和新经验的总结工作。每天写好实训日记，记录施工情况。心得体会，工作创新建议等。要认真观察、勤于思考、虚心请教，做到"多看、多思、多问、多总结"并且要发挥踏实、肯干、吃苦耐劳的精神，争取高质量地完成实训任务。

（7）实训结束能写好实训报告卡，对业务收获进行小结。

（8）严格考勤、不迟到、不早退、做好每天的出勤记录，原则上不能请假，特殊情况请事假累计不能超过实习总天数的三分之一，并须经指导老师批准，方可离开实习地点，否则不计实习成绩。

7.1.5 实训的组织形式

提倡采用现场教学的方式，本课程教学要体现教师为辅，学生为主的思路；校内专职教师为辅，企业兼职教师为主；理论知识学习为辅，实践技能锻炼为主的思路，充分提高学生的学习兴趣，激发学生的学习机智，增加其实践操作能力。体现高职高专的教育思路，紧密结合职业教育的目标，提高学生的岗位适应能力。在教学活动中使学生掌握本课程的职业岗位能力，提升学生的职业素养，增强职业道德修养。

以小组为单位参加项目实习，采取实习指导教师为辅、项目现场管理人员为主的联合指导方式。

表 7-2　实训进程安排

序号	实训内容	时间/学时
1	熟悉施工图及其他基本资料	4
2	土方工程施工	6
3	浅基础施工	6
4	桩基础施工	4
5	实训报告撰写	4
合计		24

学习情境 7.2　土方工程施工

7.2.1　实训的基础任务

土方工程施工是本课程综合实训的重要内容，通过本环节的学习使学生能够掌握如下技能：
（1）掌握施工现场定位放线的能力及基坑轴线标高控制的能力。
（2）掌握基坑、基槽、场地平整土方工程施工方法。
（3）掌握土方工程质量检查和验收的方法和能力。

本项目操作注重学生实际能力的培养，从传统的课堂讲授模式转变为现场教学，赋予学生学习的主体地位，使学生能够自动、自控、自主地展开求知活动，以"工作任务为中心"，以"工学结合"为导向，让学生在分析实际案例的过程中构建相关理论知识，并发展职业能力。根据现场教学的特点，学生应当把理论知识灵活运用到实践当中，快速提升理论认知水平的发展，这是教学模式的一个重大改变，它把一个知识点以模块的形式为载体进行设计，通过案例来培养学生的职业能力和职业素养。在整个教学过程中，采取工学结合的培养模式，加强校企合作，充分开发学习资源，给学生提供丰富的实践机会。

7.2.2　实训的基本内容

1. 施工现场定位放线

（1）建筑物定位放线。
（2）基槽放线。
（3）柱基放线。
（4）基坑放线。
（5）复测。
（6）所有建（构）筑物均进行施工验槽。

2. 基坑支护施工

（1）选好支护结构类型。

（2）确定支护方案及平面布置。
（3）确定支护结构的施工方法。

3. 基坑、基槽开挖施工

（1）确定开挖路线、顺序、范围、基底标高、边坡坡度、土方开挖的顺序、方法。
（2）确定基槽开口尺寸。
（3）基坑、基槽开挖机械及施工方案。
（4）确保支护结构安全和周边环境安全。

4. 土方填筑

工艺流程：基坑底地坪上清理→检验土质→分层铺上→分层夯打→碾压密室→检验密实度→修整找平验收。

5. 土方工程质量检查和验收

（1）土方开挖工程质量检验标准。
（2）验槽。
（3）降水与排水施工质量检验标准。
（4）填土工程质量检验标准。

7.2.3 实训的具体工作

7.2.3.1 基坑开挖工艺及回填

（1）人工挖土（具体内容见附件1）。
（2）人工回填（具体内容见附件2）。
（3）机械挖土（具体内容见附件3）。
（4）机械回填（具体内容见附件4）。

7.2.3.2 土钉支护

1. 土钉墙

土钉墙是由被加固土、放置与原位土体中的细长金属杆件（土钉）及附着予坡面的混凝土面板组成，形成一个类似重力式墙的挡土墙，以此来抵抗墙后传来的土压力和其他作用力，从而使开挖坡面稳定。

土钉一般是通过钻孔、插筋、注浆来设置的，但也通过直接打入较粗的钢筋或型刚形成土钉。土钉沿通长与周围土体接触，依靠接触面上的黏结摩阻力，与其周围土体形成复合土体，土钉在土体发生变形的条件下被动受力，并主要通过其受拉工作对土体进行加固。而土钉间土体变形则通过面板（通常为配筋喷射混凝土）予以约束，其典型结构如图7-1所示。

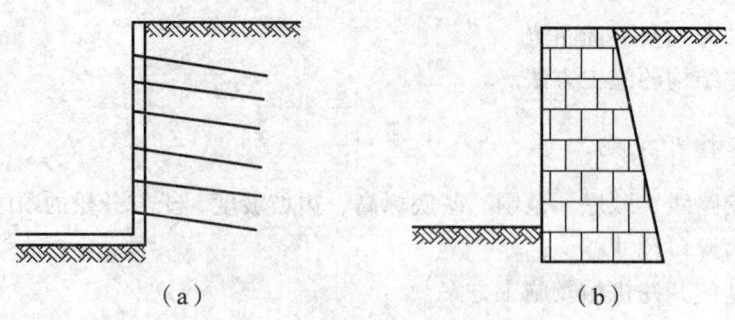

图 7-1 土钉墙与重力式挡土墙

2. 土钉分类及土钉墙的特点

土钉主要可分为钻孔注浆土钉与打入式土钉两类,钻孔注浆土钉是最常用的土钉类型,即先在土中钻孔,置入钢筋,然后沿全长注浆,为使土钉钢筋处于孔的中心位置并有足够的浆体保护层,需沿钉长每隔 2~3 m 设对中支架。土钉外露端宜做成螺纹并通过螺母、钢垫版与配筋喷射混凝土面层相连,在注浆体硬结后用板手拧紧螺母使在钉中产生约为土钉设计拉力 10% 左右的预应力。

打入土钉是在土体中直接打入角钢、圆钢或钢筋等,不再注浆。由于打入式土钉与土体间的粘结摩阻强度低,钉长又受限制,所有布置较密,可用人力或振动冲击钻、液压锤等机具打入。打入钉的优点是不需预先钻孔,施工速度快但不适用于砾石土和密实黏结土,也不适用于服务年限大于两年的永久支护工程。

近年来国内开发了一种打入注浆式土钉,它是直接将带孔的钢管打入土中,然后高压注浆形成土钉。这种土钉特别适合于成孔困难的砂层和软弱土层,具有广阔的应用前景。

3. 土钉墙的应用领域

土钉墙不仅用于临时构筑物,而且也用于永久构筑物。当用于永久构筑物时,宜增加喷射混凝土层厚或敷设预制板,并有必要考虑外表的美观。

目前土钉墙的应用领域主要有(如图 7-2 所示):

(1)托换基础。
(2)基坑或竖井的支挡。
(3)斜坡面的挡土墙。
(4)斜坡面的稳定。
(5)与锚杆相结合作斜面的防护。

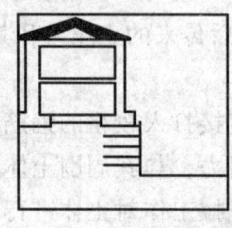 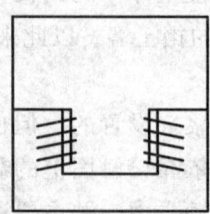 

(a)托换基础　　　(b)基坑的挡墙　　　(c)斜面的挡土墙

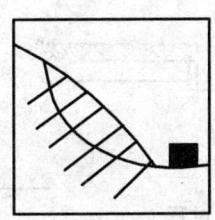
(d) 斜坡面稳定

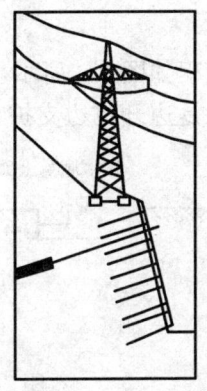
(e) 和锚杆并用的斜面防护

图 7-2 土钉墙的应用领域

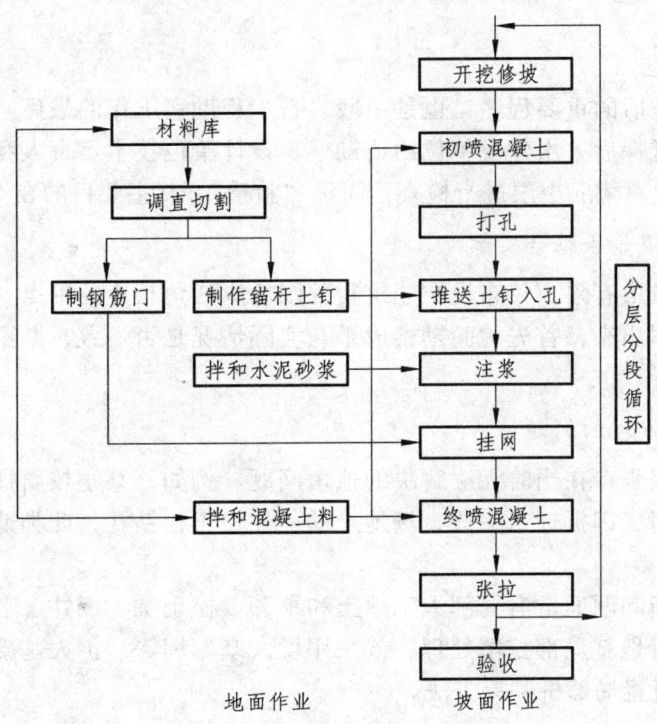

图 7-3 土钉墙支护施工流程图

4. 土钉墙施工工艺

(1) 开挖修坡。
(2) 初喷混凝土。
(3) 成孔。
(4) 土钉制作。
(5) 土钉推送。
(6) 注浆。
(7) 施加预应力。
(8) 编制钢筋网。

（9）终喷混凝土。

土钉墙支护施工流程如图 7-3 所示。

土钉墙支护是施工是边开挖边支护，分层开挖，分层支护，几乎不占工期，如图 7-4 所示。

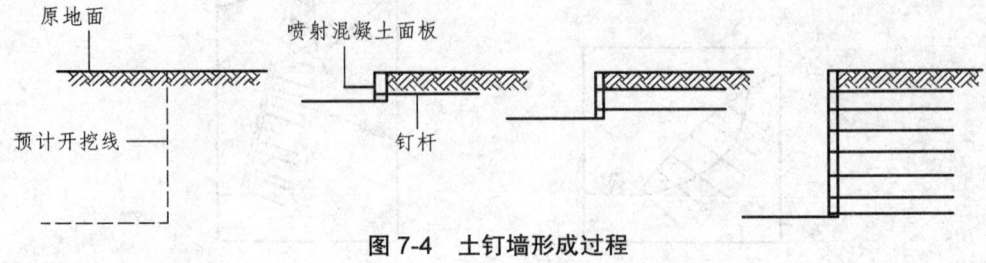

图 7-4　土钉墙形成过程

7.2.3.3　验　槽

1. 验槽的目的

验槽是基础开挖后的重要程序，也是一般岩石工程勘察工作的最后一个环节。当施工单位挖完基槽并普遍钎探后，由建设单位约请勘察、设计单位技术负责人和施工单位技术负责人，共同到施工工地对槽底土层进行检查，简称"验槽"。其主要目的在于：

1）检验勘察成果是否符合实际

因为勘察孔的数量有限，仅布设在建筑物外围轮廓四角长边的中点。验槽全面开挖后，地基持力层完全暴露出来，首先检验勘察成果与实际情况是否一致，勘察报告的结论与建议是否正确和切实可行。

2）解决遗留和发现的问题

有时勘察成果报告存在当时无法解决的遗留问题。例如，某学校新征土地上的一幢学生宿舍楼的勘察工作时，因拆迁未完成，场地上的一住户不让钻孔，此类遗留问题只能在验槽时解决。

在验槽时发现新问题通常有局部人工填土和墓葬、松土坑、废井、老建筑物基础等，解决此类问题通常进行地基局部挖填处理，或采用增大基础埋深、扩大基础面积、布置联合基础、加设挤密桩或设置局部桩基等方法。

2. 验槽的内容

（1）校核基槽开挖的平面位置与槽底标高是否符合勘察设计要求。

（2）检验槽底持力层土质与勘察报告是否相同。

（3）当发现基槽平面土质显著不均匀，或局部存在古井、墓穴、河道等不良地基，可用钎探查明其平面范围与深度。

（4）检查基槽钎探结果、钎探位置；条形基础宽度小于 80 cm 时，可沿中心线打一排孔；大于 80 cm 时，可打两排错开孔，钎深孔距为 1.5～2.5 m。深度每 30 cm 为一组，通常为 5 组，1.5 m 深。

3. 验槽注意事项

（1）验槽前应全部完成符合钎探，提供验槽的定量数据。

（2）验槽时间要抓紧，基槽挖好，突击钎深，立即组织验槽。尤其夏季避免下雨泡槽，冬季要防冻。不可拖延时间形成隐患。遇到问题时必须当场研究具体措施并作出决定。

（3）验槽时应验看新鲜土面。冬季冻结的表土似很坚硬，夏季日晒后的干土也很坚实，但都不是真实状态，应除去表层再检验。

（4）应填写验槽记录，并由参加验槽的四个方面负责人签字，作为施工处理的依据。验槽记录应存档长期保存。若工程发生事故，验槽记录是分析事故原因的重要依据。

学习情境 7.3　浅基础施工

7.3.1　实训的基本任务

对于浅基础工程施工，通过实践应掌握无筋扩展基础和扩展基础的施工特点，能合理地组织相关的施工工作，根据不同的施工工艺进行相关的技术交底，对相关的浅基础施工工作能进行检查、验收、质量评定工作。

通过本实训，掌握以下专业技能：
（1）掌握扩展基础的施工工艺及施工方法。
（2）掌握扩展基础的质量要求和安全措施。
（3）掌握扩展基础的质量验收标准及监测方法。

7.3.2　实训的基本内容

（1）做好识读基础施工图工作，并提出相应的问题。
（2）做好基础工程施工的技术交底工作。
（3）组织做好基础工程施工的准备工作。
（4）按浅基础的施工工艺、施工要点，组织各类浅基础的施工并解决施工中的相应问题。
（5）解决一些浅基础施工中常见的问题和难题。

7.3.3　实训的具体工作

浅基础包括刚性基础和柔性基础。柔性基础主要指钢筋混凝土基础。本实训通过实践了解相应钢筋混凝土基础的构造要求、施工要点。

7.3.3.1　柱下钢筋混凝土独立基础

柱下钢筋混凝土独立基础分为阶梯形基础、锥形基础和杯形基础。如图 7-5（a）～图 7-5（f）所示。杯形基础形式一般有杯口基础、双杯口基础、高杯口基础等。

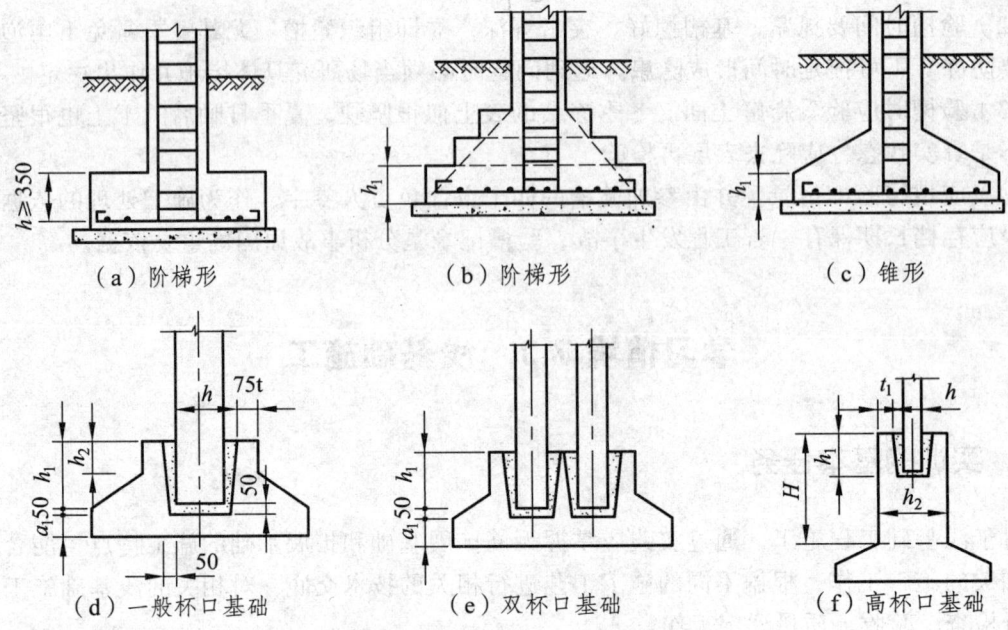

图 7-5 柱下钢筋混凝土独立基础

1. 构造要求

（1）锥形基础的边缘高度，不宜小于 200 mm；阶梯形基础的每阶高度，宜为 300～500 cm。

（2）垫层的厚度不小于 70 mm；垫层混凝土强度等级应为 C10。

（3）扩展基础底板受力钢筋的最小直径不宜小于 10 mm；间距不宜大于 200 mm，也不宜小于 100 mm。当有垫层时钢筋保护层的厚度不宜小于 40 mm，无垫层时不宜小于 70 mm。

（4）混凝土强度等级不应低于 C20。

（5）当柱下钢筋混凝土独立基础的边长大于或等于 2.5 m 时，底板受力钢筋的长度可取边长或宽度的 0.9 倍，并宜交错布置，如图 7-6（a）所示。

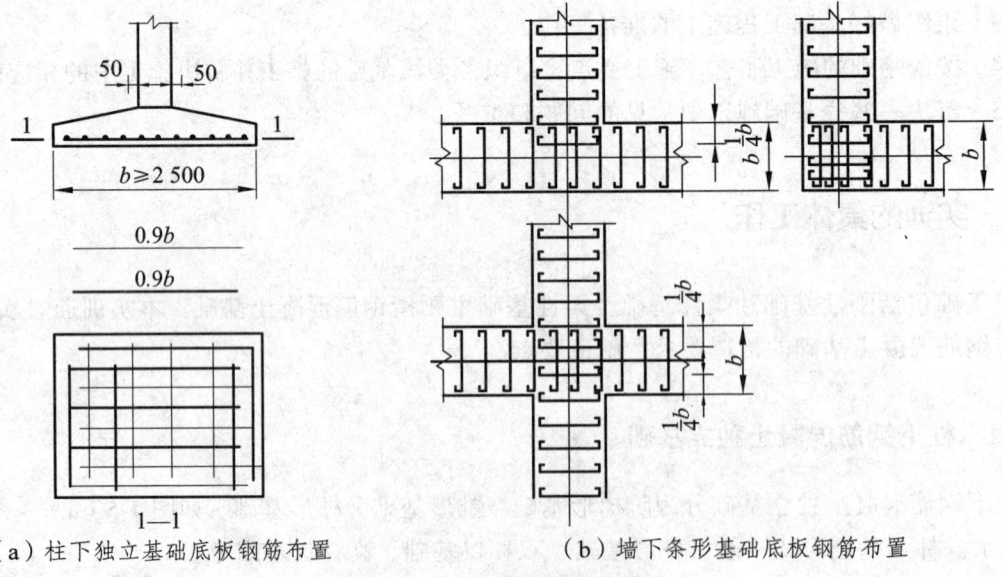

图 7-6 基础底板钢筋布置

（6）柱基础纵向钢筋应满足冲切要求外，尚应满足锚固长度的要求，当基础高度在 900 mm 以内时，插筋应伸至基础底部的钢筋网，并在端部做成直弯钩；当基础高度较大时，位于柱子四角的插筋应伸至基础底部，其余的钢筋只需伸至锚固长度即可。插筋伸出基础部分长度应按柱的受力情况及钢筋规格确定。

（7）杯口基础接头采用细石混凝土灌浆。

① 柱的插入深度 h_1，可按表 7-3 选用，此外，h_1 应满足锚固长度的要求（一般为 20 倍纵向受力钢筋直径）和吊装时柱的稳定性（不小于吊装时柱长的 0.05 倍）。

② 基础的杯底厚度和杯壁厚度，可按表 7-4 采用。

表 7-3　柱的插入深度 h_1　　　　　　　　　　　　　　mm

矩形或工字形柱				双肢柱
$h<500$	$500 \leqslant h \leqslant 800$	$800 \leqslant h \leqslant 1\,000$	$h \geqslant 1\,000$	
$(1\sim1.2)h$	h	$0.9h \geqslant 800$	$0.8h \geqslant 1\,000$	$(1/3\sim2/3)h_a$ 或 $(1.5\sim1.8)h_b$

注：h 为截面尺寸；h_a 为双肢柱整个截面长边尺寸；h_b 为双肢柱整个截面短边尺寸。

表 7-4　基础的杯底厚度和杯壁厚度

柱界面场边尺寸 h/mm	杯底厚度 a_1/mm	杯壁厚度 t/mm
$h<500$	$\geqslant 150$	$150\sim200$
$500 \leqslant h<800$	$\geqslant 200$	$\geqslant 200$
$800 \leqslant h<1\,000$	$\geqslant 200$	$\geqslant 300$
$1\,000 \leqslant h<1\,500$	$\geqslant 250$	$\geqslant 350$
$1\,500 \leqslant h<2\,000$	$\geqslant 300$	$\geqslant 400$

③ 杯形基础杯壁内的构造配筋参考图 7-7 所示。

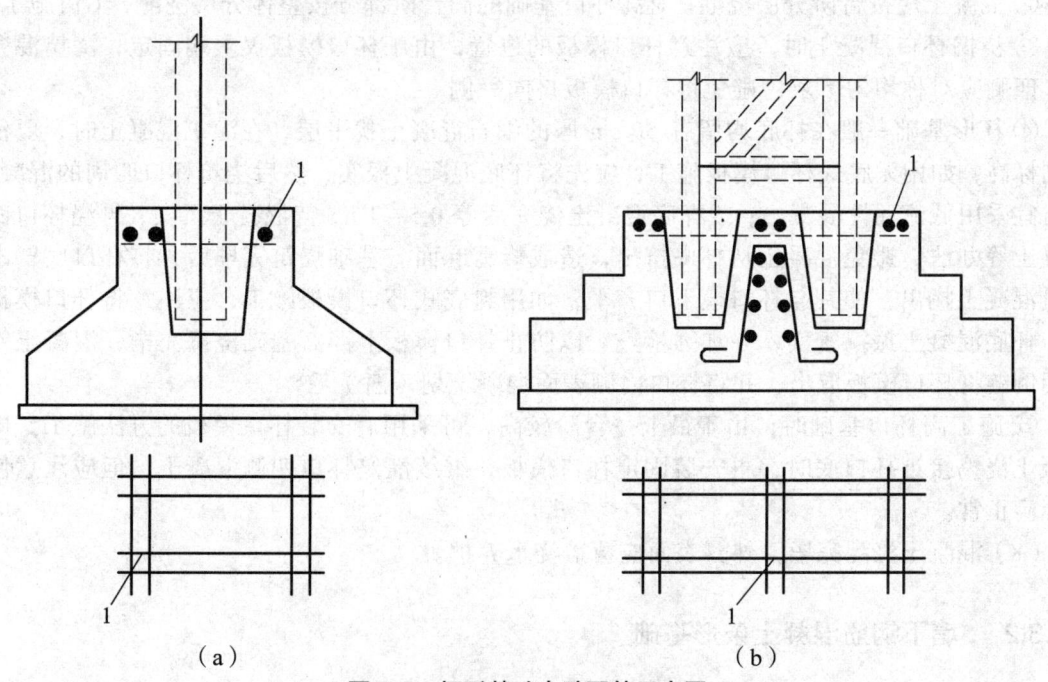

图 7-7　杯形基础内壁配筋示意图
1—钢筋焊网或钢筋箍

2. 施工要点

（1）基坑验槽清理同无筋扩展基础。垫层混凝土在基坑验槽后应立即灌筑，以免地基土被扰动。

（2）垫层达到一定强度后，在其上画线、支模、铺放钢筋网片。上下部垂直钢筋应绑扎牢，并注意将钢筋弯钩朝上，连接柱的插筋，下端要用90度弯钩与基础钢筋绑扎牢固，按轴线位置校核后用方木架成井字形，将插筋固定在基础外模板上；底部钢筋网片应用混凝土保护层同厚度的水泥砂浆垫塞，以保证位置正确。

（3）在灌筑混凝土前，模板和钢筋上的垃圾、泥土和钢筋上的油污等杂物，应清除干净。模板应浇水加以润湿。

（4）基础混凝土应分层连续浇灌完成，对于带肋条形基础，每浇灌完地板应稍停 0.5～1 h，待其初步获得沉实后，在浇灌上部肋梁，以防止肋梁混凝土溢出，在肋梁根部出现烂脖子。每一肋梁浇完，表面应随即原浆抹平。

（5）对于锥形基础，应注意保持锥体斜面坡度的正确，斜面部分的模板应随混凝土浇捣分段支设并顶压紧，以防模板上浮变形，边角处的混凝土必须注意捣实。严禁斜面部分不支模，用铁锹拍实。基础上部柱子后施工时，可在上部水平面留设施工缝。施工缝的处理应按有关规定执行。

（6）基础上有插筋时，要加以固定保证插筋位置的正确，防止浇捣混凝土时发生位移。

（7）杯口模板施工要点：

① 杯口模板可用木或钢定型模板，可做成整体的，也可做成两半形式，中间各加锲形板一块，拆模时，先取出锲形板，然后分别将两半杯口模取出。为便于周转宜做成工具式的，支模时杯口模板要固定牢固。

② 混凝土应按台阶分层浇灌。对高杯口基础的高台阶部分按整体分层浇灌，不留施工缝。

③ 浇捣杯口混凝土时，应注意杯口模板的位置，由于杯口模板仅上端固定，浇捣混凝土时，四侧应对称均匀下灰，避免将杯口模板挤向一侧。

④ 杯形基础一般在杯底均留有 50 cm 厚的细石混凝土找平层，在灌筑混凝土时，要仔细控制标高，如用无底式杯口模板施工，应先将杯底混凝土振实，然后浇筑杯口四周的混凝土，此时宜采用低流动性混凝土；或杯底混凝土浇完后停 0.5～1 h，待混凝土沉实，再浇杯口四周混凝土等办法，避免混凝土从杯底挤出，造成蜂窝麻面。基础浇筑完毕后，将杯口底冒出的少量混凝土掏出，使其与杯口模下口齐平，如用封底式杯口模板施工，应注意将杯口模板压紧，杯底混凝土振捣密实，并加强检查，以防止杯口模板上浮。基础浇捣完毕，混凝土终凝后用倒链将杯口模板取出，并将杯口内侧表面混凝土划（凿）毛。

⑤ 施工高杯口基础时，由于最上一台阶较高，可采用后安装杯口模板的方法施工，即当混凝土浇捣接近杯口底时，再安装固定杯口模板，继续灌筑杯口四侧混凝土，但应注意使位置标高正常。

（8）混凝土浇灌完毕，外露表面应覆盖浇水养护。

7.3.3.2 墙下钢筋混凝土条形基础

墙下钢筋混凝土条形基础有板式，梁、板结合式，如图 7-8 所示。

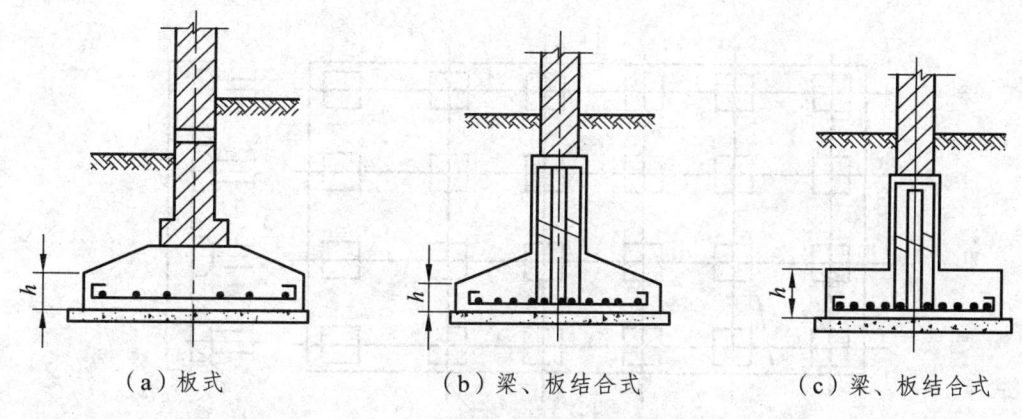

(a) 板式　　　　　(b) 梁、板结合式　　　　　(c) 梁、板结合式

图 7-8 墙下钢筋混凝土条形基础

1. 构造要求

（1）混凝土垫层等要求同于柱下独立基础要求。

（2）墙下钢筋混凝土条形基础纵向分布钢筋的直径不小于 8 mm；间距不大于 300 mm；每平方米分布钢筋的面积应不小于受力钢筋面积的 1/10。墙下钢筋混凝土条形基础的宽度大于或等于 2.5 m 时，底板受力钢筋的长度可取边长或宽度的 0.9 倍，并宜交错布置。

钢筋混凝土条形基础底板在 T 形及十字形交接处，底板横向受力钢筋仅沿一个主要受力方向通长布置，另一方向的横向受力钢筋可布置到主要受力方向底板宽度 1/4 处，在拐角处底板横向受力钢筋应沿两个方向布置，如图 7-8（b）、图 7-8（c）所示。

2. 施工要点

（1）浇筑现浇柱下条形基础时，应特别注意柱子插筋位置的正确，防止造成位移和倾斜。在浇灌开始时，先铺满一层 5~10 cm 厚的混凝土，并捣实使柱子插筋下段和钢筋网片的位置基本固定，然后再对称浇筑。

（2）条形基础应根据高度分段分层连续浇筑，一般不留施工缝，各段各层应相互衔接，每段长 2~3 m，做到逐段逐层呈阶梯形推进。浇筑时应先使混凝土充满模板内边角，然后浇筑中间部分，以保证混凝土密实。

7.3.3.3 筏板基础

筏板基础简称筏基，系由整块式钢筋混凝土平板或板与梁等组成，它在外形和构造上像倒置的钢筋混凝土无梁楼盖或肋形楼盖，分为平板式和梁板式两种类型，如图 7-9（a）、图 7-9（b）所示。而梁板式又有两种形式：一种是梁在板的地下埋入土内；一种是梁在板的上面。筏形基础的选型应根据工程地质、上部结构体系、柱距、荷载大小以及施工条件等因素确定。平板式基础一般用于荷载不很大，柱网较均匀且间距较小的情况；梁板式基础多用于荷载很大的情况。这类基础整体性好，抗弯刚度大，可充分利用地基承载力，调整上部结构的不均匀荷载和地基的不均匀沉降，适用于土质较软弱不均匀、上部荷载又很大的情况，在高层建筑和横梁较密集的多层建筑基础工程中被广泛应用。

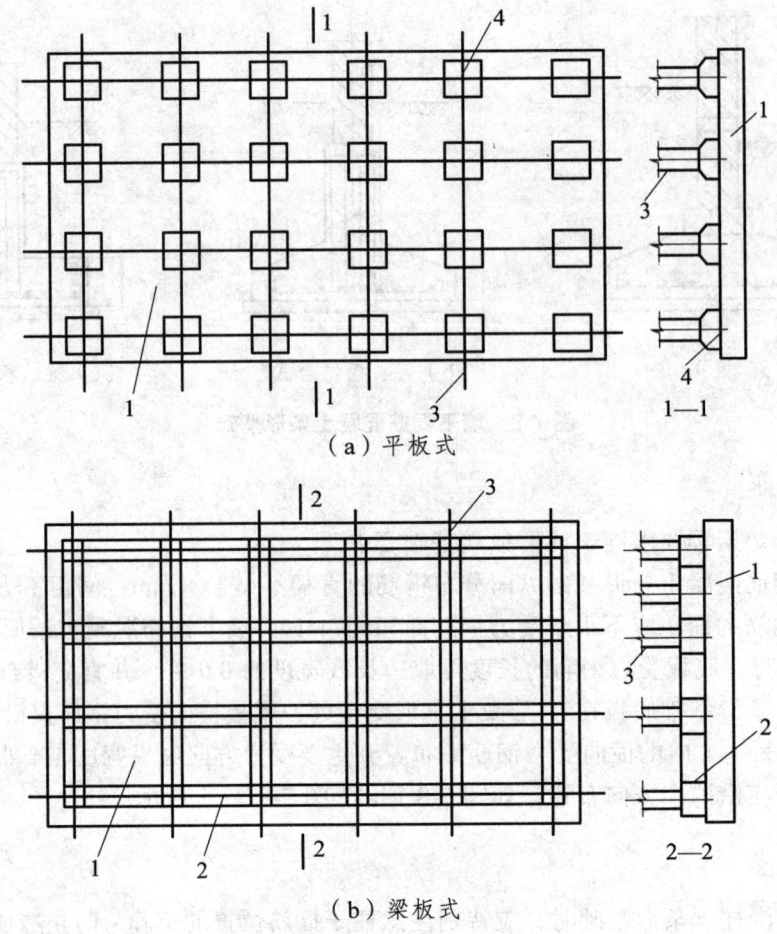

图 7-9 筏形基础形式

1. 构造要求

（1）基础一般采用等厚的钢筋混凝土平板；平面应大致对称，尽量使整个基底的形心与上部结构传来的荷载合力点相重合，使基础处于中心受压，减少基础所受的偏心力矩。

（2）垫层厚度宜为 100 mm，混凝土强度等级采用 C10，每边伸出基础底板不小于 100 mm；筏板基础混凝土强度等级不宜低于 C30。

（3）筏板厚度应根据抗冲击、抗剪切要求确定，但不得小于 200 mm；梁截面按计算确定，高出底板的顶面，一般不小于 300mm，梁宽不小于 250 mm。筏板悬挑墙外的长度，从轴线起算，横向不宜大于 1 500 mm，纵向不宜大于 1 000 mm，边端厚度不小于 200 mm。

（4）筏板配筋由计算确定，按双向配筋。板厚小于 300 mm，构造要求可配置单层钢筋；板厚大于或等于 300 mm 时，底配置双层钢筋。受力钢筋直径不宜小于 12 mm，间距为 100～200 mm；分布钢筋直径一般不宜小于 8～10 mm，间距 200～300 mm。钢筋保护层厚度不宜小于 35 mm。底板配筋除符合计算要求外，纵横方向承重钢筋尚应分别有 0.15%、0.10%配筋率连通，跨中钢筋按实际配筋率全部连通。在筏板基础周边附近的基底及四周反力较大，配筋应予加强。

（5）但采用墙下不埋式筏板，四周必须设置向下边梁，其埋入室外地面下不得小于500mm，梁宽不宜小于200mm，上下钢筋可取最小配筋率，箍筋及腰筋一般采用φ8@150~250mm，与边梁连接的筏板上部要配置受力钢筋，底板四角应布置放射状附加钢筋。

（6）当高层建筑筏形（或箱形）基础下天然地基承载力或沉降变形不能满足要求时，可在筏形（或箱形）基础下加设各种桩（如预制桩、钢管桩、灌注桩、大直径扩底桩等）组合成桩筏（或桩箱）复合基础。桩顶嵌入筏基（或桩箱）底板内的长度，对于大直径桩不宜小于100mm；对于中、小直径桩不宜小于50mm。桩的纵向钢筋锚入筏基（或桩箱）底板内的长度不宜小于$35d$（d为钢筋直径）；对于抗拔桩基，不应小于$45d$。

2. 施工要点

（1）地基开挖，如有地下水，应采用人工降低地下水位至基坑底50cm以下部位，保持在无水的情况下进行土方开挖和基础结构施工。

（2）基坑土方开挖应注意保持基坑底土的原状结构，如采用机械开挖时，基坑地面以上20~40cm厚的土层，应采用人工清除，避免超挖或破坏基土。如局部有软弱土层或超挖，应进行换填，采用与地基土压缩性相近的材料进行分层回填，并夯实。基坑开挖应连续进行，如基坑挖好后不能立即进行下一道工序，应在基底以上留置150~200mm一层不挖，待下道工序施工时再挖至设计基坑底标高，以免基土被扰动。

（3）筏板基础施工，可根据结构情况和施工具体条件及要求采用以下两种方法之一。

① 先在垫层上绑扎底板梁的钢筋和上部柱插筋，先浇筑底板混凝土，待到25%以上强度后，再在底板上支梁侧模板，浇筑完梁部分混凝土。

② 采取底板和梁钢筋、模板一次同时支好，梁侧模板用混凝土支墩或钢支脚支撑，并固定牢固，混凝土一次连续浇筑完成。前法可降低施工强度，支梁模方便，但处理施工缝较复杂；后法一次完成施工质量易于保证，可缩短工期。但两种方法都应注意保证梁位置和柱插筋位置正确，混凝土应一次连续浇筑完成。

（4）当梁板式筏形基础的梁在底板下部时，通常采用梁板同时浇筑混凝土，梁的侧模板是无法拆除的，一般梁侧砌半砖代替钢（或模）侧模与垫层形成一个砖壳子模，如图7-10所示。

（5）梁板式筏形基础当梁在底板上时，模板的支设，多用组合钢模板，支撑在钢支撑架上，用钢管脚手架固定，如图7-11所示，采用梁板同时浇筑混凝土，以保证整体性。

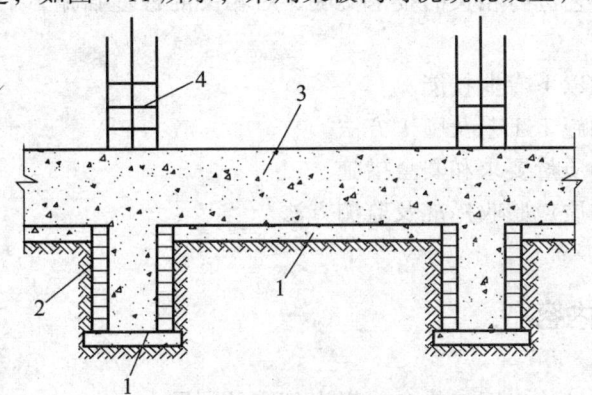

图7-10 梁板式筏形基础砖测模板
1—垫层；2—砖测模板；3—底板；4—柱钢筋

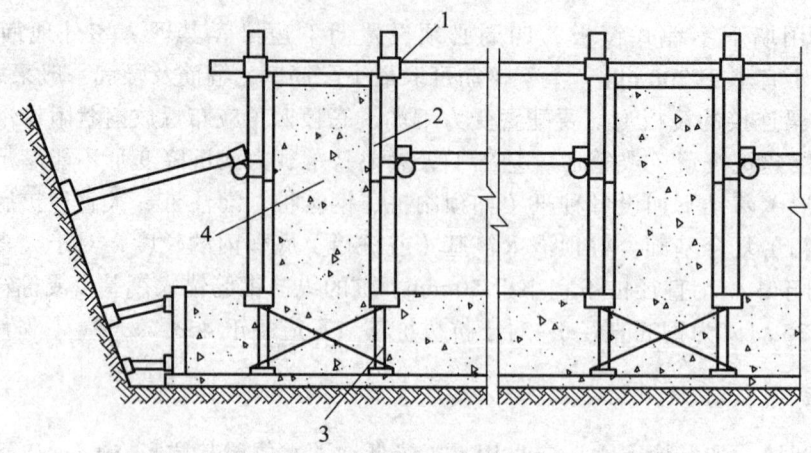

图 7-11 梁板式筏形基础钢管支架支模

1—钢管支架；2—组合钢模板；3—钢支撑架；4—基础梁

（6）当筏板基础长度很长（40 m 以上）时，应考虑在中部适当部位留设贯通后浇缝带，以避免出现温度收缩裂缝和便于进行施工分段作业；对超厚的筏形基础应考虑采取降低水泥水化热和浇筑入模温度措施，以避免出现过大温度收缩应力，导致基础底板裂缝，作法参见箱形基础施工要点有关部分。

（7）基础浇筑完毕，表面应覆盖和洒水养护，并不少于 7 d，必要时应采取保温养护措施，并防止浸泡地基。

（8）在基础底板上埋设好沉降观测点，定期进行观测、分析，做好记录。

学习情境 7.4　桩基础施工

7.4.1　实训的基本任务

对于桩基础工程施工，通过实践应掌握桩基础的施工特点，能合理地组织相关的施工工作，根据不同的施工工艺进行相关的技术交底，对相关的桩基础施工工作能进行检查、验收、质量评定工作。

通过本实训，掌握以下专业技能：

（1）掌握桩基础的施工工艺及施工方法。

（2）掌握桩基础的质量要求和安全措施。

（3）掌握桩基础的质量验收标准及监测方法。

7.4.2　实训的基本内容

（1）做好识读桩基础施工图工作，并提出相应的问题。

（2）做好基础工程施工的技术交底工作。

（3）组织做好桩基础工程施工前的准备工作。
（4）按桩基础的施工工艺、施工要点，组织各类桩基础的施工并解决施工中的相关问题。
（5）解决一些桩基础施工中常见的问题和难题。

7.4.3 实训的具体工作

7.4.3.1 桩基施工的准备工作

桩基施工前应做好必要的准备工作，其内容主要包括以下几个方面。

1. 原始资料的调研与准备

（1）建设场地范围内的地形、工程地质和水文地质资料。
（2）场地范围内及邻近区域的障碍物资料，如现有建筑物、构筑物、地下管线等。
（3）基础工程施工图。
（4）桩的荷载试验资料。
（5）桩基础施工机械及配套设备的技术性能资料。
（6）桩基工程施工组织设计，包括施工方案、进度安排、现场平面布置等。

2. 施工现场的准备

（1）做好场地范围内的"三通一平"工作。对于不利施工机械开行的场地应处理。雨期施工时，应有可靠的排水措施。
（2）建立现场测量控制网。定位控制桩和水准点应设置在桩基础施工影响范围外的地方。
（3）搭建现场生产和生活需要的临时设施。

7.4.3.2 钢筋混凝土预制桩施工

1. 打桩顺序的确定

由于桩入土后对周围土体产生挤压，一方面使先打入的桩被后打入的桩推挤而发生水平位移和上拔，另一方面使后打入的桩入土深度不够。施工大面积群桩时，这种现象尤为突出。根据规范规定，桩的中心距小于 4 倍桩径或边长时，应拟定合理的打桩顺序。

打桩顺序的确定应综合考虑场地的土质、地形和桩的平面布置（数量、中心距）等因素，同时还需要兼顾打桩设备的移动方便，预制桩的打设应遵循"先深后浅、先打后小、先长后短"的原则，以免打桩时因土的挤压而使邻桩位移和上拔。一般打桩顺序有三种：逐排打设、自中部向边沿打设和分段打设。

逐排打设时，打桩的推进方向应逐排改变，采用正反向方式，以免土朝一个方向挤压，必要时可采用间隔跳打的方式。对于大面积打桩，可从中间向四周环形推进或分段打设，以减少对桩的挤动。

2. 打桩的方法

1）锤击沉桩（打入法）施工

在桩架就位后即可吊桩，桩尖对准桩位中心并进行垂直度校正，桩的垂直度偏差不得超过 0.5%。桩就位后，再在桩顶固定桩帽和桩锤，桩锤、桩帽和桩身中心线应在同一垂直线上，使桩能顺利地下沉。桩锤和桩帽、桩帽与桩之间应加弹性衬垫做缓冲垫，如硬木、粗草纸、麻袋等。桩帽与桩顶四周间应留 5~10 cm 的间隙，以防损伤桩顶。桩锤和到桩帽固定完毕后，即可脱去吊钩，在桩和锤自重的共同作用下，桩向下沉入一定深度而达到稳定的位置。这时再次校正桩的垂直度，待满足要求后即可进行打桩。

打桩开始时，桩锤落距宜小，以便使桩能正常的沉入土中。待桩入土到一定深度（一般 1~2 m）桩尖不宜发生偏移时，可适当增大落距，并逐渐提高到规定的落距继续锤击。打桩时宜用"重锤地基"，至于落距以多大为合适，应根据具体情况而定。一般情况，单击汽锤以 0.6 m 左右为宜，落锤以不超过 1.0 m 为宜，柴油以不超过 1.5 m 为宜。

打桩工程系隐蔽工程施工。因此，在施工过程中，应做好原始资料记录，特别是打桩记录，它是评定桩质量的主要依据之一。

2）静力压桩法

静力压桩法是在软土基地上，利用静力压桩机以无振动的静压力（自重和配重）将预制桩压入土中的一种沉桩工艺。这种沉桩方法在我国沿海软土地基上已较为广泛地采用。与普通的打桩和振动沉桩相比，压桩可以消除噪声和振动的公害。

静力压桩机是利用安置在压桩架上的卷扬机。钢丝绳和滑轮，牵引压梁将整个机身的自重力（800~1 500 kN）反压于桩顶，以克服桩身下沉时的摩擦力阻力，迫使预制桩沉入土中。架高一般为 16~20 m，每节桩长约 6~10 m，当第一节漏出地面 2 m 左右时，即将第二节桩接上，然后继续压入。

静压力桩在施工，设备自重（含配重）较大，一般为极限压桩力的 1.2~1.5 倍，故应验算地面垫木和地表土强度。若不能满足要求，应对地表土加以处理，以防机身沉陷。压同一（节）桩时，应缩短停歇时间和接桩时间，以防桩周与土固结，压桩力骤增，造成压桩困难。

3）振动沉桩法

振动沉桩的原理是，借助固定在手装头上的振动沉桩机所产生的振动力，以减小桩与土壤颗粒之间的摩擦力，使桩在自重和机械力的作用下沉入土中。

振动沉桩机系由电动机、弹簧支承、偏心振动块和桩帽组成。振动机内的偏心振动块，分左右对称两组，其转速相等，方向相反。所以，当工作时，两组偏心块的离心力的水平分力相消，但垂直分力则会叠加，形成垂直方向（向上或向下）的振动力。由于桩与振动机是刚性连接在一起，故桩也随着振动力沿垂直方向上下振动下沉。振动沉桩法主要适用于砂石、黄土、软土和亚黏土，在含水砂层中的效果更为显著，但在砂砾层中采用此法时，尚需配以水冲法。沉桩工作应连续进行，以防间歇过久难以沉下。

3. 打桩过程中的注意事项

（1）打桩过程中，如出现下列情况，应暂停打桩，并及时与有关单位研究处理。

① 贯入度聚变剧变。
② 桩身突然发生倾斜、位移或有严重回弹。
③ 桩顶或桩身出现严重裂缝或破碎。
（2）合理采用挖（排）土打桩法。

打桩时，常引起邻桩及附近地区的土体隆起和水平位移，影响整个工程质量。同时，还会引起附近已有地下管线、地面交通道路和建筑物的损坏。施工时，可采用挖（排）土打桩法，即先在桩位用钻孔排土或人工挖土至一定深度后，然后插桩施打。此法可大大减少由于土体挤压而引起的水平位移和上浮。

（3）打桩过程应连续进行，无特殊原因不允许中途停止。由于土的固结作用，中途停止会大大增加桩身和土体间的摩擦力，使桩难以打入。因此，在施工前必须做好有关的准备工作，保证施打连续进行。

7.4.3.3 混凝土和钢筋混凝土灌筑桩施工

灌注桩是一种就地成型的桩，是直接在桩位上成孔，然后浇筑混凝土或钢筋混凝土而成。它与预制桩相比，具有节约钢材、节省劳动力、施工方便、成本低等优点。

灌注桩的方法有很多种，由于篇幅所限，在此重点介绍下列几种常见的灌注桩。

1. 沉管灌注桩

目前，沉管灌注桩是常见的一种灌注桩。它包括锤击沉管灌注桩、振动沉管灌注桩和振动冲击沉管灌注桩，一般用于黏性土、淤泥质土、砂土和人工填土地基；振动沉管灌注桩（包括振动冲击沉管灌注桩）一般用于砂土、稍密及中密的碎石类土地基。

1）施工工艺

沉管灌注桩一般用于锤击式桩锤或振动式桩锤将一定直径的钢管沉入土中，形成庄孔，然后放入钢筋笼，最后浇筑混凝土并同时拔管，这样便形成所需的沉管灌注桩。沉管灌注桩的工艺流程如下：

施工准备工作→测量放线、定桩位→沉管→检查、清孔→下钢筋笼→浇混凝土→拔管。

为了提高桩的质量和承载能力，锤击沉管灌注桩可采用复打法扩大灌注桩。其施工顺序如下：在第一次灌注桩施工完毕，拔出桩管后，应清除管外壁上的污泥和桩孔周围地面浮土，立即在原桩位再埋预制桩尖或合好活瓣桩尖，第二次复打沉桩管，使未凝固的混凝土向四周挤压扩大桩径，然后再灌注第二次混凝土。拔管方法与初打时间相同。施工时要注意前后两次沉管的轴线应重合，复打施工必须在第一次灌注的混凝土初凝之前进行。

采用沉管法成孔，桩管入土深度的控制与预制桩的要求相同。振动沉管灌注桩可采单打法、复打法和反插法施工。

单打施工时，在沉入土中的桩管内灌满混凝土，开动激振器，振动 5～10 s；开始拔管，边振边拔。每拔 0.5～1 m，停拔振动 5～10 s；如此反复，直到桩管全部拔出。在一般土层内拔管速度宜为 1.2～1.5 m/min，在较软弱土层不得大于 0.8～1.0 m/min。

反插法施工时，在桩管内灌满混凝土后，先振动再开始拔管，每次拔管高度 0.5～1.0 m，向下反插深度 0.3～0.5 m。在拔管过程中应分段添加混凝土，保持管内混凝土面始不低于地表面，或高于地下水位 1~1.5 m 以上，并应控制拔管速度不得大于 0.5 m/min。如此反复进行并始终保持振动，直至桩管全部拔出地面。反插法能使桩的截面增大，从而提高桩的承载能力，宜在较差的软土地基上应用。

复打法施工与锤击沉管灌注桩相同。

2）沉管灌注桩常遇见的问题及处理方法

沉管灌注桩施工时常易发生断桩、缩颈、桩靴进水或进泥及吊脚桩等问题，施工中应加强检查并及时处理。

断桩的裂缝是水平的或略带倾斜，一般都贯通整个截面，常出现于地面以下 1~3 m 的不同软硬土层交接处。断桩的原因主要有：桩距过小，邻桩施打时土的挤压所产生的水平横向推力和隆起上拔力影响；软硬土层间传递水平力大小不同，对桩产生剪应力；桩身混凝土终凝不久，强度弱，承受不了外力的影响。避免断桩有：桩的中心距宜大于 3.5 倍桩径；考虑打桩顺序及桩架行走路线时，应注意减少对新打桩的影响；采用跳打法或控制时间法以减少对邻桩的影响。断桩检查，在 2~3 m 以内，可用木锤敲击桩头侧面，同时用脚踏在桩头上，如桩已断，会感到浮振。如深处断桩，目前常采用动测和开挖的方法检查。断桩一经发现，应将断桩段拔去，将空清理干净后，略增大面积或加上铁箍连接，再重新灌筑混凝土补做桩身。

缩颈的桩又称"瓶颈桩"，部分桩径缩小，截面积不符合要求。产生缩颈的原因有：在含水量大的黏性土中沉管时，土体受强烈扰动和挤压，产生很高的孔隙水压，桩管拔除后，这种水压便作用到新灌筑的混凝土桩上，使桩身发生不同程度的缩颈现象；拔管过快，混凝土量少或和易性差，使混凝土出管时扩散差。施工中经常测定混凝土落下情况，发现问题及时纠正，一般可用复打法处理。

桩靴进水或进泥砂，常见于地下水位高、含水量大的淤泥和粉土层。处理方法可将桩管拔出，修复改正桩靴缝隙后，用砂回填桩孔重打。地下水量大、桩管沉到地下水位时，用水泥砂浆灌入管内约 0.5 m 做封底，并再灌 1 m 高混凝土，然后打下。

吊脚桩，是指桩底部的混凝土隔空或混凝土中混进了泥沙而形成松软层的桩。造成的原因是预制桩靴被打坏而挤入桩管内，拔桩时桩靴未及时被混凝土压出或桩靴活瓣未及时张开。如发现问题，应将桩管拔出，填砂重打。

2. 钻孔灌注桩

钻孔灌注桩是利用钻孔机成孔。与沉管灌注相比，它施工时无振动、无挤土现象，能在各种土层条件下施工。但它承载力较低，沉降量也较大。钻孔灌注桩的钻孔设备，主要有螺旋钻机和潜水钻机两种。

1）施工工艺

钻孔灌注桩是先用钻孔机械进行钻孔，在钻孔过程中为了防止孔壁坍塌，在孔中注入泥浆（或注入清水自造泥浆）保护孔壁，钻孔达到深度后，进行检查、清孔，然后安放钢筋骨架，最后浇筑混凝土。其施工工艺过程如下：

设泥浆池造浆→施工准备工作→测量放线、定桩位→埋设护筒→桩机就位→钻孔→检查、清孔→泥浆循环清渣→安放钢筋骨架→浇筑混凝土。

2）施工方法

螺旋钻成孔灌注桩是利用动力旋转钻杆，使钻头的螺旋叶旋转削土，土块沿螺旋叶片上升排出孔外。在软塑土层，含水量大时，可用疏纹叶片钻杆，以便较快地钻进。在可塑或硬塑黏土中或含水量较少的砂土中，应用密纹叶片钻杆，缓慢地均匀钻进。一节钻杆钻入后，应停机接上第二节，继续钻到要求深度。操作时要求钻杆垂直，钻孔过程中如发现钻孔摇晃或难以钻进时，可能遇到石块等异物，应立即停车检查。全叶片螺旋钻机成孔直径一般为 300 mm 左右，钻孔深度 8～12 m。它适用于地下水位以上的一般黏性土、砂土及人工填土地基，不宜用于地下水位以下的上述各类土及淤泥质土地基。

潜水钻成孔的灌注桩宜用于一般黏性土、淤泥和淤泥质土及砂土地基，尤其适宜在地下水位较高的土层中成孔。

潜水钻机由防水电机、减速机构和钻头组成，潜入水中钻孔。然后于桩孔内放入钢筋骨架再进行水下灌混凝土。钻孔过程中，为了防止坍孔，应在孔中注入泥浆护壁。在杂填土或松软土层中钻孔时，应在桩位处理埋设护筒，以起定位、保护孔口、维持水头等作用。护筒钢板制作，内径应比钻头直径大 10 cm，埋入土中深度不宜小于 1.0 m。在护筒顶部应开设 1～2 个溢浆口。在钻孔过程中，应保持护筒内泥浆水位。在黏土中钻孔，可采用清水钻进，自造泥浆护壁，以防止坍孔；在砂土中钻孔，则应注入制备泥浆钻进，注入的泥浆比重应当控制在 1.1 左右，排出泥浆的比重宜为 1.2～1.4。钻孔达到要求的深度后，必须清孔。以原土造浆的钻孔，清孔可用射水法，同时钻具只钻不进，至换出泥浆的比重小于 1.15～1.25 时方为合格。

钻孔灌注桩的桩孔钻成并清孔后，应尽快吊放钢筋骨架并灌注混凝土。在无水或少水的浅桩中灌注混凝土时，应分层浇筑振实，每层高度一般为 0.5～0.6 m，不得大于 1.5 m。混凝土坍落度在一般黏性土中宜为 5～7 cm，砂类土中为 7～9 cm，黄土中为 6～9 cm。灌注混凝土至桩顶时，应适当超过桩顶设计标高，以保证在凿除浮浆层后，桩顶标高和质量能符合设计要求。水下灌注混凝土时，常用垂直导管灌注法水下施工。

3）常见问题

钻孔灌注桩施工时，常会遇到孔壁坍塌和钻孔偏斜等问题。

钻孔过程中，如发现排出的泥浆中不断出现气泡，或泥浆突然漏失，这说明有孔壁坍塌迹象。孔壁坍塌的主要原因有土质松散、泥浆护壁不好、护筒周围填封不紧密以及护筒内水位不高。钻孔中如出现缩颈、孔壁坍塌时，首先应保持孔内水位并加大泥浆比重。如孔壁坍塌严重，应立即用黏土回填，待孔壁稳定后再钻。

钻杆不垂直或土层软硬不均都会引起钻孔偏斜。钻孔偏斜后，应提起钻头，在原位上下反复扫钻几次，以便削去硬土，达到纠偏目的。如果纠偏无效，应在孔中回填黏土至偏孔处 0.5 m 以上，然后重新钻孔。

3. 人工挖孔灌注桩

人工挖孔灌注桩（以下简称"人工挖孔桩"）是采用人工挖掘方法成孔，然后安装钢筋笼，浇筑混凝土而制成的灌注桩。

人工挖孔桩同其他灌注桩相比具有很多优点，因此，近几年来随着我国高层建筑和超高层建筑的发展，人工挖孔得到了较为广泛的应用。

人工挖孔桩所需机具设备比较简单，主要包括：挖土垂直运输设备（电动葫芦或手摇绞车）、抽水和送水设备（潜水泵、鼓风机）、挖土工具（锹、镐及风镐）、井下照明和通话设备（低压照明、对讲机）等。

为了确保人工挖孔桩施工过程中的安全，防止井孔坍塌，施工中必须按设计要求护壁。护壁方法可采用砖护壁、钢筋混凝土护壁、型钢或木板桩工具式护壁、沉井等。

人工挖孔桩采用分段开挖，每段高度取决于土壁保持直立状态的能力，一般 0.5~1.0 m 为一施工段，开挖范围为设计桩径加周边护壁的厚度。孔道护壁高度应同步于开挖土方施工段的高度，要求护壁可靠，能达到防止井孔坍塌的要求，如有防水要求还需起到防水作用。当护壁采用混凝土浇筑时，应在护壁混凝土的轻度达到 1 MPa（常温下约 24 h）方可拆除，开挖下一段土方。如此循环，直至挖到桩底标高。浇筑混凝土前，应清除孔底浮渣，排除孔底积水，然后安放钢筋笼，浇筑桩身混凝土。

人工挖孔桩施工中，应制定切实可行的质量保证措施和安全施工措施。

桩孔中心线的平面位置偏差要求不宜超过 50 mm，桩的垂直度偏差要求不超过 1%，桩径不得小于设计直径。为了保证桩孔的平面位置和垂直度符合要求，桩位的测量放线应由专人负责校核，在开挖过程中，每挖一施工段后，砌筑或安装护壁时，可用一字架放在孔口上方，十字架交叉点对准预先标定好的桩位中心，在十字架交叉点悬吊垂球以对中，使每一段护壁符合轴线要求，以保证桩身的垂直度。

桩身混凝土应一次连续浇筑完毕，不留施工缝。浇筑前应认真清除孔底的土和水，浇筑过程中，要防止地下水的过多流入，采用有效的措施排去积水，保证浇筑层表面不存有积水层。如果地下水穿过护壁流入孔内的水量较大且无法抽干时，则应采用导管法浇筑水下混凝土。

人工挖孔桩施工，工人在井下作业，施工安全应予以特别重视，必须按安全操作规程施工，制定可靠的安全措施。孔内必须设置应急软爬梯，施工人员进入孔内必须戴安全帽；孔内有人施工时，孔上必须有人监督防护；护壁要高出地面 100~300 mm，以防杂物落入孔内伤人；孔周围要设置安全防护栏杆；施工间歇期，孔口需加盖防护；孔下照明用安全矿灯或 12 V 以下安全灯，以防漏电伤人；现场需配置鼓风机，以便向井下输送新鲜空气，排除有害气体；现场使用电器，必须有触电保护措施。

学习情境 7.5　实训报告

7.5.1　实训报告的主要内容

实训成果的主要内容包括：

（1）封面：注明基础工程施工综合实训报告字样，并有施工单位名称、实训项目名称、编制时间、编制人、指导教师等。

（2）目录：目录可以使审阅人了解实训报告各部分的组成，快速而方便地找到所需要的内容。

（3）工程概况：主要简述实训项目的工程概况和施工特点。内容包括：工程名称、工地址、建设单位、设计单位、监理单位、质量监督单位、施工总包商和主要分包商等的基本情况；合同的范围、合同的工期；建设地点的特征；施工条件等等。

（4）实训内容：按照土方工程施工、浅基础施工、桩基础施工三个部分分别阐述；每一部分必须介绍实训组织情况（分组），实训工作岗位及具体工作任务，以及任务完成情况。

（5）实训总结：既可以按照土方工程施工、浅基础施工、桩基础施工三个部分分别写，也可以综合在一起写出实训总结。但其主要内容应围绕实训工作的收获、体会来写，并注重实训中对于集体工作的思考与创新，对于目前施工方法、施工工艺存在问题的探讨与研究或者建议。

7.5.2　排版格式要求

以上所有内容应综合为一个文件。文件各个部分应分章节编排，文件使用同一格式。所有表格、图应统一编号。文件设四级目录。

附 件

附件1　人工挖土工艺标准

1. 适用范围

本工艺标准适用于一般工业与民用建筑物、构筑物的基槽和管沟的人工挖土工程。

2. 施工准备

1）主要机具

测量仪器、铁锹（尖、平头）、手锤、手推车、梯子、铁镐、撬棍、龙门板、土方密度检查仪等。

2）作业条件

（1）土方开挖前，应摸清地下管线等障碍物，并应根据施工方案的要求，将施工区域内的地上、地下障碍物清除和处理完毕。

（2）建筑物或构筑物的位置或场地的定位控制线（桩）、标志水平桩及按方案确定的基槽的灰线尺寸，必须经过检验合格，并办完预检手续。

（3）场地表面要按施工方案确定的排水坡度清理平整，在施工区域内，要挖临时性排水沟。

（4）夜间施工时，施工场地应根据需要安装照明设备，在危险地段应设置明显标志。

（5）开挖基底标高低于地下水位的基坑（槽）、管沟时，应根据工程地质资料，在开挖前采取措施降低地下水位，一般要降至低于开挖底面500cm，然后再开挖。

（6）熟悉图纸，做好技术交底。

3. 操作工艺

1）工艺流程

测量放线→确定开挖顺序和坡度→沿灰线切出基槽轮廓线→分层开挖→修正边坡、清底。

2）测量放线

（1）测量控制网布设。

标高误差和平整度标准均应严格按规范标准执行。人工挖土接近坑底时，由现场专职测量员用水平仪将水准标高引侧至基槽侧壁。然后随着人工挖土逐步向前推进，将水平仪置于基地底，每隔4~6m设置一标高控制点，纵横向组成标高控制网，以准确控制基坑标高。

（2）测量精度的控制及误差范围。

测角：采用三测回，测角过程中误差控制在 2″以内，总误差在 5 mm 以内。

测弧：采用偏角法，测弧度误差控制在 2″以内。

测距：采用往返测法，取平均值。

量距：用鉴定过的钢尺进行量测并进行温度修正。

轴线之间偏差控制在 2 mm 以内。

3）确定开挖顺序和坡度

（1）在天然湿度的土中，开挖基槽和管沟时，但挖土深度不超过下列数值规定时，可不放坡，不加支撑。

① 密实、中密的砂土和碎石类土（填充物为砂土）：1.0 m。

② 硬塑、可塑的粘质粉土及粉质粘土：1.25 m。

③ 硬塑、可塑的黏土和碎石类土（填充物为黏性土）：1.5 m。

④ 坚硬的黏土：2.0 m。

（2）超过上述规定深度，应采取相应的边坡支护措施，否则必须放坡，边坡最陡坡度应符合表 7-5 规定。

表 7-5 深度在 5 m 内的基槽管沟边坡的最陡坡度

土的类别	边坡坡度容许值（高：宽）		
	坡顶物荷载	坡顶有静荷载	坡顶有动荷载
中密的砂土	1∶100	1∶1.25	1∶1.50
中密的碎石类土（填充物为砂土）	1∶0.75	1∶1.00	1∶1.25
硬塑的黏质粉土	1∶0.67	1∶0.75	1∶1.00
中密的碎石类土（填充物为黏性土）	1∶0.50	1∶0.67	1∶0.75
硬塑的粉质黏土	1∶0.33	1∶0.50	1∶0.50
老黄土	1∶0.10	1∶0.25	1∶0.33
软土（经井点降水后）	1∶1.00		

注：在软土沟槽坡顶不宜设置静载或动载；需要设置时，应对土的承载力和边坡的稳定性进行验算。

4）沿灰线切出基槽轮廓线

开挖各种浅基础，如不放坡时，应沿灰线切出基槽的轮廓线。

5）分层开挖

（1）根据基础形式和土质状况及现场出土等条件，合理确定开挖顺序，然后再分段分层平均下挖。

（2）开挖各种浅基础时，如不放坡应先安放好的灰线切出基槽的轮廓线。

（3）开挖各种基槽、管沟：

① 浅条形基础：一般黏性土可自上而下分层开挖，每层深度以 600 mm 为宜，从开挖端部逆向倒退按踏步形挖掘；碎石类土先用镐翻松，正向挖掘出土，每层深度视翻土厚度而定。

② 浅管沟：与浅的条形基础开挖基本相同，仅沟帮不需切直修平。标高按龙门板上平往下返出沟底尺寸，接近设计标高后，再从两端龙门板下面的沟底标高上返 500 mm 为基准点，

拉小线用尺检查沟底标高，最后修正沟底。

③ 开挖放坡的基槽或管沟时，应先按施工方案规定的坡度粗略开挖，再分层按放坡坡度要求作出坡度线，每隔 3 m 左右作出一条，以此为准进行铲坡。深管挖土时，应在沟帮中间留出宽 800 mm 左右的倒土台。

④ 开挖大面积浅基坑时，沿坑三面开挖，留出一面挖成坡道。挖出的土方装入手推车或翻斗车，从坡道运至地面弃土（存土）地点。

6）修正边坡、清底

（1）土方开挖挖到距槽底 500 mm 以内时，测量放线人员应及时配合测出距槽底 500 mm 水平标高点；自每条槽端部 200 mm 处，每隔 2~3 m 在槽帮上钉水平标高小木橛。再挖至接近槽底标高时，用尺或事先量好的 500 mm 标准尺杆，随时以小木橛上平校核槽底标高。最后由两端轴线（中心线）引桩拉通线，检查沟槽底部尺寸，确定槽宽标界，据此修正槽帮，最后清除槽底土方，修正铲平。

（2）人工修正边坡，确保边坡坡面的平整度。当遇有上层滞水影响时，要在坡面上每隔 1 m 插放一根泄水管，以便把滞水有效的疏导出来，减小对坡面的压力。

（3）基槽、管沟的直立帮和坡度，在开挖过程中敞露期间应采取措施防止塌方，必要时应加以保护。

在开挖槽边土方时，应保证边坡和直立帮的稳定。当土质良好时，抛于槽边的土方（或材料），应距槽（沟）边缘 1.0 m 以外，高度不宜超过 1.5 m。

4. 质量标准

（1）开挖标高、长度、宽度、边坡坡度，均需符合设计要求。

（2）柱基、基槽和管沟基底的土质必须符合是要求，并严禁扰动。

（3）控制好开挖表面平整度及基底土性。

（4）土方开挖工程质量检验标准应符合表 1-13 的规定。

5. 成品保护

（1）对定位标准轴线引桩、标准水准点、龙门板等，挖运时不得碰撞，也不得坐在龙门板上休息，并应经常测量和校核其位置、水平标高和边坡坡度是否符合设计要求。

（2）基底保护：基槽或管沟开挖后，应尽量减少对地基土的扰动。如基础不能及时施工时，可在基底标高以上留 200~300 mm 厚土层，待做基础是再挖至设计标高。

6. 应注意的质量问题

（1）开挖低于地下水位的基槽、管沟；根据现场工程地质资料，采取有效措施降低地下水位，一般应降至开挖底面以下 500 mm 为宜，然后再进行开挖。

（2）土方开挖前，已制定防止临近建筑物或构筑物、道路、管线等发生下沉或变形的措施。必要时与设计单位或建筑单位协商采取防护措施，并在施工中进行沉降和位移观测。

（3）保证开挖尺度，基槽或管沟底部的开挖宽度，除结构宽度外，应根据施工需求增加工作面宽度，如排水措施、支撑结构所需宽度等。

（4）防止基槽或管沟边坡不直不平、基底不平；应加强检查，随挖随修，并要认真验收。

（5）基底未保护：基坑（槽）开挖后应尽量减少对基底土的扰动。如基础不能及时施工时，可在基底标高以上留出 200～300 mm 厚土层，待做基础时再挖掉。

（6）施工中如发现有文物或古墓等，应妥善保护，并应立即报请当地有关部门处理，然后方可继续施工。如发现有测量用的永久性标桩或地质、地震部门设置的长期观测点等，应加以保护。在敷设地上和地下管道、电缆的地段进行土方施工时，应事先取得有关部门的书面同意，施工中应采取措施，以防止损坏管线。

（7）合理安排施工顺序：土方开挖宜先从浅处开始，分层分段依次开挖，形成一定坡度，以利排水。

（8）雨季施工：

①土方开挖一般不宜在雨季进行，否则工作面不宜过大，应分段逐片地分期完工。

②雨季开挖基槽或管沟时应注意边坡稳定，必要时可适当放缓边坡或设置支撑，并对坡面进行保护。同时应在基槽上口围堰土堤，防止地面水流入。施工时应加强对边坡、支撑、土堤等的检查。

（9）冬期施工：

①土方开挖不宜在冬季施工。如必须在冬季施工时，应编制相应的冬期施工方案。

②冬期挖土应采取措施防止土层冻结，挖土要连续快速挖掘、清理。挖土间歇时，应进行覆盖，如间歇时间过长可在冻结前翻松预留一层松土，其厚度宜为 250～300 mm，并用保温材料覆盖，以防基土受冻。

③遇开挖土方引起临近构筑物（建筑物）的基础或地基暴露时，应采取相应的防冻和加固措施，及时防护加固以防产生冻结破坏。

7. 质量记录

本工艺标准应具备以下质量记录：

（1）工程地质勘察报告。

（2）工程定位测量记录。

（3）土施工质量评定表。

附件 2 人工回填标准

1. 适用范围

本工艺标准适用与一般工业及民用建筑物、构筑物的基坑、基槽、室内地坪、室外肥槽及散水等人工回填土工程。

2. 施工准备

1）材料要求

回填所用土料的土质、粒径、含水量等符合设计要求，宜优先利用基槽中挖出的土，但不得含有机杂质。使用前应检验过筛，其块径不大于50mm，含水率应符合设计要求。

2）主要机具

人力夯、蛙式打夯机、手推车、筛子（孔径40~60mm）、木耙、铁锹（夹头及平头）、测量仪器、土方密度检验仪器等。

3）作业条件

（1）回填时，应清除基底的垃圾等杂物，清除积水、淤泥，对基底标高以及相关基础、箱形基础墙或地下防水层、保护层等进行验收，并要办好隐检手续。

（2）施工前应根据工程特点、填方土料种类、密实度要求、施工条件等，合理确定填方土料含水率控制范围、虚铺厚度和压实遍数等参数；重要回填土方工程，其回填土的最大干密度参数应通过实验来确定。

（3）房子中心和管沟的回填，应在完成上下水管道的安装或墙间加固后在进行。

（4）施工前，应做好水平高程标志的设置。如有基坑（槽）或管沟边坡上，每隔3m土钉上水平橛；或在室内和散水的边墙上弹水平线或在地坪上钉上标高控制木桩。

3. 操作工艺

工艺流程：

基坑（槽）底清理→检验土质→分层铺土、耙平→夯打密实→修整找平验收。

1）基坑（槽）底清理

填土前应将基坑（槽）、管沟底的垃圾等杂物清理干净；基槽回填，必须清理到底面标高，将回落的松软土、砂浆、石子等清理干净。

2）检验土质

检验回填土的含水率是否在控制范围内，如含水率偏高，采用翻松、晾晒和均匀掺入干土等措施；如遇回填土的含水率偏低，可采用预先洒水润湿等措施。

3）分层填土、耙平

（1）回填土应分层铺摊和夯实。每层铺土厚度应根据土质、密实度要求和机具性能确定。一般蛙式打夯机每层铺土厚度为200~250mm，人工打夯不超过150mm。每层铺摊后，随之耙平。

（2）基坑回填应向对两侧或四周同时进行。基础墙两侧回填土的标高不可相差太多，以免把墙挤歪；较长的管沟墙，应采用内部加支撑的措施，然后再在外侧回填土方。

（3）深浅基坑相连时，应先填深基坑。分段填筑时交接处应做成1:2的阶梯状，且分层交接处铺开，上下层错缝距离不应小于1.0m，夯打重叠宽度应为0.5~1.0m。接缝不得留在基础、墙角、柱墩等重要位置。

（4）回填土每层夯实后，应按规范规定进行环刀取样，实测回填土的最大干密度，达到要求后再铺上一层的土。

（5）非同时进行的回填段之间的搭接处，不得形成陡坎，应将夯实层留在阶梯状，阶梯的宽度应大于高度的2倍。

4）夯打密实

（1）回填土每层至少夯打三遍。打夯应一夯压半夯，夯夯连接，纵横交叉。并且严禁用浇水使土下沉的所谓"水夯"法。

（2）深浅两基坑（槽）相连时，应先填夯深基坑，填至浅基坑标高时，再与浅基坑一起夯实；如必须分段夯实时，交接处应呈阶梯形，且不得漏夯。上下层错缝距离不小于1.0 m。

（3）回填房心及管沟时为防止管道中心线位移或损坏管道，应用人工先在管子两侧填土夯实；并应由管道两边同时进行，直到管顶500 mm以上时，在不损坏管道的情况下，方可采用蛙式打夯机夯实。在抹带接口处、防腐绝缘层或电缆周围，应回填细粒料。

（4）一般情况下，蛙式打夯机每层夯实遍数为3~4遍，木夯每层夯实遍数为3~4遍，手扶式压路机每层夯实遍数为6~8遍。若经检验，密实度仍达不到要求，应继续夯（压），直到达到要求为止。基坑及地坪应由四周开始，然后再夯向中间。

5）修整找平验收

填土全部完成后，应进行表面拉线找平，凡超过标准高程的地方，及时依线铲平；反低于标准高程的地方，应补土夯实。

4. 质量标准

1）主要项目

（1）回填土标高必须符合设计要求。

（2）回填土必须按规定分层夯实（压）密实。取样测定夯（压）实后土的最大干密度，其合格率不应小于90%；不合格的土最大干密度的最低值与设计值的差不应大于0.08 g/m³，且不应集中，环刀法取样的方法及数量应符合规定。

2）一般项目

（1）基底处理必须符合设计要求和施工规范的规定。

（2）回填土的土料，必须符合设计要求或施工规范的规定。

（3）回填土分层厚度及含水量必须符合设计要求和施工规范的规定。

（4）回填后表面平整度必须符合设计要求和施工规范的规定。

（5）各项目允许偏差见表1-22。

5. 成品保护

（1）施工时，应注意保护定位桩、轴线桩、标高桩，防止碰撞位移。

（2）基础和管沟的现浇混凝土应达到一定的强度，不致因填土而受损坏时，方可回填。

（3）管道沟槽回填土，当原土含水量高且不具备降低含水量条件不能达到要求压实度时，管道两侧及沟槽位于路基范围内的管道顶部以上，应回填灰土、砂、砂砾或其他可以达到要求压实度的材料。

6. 应注意的质量问题

（1）按要求测定土的干土质量密度；回填土每层都应测定夯实后的干土质量密度，符合设计要求后才能铺摊上层土。实验报告要注明土料种类、试验日期、实验结论及试验人员签字。未达到设计要求部位，应有处理方法和复验结果。

（2）回填土下沉：因虚铺土超过规定厚度活冬季施工时有较大冻土块，或夯实不够遍数，甚至漏夯，坑（槽）、管沟底杂物或回落土清理不干净，以及冬季做散水，施工用水掺入垫层中，受冻膨胀的原因均可造成回填土下沉。这些问题应在施工中认真执行规范规定，发现后及时纠正。

（3）管道下部夯实不实：管道下部应按要求回填土，如果漏夯或夯不实会造成管道下方空虚，造成管道折断而渗漏。

（4）回填土夯实不密：应在夯（压）前对干土适当洒水加以润湿；回填土太湿，同样夯压不密，呈"橡皮土"现象，这时应挖土换土重填。

（5）夜间施工时，应合理安排施工顺序，设有足够的照明设备，防止铺填超厚，严禁汽车直接倒土入槽。

（6）雨季施工：

① 基坑（槽）或管沟的回填土应连续进行，尽快完成。施工中应注意雨情，雨前应及时夯完已填土层或将表面压光，并做成一定坡势，以利排除雨水。

② 施工时应有防雨措施，要防止地面水流入基坑（槽）内，以免边坡塌方或基土遭到破坏。

（7）冬季施工：

① 冬季回填土每层铺土厚度应比常温施工时减少 20%～50%；其中冻土块体积不得超过回填土总体积的 15%；其粒径不得大于 150 mm。铺填时，冻土块应均匀分布，逐层压实。

② 填土前，应清除基地上的冻雪和保温材料；填土的上层应用未冻土填铺，其厚度应符合设计要求。

③ 管沟底至管顶 500 mm 范围内不得含有冻土块的土回填；室内房心、基坑（槽）或管沟不得用含冻土块的土回填。

④ 回填土施工应连续进行，防止基土或已填土层受冻，必要时采取防冻措施。

7. 质量记录

本工艺标准应具备以下质量记录：

（1）基地隐蔽验收记录。

（2）人工回填土施工质量评定表。

（3）土工试验记录。

附件 3　机械挖土工艺标准

1. 适用范围

本工艺标准适用于工业与民用建筑物、构筑物的大型基坑（槽）、管沟及大面积平整场地等机械挖土工程。

2. 施工准备

1）主要机具

（1）挖云土机械：挖土机、推土机、铲运机、自卸汽车等。

（2）一般工具：测量仪器、铁锹（尖头与平头两种）、手推车等。

选择土方机械，应根据施工区的地形与作业条件、土壤类别与厚度、总工程量和工期综合考虑，发挥施工机械效率，编好施工方案。

2）作业条件

（1）做好设备调整，对进场挖土、运输车辆及各种辅助设备进行维修检查，试运转，并运至使用地点就位；准备好施工用料及工程用料，按施工平面图要求堆放。

（2）组织并配备土方工程施工所需要的各专业技术人员、管理人员和技术工人；组织安排好作业班次；制定责任制和技术、质量、安全、管理网和管理保证体系。

（3）土方开挖前，应根据施工方案的要求，将施工区域内的地上、地下障碍物清除和处理完毕，做好地面排水工作。

（4）建筑物或构筑物的位置或场地的定位块控制线（桩）水准基点及开槽的灰线尺寸，必须经过检验合格，并办完预检手续。

（5）施工机械进入现场所经过的道路、桥梁和卸车设备等，应事先经过检查，并要做好加固或加宽等准备工作。

（6）在施工现场内修筑供气车行走的坡道，坡度应大于1：6。当坡道面强度偏低时，路面土层应填筑适当厚度的碎石或渣土；挖土机械所占土层当处于饱和状态时，应当填筑适当厚度的碎石或渣土，以免施工机械出现塌陷。

（7）施工区域内运行路线的布置，应根据作业区域工作面的大小、机械性能、运距和地形起伏等情况加以确定。

（8）熟悉图纸，做好技术交底。

3. 操作工艺

1）工艺流程

测量放线→确定开挖顺序和坡度→分段、分层均匀开挖→修边和清底。

2）测量放线

（1）测量控制网布设。

标高误差和平整度标准均应严格按规范标准执行。机械挖土接近坑底时，由现场专职测量员用水平仪将水准标高引侧至基槽侧壁。然后随着挖土机逐步向前推进，将水平仪置于坑底，每隔4~6m设置一标高控制点，纵横向组成标高控制网，以准确控制基坑标高。最后一步土方挖至距基底150~300mm位置，所余土方采用人工清土，以免扰动了基地的老土。

（2）测量精度的控制及误差范围。

测角：采用三测回，测角过程中误差控制在2″以内，总误差在5mm以内。

测弧：采用偏角法，测弧度误差控制在2″以内。

测距：采用往返测法，取平均值。

量距：用鉴定过的钢尺进行量测并进行温度修正。

轴线之间偏差控制在 2 mm 以内。

3）开挖坡度的确定

（1）当开挖深度在 5 m 以内时，其开挖坡度参见人工挖图施工工艺。

（2）对地质条件好、土（岩）质较均匀、挖土高度在 5~8 m 以内的临时性挖方的边度，其边坡坡度可按表 7-6 取值，但应验算其整体稳定性并对坡面进行保护。

表 7-6 临时性挖方边坡值

土的类别		边坡值（高：宽）
砂土（不包括细砂、粉砂）		1：1.25~1：1.50
一般性黏土	硬	1：0.75~1：1.00
	硬、塑	1：1.00~1：1.25
	软	1：1.50 或更缓
碎石类土	充填坚硬、硬塑黏性土	1：0.50~1：1.00
	充填砂土	1：1.00~1：1.50

注：① 设计有要求时，应符合设计要求；② 如采用降水或其他加固措施，可不受本表限制，但应计算复核；③ 开挖深度，对软土不应超过 4 m，对应图不应超过 8 m。

4）分段、分层均匀开挖

（1）当基坑（槽）或管沟受周边环境和土质情况限制无法进行边坡开挖时，应采取有效的边坡支护方案，开挖时应综合考虑支护结构是否形成，做到现支护后开挖，一般支护结构强度达到设计强度的 70% 以上时，才可继续开挖。

（2）在开挖基坑（槽）或管沟时，应合理确定开挖顺序、路线及开挖深度。然后分段分层均匀开挖。

（3）采用挖土机开挖大型基坑（槽）时，应从上而下分层分段，按照坡度线向下开挖，严禁在高度超过 3 m 或在不稳定土体之下作业，但每层的中心地段应比两边稍高一些，以防积水。

（4）再挖方边坡上如发现有软弱土、流沙土层时，或地表面出现裂缝时，应停止开挖，并及时采取相应补救措施，以防止土体崩塌与下滑。

（5）采用反铲、拉铲挖土机开挖基坑（槽）或管沟时，其施工方法有下列两种：

① 端头挖土法：挖土机沿坑（槽）或管沟的端头，以倒退行驶的方法进行开挖，自卸汽车配置在挖土机的两侧装运土。

② 侧向挖土法：挖土机沿着坑（槽）边或管沟的一侧移动，自卸汽车在另一侧装土。

（6）土方开挖应从上到下分层分段依次进行。随时作成一定坡势，以利泄水。

① 在开挖过程中，应随时检查槽壁和边坡的状态。深度大于 1.5 m 时，根据土质变化情况，应做好基坑（槽）或管沟的支撑准备，以防塌陷。

② 开挖基坑（槽）和管沟，不得挖至设计标高以下，如不能准确地挖至设计基底标高时，可在设计标高以上暂留一层土不挖，以便在抄平后，由人工挖出。

暂留土层：一般铲运机、推土机挖土时，为大于 200 mm；挖土机用反铲、正铲和拉铲挖土时，为大于 300 mm 为宜。

③ 对机械施工挖不到的土方，应配合人工随时进行挖掘，并用手推车把土运到机械能挖到的地方，以便及时用机械挖走。

5）修边、清底

（1）放坡施工时，应人工配合机械修正边坡，并用坡度尺检查坡度。

（2）在距槽底设计变高 200~300 mm 槽帮处，抄出水平线，钉上小木橛，然后用人工将暂留土层挖走。同时由两端轴线（中心线）引桩拉通线（用小线或铁丝），检查距槽边尺寸，确定槽宽标准。以此修整槽边，最后清理槽底土方。

（3）槽底修理铲平后，进行质量检查验收。

（4）开挖基坑（槽）的土方，在场地有条件堆放时，一定留足回填需用的好土；多余的土方，应一次运走，避免两次搬运。

4. 质量标准

（1）开挖标高、长度、宽度、边坡必须符合设计要求。

（2）基土土质必须符合设计要求，并严禁扰动。

（3）控制好开挖表面平整度及基底土性。

（4）土方开挖工程质量检验标准应符合表 1-13 的规定。

5. 成品保护

（1）挖运土方时，应注意保护定为标准桩、轴线引桩、标准水准点，并定期复测检查定位桩和水准基点是否完好。

（2）开挖施工时，应保护降水措施、支撑系统等不受碰撞或损坏。

（3）挖土时应对边坡支护结构做好保护，以防碰撞损坏。

（4）基底保护：基坑（槽）开挖后应尽量减少对基土的扰动。如果基础不能及时施工时，可在基底标高以上预留 300 mm 土层不挖，待做基础时再挖。

（5）雨季施工时有槽底防泡、防淹措施；冬季施工槽底应及时覆盖，防止槽底受冻。

6. 应注意的质量问题

（1）土方开挖前，应制定防止临近已有建筑物或构筑物、道路、管线发生下沉和变形的措施。必要时与设计单位或建设单位协商采取防护措施，并在施工中进行沉降或位移观测。

（2）挖土机沿挖方边缘移动：机械距离边坡上缘的宽度不得小于基坑（槽）和管沟深度的 1/2，如挖土深度超过 5 m 时应按专业性施工方案来确定。

（3）防止基地超挖：开挖基坑（槽）、管沟不得超过基底标高，一般可在设计标高以上预留 300 mm 一层土不挖，以便经抄平后有人工清低挖出。如个别地方超挖时，其处理方法应取得设计单位同意。

（4）合理安排施工顺序：严格按施工方案规定的施工顺序进行土方开挖，应注意宜先从低处开挖，分层、分段依次进行，形成一定坡度，以利排水。

（5）防止施工机械下沉：施工时必须了解土质和地下水位情况。推土机、铲土机一般需要在地下水位 0.5 m 以上对铲土；挖土机一般需要在地下水位 0.8 m 以上挖土，以防机械自身下沉。正铲挖土机挖方的台阶高度，不得超过最大挖掘高度的 1.2 倍。

（6）控制开挖尺寸：防止边坡过陡、基坑（槽）或管沟底部的开挖宽度和坡度，除应考虑结构尺寸要求外，应根据施工需要从增加工作面宽度，如排水设施、支撑结构等所需宽度。

（7）在地下水位以下挖土：必须有措施、有方案，对于地质资料反映有粉细砂、粉土、中粗砂等土层的工程项目，必须有截水、降水等有效防止流沙的措施，并制订行之有效的降排水方案。

（8）施工如发现有文物或古墓等，应妥善保护，并应及时报请当地有关部门处理后方可继续施工。如发现有测量用的永久性标桩或地质、地震部门设置的长期观测点等，应加以保护。在敷设有地上或地下管线、电缆的地段进行土方施工时，应事先取得有关管理部门的书面同意，施工中应采取措施，以防损坏管线，造成严重事故。

（9）雨季施工：

① 土方开挖一般不宜在雨季进行，如必须在雨季开挖时，开挖工作面不宜过大，应逐段、逐片分期完成。

② 雨季施工开挖的基坑（槽）或管沟，应注意边坡稳定。必要时可适当放缓边坡坡度或设置支撑并对坡面进行保护。同时应在坑（槽）外侧围以土堤或开挖水沟，防止地面水流入。经常对边坡、支撑、土堤进行检查，发现问题要及时处理。

（10）冬季施工：

① 土方开挖不宜在冬季施工。如必须在冬季施工时，其施工方法应按冬季施工方案进行。

② 采用防止冻结法开挖土方时，可在冻结以前，用保温材料覆盖或将表层土翻耕耙松，其翻耕深度应根据当地气候条件确定，一般不小于 300 mm。

③ 开挖基坑（槽）或管沟时，必须防止基土遭受冻结。应在基底标高以上预留适当厚度的松土，或用其他保温材料覆盖如遇开挖土方引起临近建筑物的基础和地基暴露时，应采取防冻和加固措施，以防产生冻结。

7. 质量记录

本工艺标准应具备以下质量记录：
（1）工程地质勘察报告。
（2）工程定位测量记录。
（3）挖土施工质量评定表。

附件 4　机械回填土工艺标准

1. 适用范围

本工艺标准适用于工业与民用建筑、构筑物大面积平整场地、大型基坑和管沟等机械回填土工程。

2. 施工准备

1）材料要求

（1）碎石类土、砂土（使用细、粉砂时应取得设计单位同意）和爆破石渣，可用作表层以下填料，其最大粒径不得超过每层铺填厚度的2/3，使用振动碾时为3/4，含水率应符合规定。

（2）对填方土料应按设计要求进行检验，验收合格后方可填入。

2）主要机具

（1）装运土方机械有：铲土机、自卸汽车、推土机、铲运机、翻斗车等。

（2）碾压机械有：平碾、羊足碾和振动碾等。

（3）一般工具有：蛙式或柴油打夯机、手推车、铁锹（平头、尖头）、2m钢管尺、20号铁丝、胶皮管、测量仪器、土方密度检查仪器等。

3）作业条件

（1）施工前应根据施工特点、填方土料种类、密实度要求、施工条件等合理确定填方土料含水率控制范围、虚铺厚度和压实变数等参数。重要回填土方工程，应通过压实试验来确定。

（2）填土前，应清除基地上杂物，排除积水，并办理已完工程检查验收手续。

（3）施工前，应做好水平高程标志的布置。一般可采取在基坑或边沟上每10m钉上水平桩或在临近的固定建筑物上抄上标准高程点，大面积场地上每隔10m左右应钉水平控制桩。

（4）施工方案确定机械填土的施工顺序、土方机械车辆的行走路线等。

3．操作工艺

工艺流程：

基地清理→检验土质→分层铺土→碾压密实→修整找平验收。

1）基地清理

填土前，应将基地表面上的垃圾和树根等杂物、洞穴都处理完毕，清理干净。

2）检验土质

检验各种土料的含水率是否在控制范围内。如含水率偏高可采用翻松、晾晒等措施，如含水率偏低，可采用预先洒水润湿等措施。

3）分层铺土

（1）填土应分层铺摊。每层铺土的厚度应根据土质、密实度要求和机具性能确定。如无试验依据，应符合表7-7的规定。碾压时，轮（夯）迹应相互搭接，防止漏压、漏夯。

表7-7 填土分层铺土厚度和压实遍数

压实机具	分层厚度/mm	每层压实遍数/遍
平碾	250~300	6~8
羊足碾	200~350	8~16
振动压实碾	250~300	3~4
蛙式、柴油式打夯机	200~250	3~4

（2）填土按照由下而上顺序分层铺填。

（3）推土机运土回填，可采用分堆集中，一次运送方法，分段距离10~15m。用推土机来回形式推平并进行碾压，履带应重叠宽度的一半。

4）碾压密实

（1）碾压机械压实填方时，应控制行驶速度，一般不应超过下列规定：

平碾：2 km/h

羊足碾：3 km/h

振动碾：2 km/h

（2）碾压时，轮（夯）迹应相互搭接，防止漏压和漏夯。长宽比较大时，填土应分段进行。每层接缝处应制作成斜坡形，碾迹重叠 0.5~1.0 m，上下层错缝距离不应小于 1 m。

（3）填方高于基底表面时，应保证边缘部位的压实质量。填土后，如设计部要求边缘修整，宜将填方边缘宽填 0.5 m；如设计要求边坡平整拍实，可宽填 0.2 m。

（4）机械施工碾压不到的填土，应配合人工推土，用蛙式或柴油打夯机分层打夯密实。

5）修整找平验收

（1）回填土每层压实后，应按规范规定进行环刀取样，测出土的最大干密度，达到要求后再铺上一层土。

（2）填方全部完成后，表面应进行拉线找平，反高于规定高程的地方，应及时依线铲平；凡低于规定高程的地方应补土夯实。

4. 质量标准

1）主控项目

（1）回填标高必须符合设计要求。

（2）回填泥土必须按规定分层夯压密实。取样测定压实后土的最大干密度，应符合设计要求。环刀法取样的方法及数量应符合规定。

2）一般项目

（1）基底处理应符合设计要求和施工规范的规定。

（2）回填的土料、分层厚度、表面平整度及含水量应符合设计要求或施工规范的规定。

（3）各项目允许偏差见表 1-22。

5. 成品保护

（1）施工时应注意保护定位桩、轴线桩和标高桩，防止碰撞下沉或位移。

（2）基础或管沟、挡土墙的现浇混凝土、砂浆应到达一定强度，不致因填土而受损害时，方可进行回填土作业。

（3）已完成的填土应将表面压实，路基应做成一定的坡向排水。

（4）回填管沟时，为防止管道中心线位移或损坏管道，应用人工先在管子周围填土夯实，并应从管道两边同时进行，直至管顶 0.5 m 以上，在不损坏管道的情况下，方可采用机械回填土和压实。在抹带接口处、防腐绝缘层或电缆周围，应使用细粒土料回填。

6. 应注意的质量问题

（1）按要求测定土的干质量密度：回填土每层都应测定压实后的干土质量密度，检验其密实度，符合设计要求后才能铺摊上层土，未达到设计要求部位应有处理方法和复验结果。

（2）回填土下沉：应注意解决虚铺土超厚，冬季施工冻土块粒径过大，漏压或未压够遍数，坑（槽）底有机物、泥土等杂物清理不彻底等问题。在施工中应认真执行规范规定，检查发现问题后，及时纠正。

（3）回填土夯压不密实：应在夯压前对干土适当洒水加以润湿；对湿土造成的"橡皮土"要挖出换土重填。

（4）在地形、工程地质复杂地区的填方，且对填方密实度要求较高时，应采取措施（如排水暗沟、护坡桩等），以防填方土粒流失，造成不均匀下沉和坍塌等事故。

（5）填方基土为杂填土时，应按设计要求加固地基，并要妥善处理及地下的软硬点、空穴、旧基以及暗塘等。

（6）填方应按设计要求预留沉降量，如设计无要求时，可根据工程性质、填方高度、填料种类、密实要求和地基情况等，与建设单位共同确定（沉降量一般不超过填方高度的3%）。

（7）夜间施工时，应合理安排施工顺序，要设有足够的照明措施，防止铺填超厚，严禁汽车直接将土倒入基坑（槽）回填区。

（8）雨季施工：

① 雨季施工的工作面不宜过大，应逐段、逐片分期完成。重要或特殊的填方工程，应尽量在雨期前完成。

② 基坑（槽）或管沟的回填土应连续进行，尽快完成。施工时应防止地面水流入基坑（槽）内，以免边坡塌方或基土遭到破坏。现场应有防雨及排水措施。

（9）冬季施工：

① 填方工程不宜在冬期施工，如必须在冬期施工，其施工方法经技术经济比较后确定。

② 冬季填方前，应清除基底的冰雪和保温材料；填方边坡表面1m以内不得用冻土填筑，填方上层应用未冻的、不冻胀的或透水性好的土料填筑，其厚度应符合设计要求。

③ 冬期施工室外平均温度在-5 ℃以上时，填方高度不受限制；平均气温在-5 ℃以下时，填方高度不宜超过表7-8规定。

表7-8 冬期填方高度限制

平均气温/℃	填方高度/m	平均气温/℃	填方高度/m
-5～-10	4.5	-16～-20	2.5
-11～-15	3.5		

④ 冬季回填土方，每层铺土每层铺土厚度应比常温施工时减少20%～25%，其中冻土块体积不宜超过填土总体积的15%；其粒径不得大于150 mm。铺冻土块要均匀分布，逐层压（夯）实。回填土工作应连续进行，防止基土或已填土层受冻，并及时采取防冻措施。

7. 质量记录

本工艺标准应具备以下质量记录：

（1）地基隐蔽验收记录。

（2）机械回填土质量评定表。

（3）土工试验记录。

参考文献

[1] 基础工程施工手册. 北京：中国计划出版社，2002.
[2] 建筑地基与基础施工手册. 北京：中国建筑工业出版社，2005.
[3] 建筑桩基技术规范理解与应用. 北京：中国建筑工业出版社，2008.
[4] 建筑地基基础工程质量验收规范. 北京：中国计划出版社，2002.
[5] 赵明华. 基础工程. 北京：中国高等教育出版社，2003.
[6] 刘玉卓. 复合地基设计施工指南. 北京：人民交通出版社，2002.
[7] 刘鑫. 建筑施工技术. 北京：中央广播电视大学出版社，2006.
[8] 石永久. 建筑施工技术. 哈尔滨：哈尔滨工业大学出版社，2012.
[9] 普通混凝土设计规程. 北京：中国建筑工业出版社，2011.
[10] 江正荣. 建筑施工计算手册. 北京：中国建筑工业出版社，2007.
[11] 王星华. 地基处理与加固. 长沙：中南大学出版社，2004.
[12] 建筑物抗震构造详图. 北京：中国计划出版社，2011.